编织大事典

（日）濑户忠信　主编

王森　祁艳妮　主译

辽宁科学技术出版社

沈阳

译者名单

主译：王 森 祁艳妮

译者：孔德晶 苏 兵 韩晓放 金延花 沈玉娟 管丽丽 刘俪沙 邢俊杰

TEAMI DAIJITEN

Copyright © NIHON VOGUE-SHA 1994

All rights reserved

Photographer: SHUNJI NAKAMURA

Original Japanese edition published in Japan by Nihon Vogue Co., Ltd., Simplified Chinese translation rights arranged with BEIJING BAOKU INTERNATIONAL CULTURAL DEVELOPMENT Co., Ltd.

图书在版编目（CIP）数据

编织大事典 /（日）濑户忠信主编；王森，祁艳妮主译. —沈阳：辽宁科学技术出版社，2017.7（2019.6 重印）

ISBN 978-7-5591-0323-9

Ⅰ.①编… Ⅱ.①濑… ②王… ③祁… Ⅲ.①手工编织—图集 Ⅳ.①TS935.5-64

中国版本图书馆CIP数据核字（2017）第152220号

出版发行：辽宁科学技术出版社
　　　　　（地址：沈阳市和平区十一纬路25号 邮编：110003）
印 刷 者：辽宁新华印务有限公司
经 销 者：各地新华书店
幅面尺寸：210mm×285mm
印　　张：18.25
字　　数：650千字
出版时间：2017年7月第1版
印刷时间：2019年6月第3次印刷
责任编辑：朴海玉
特约审读：王 巍
封面设计：魔杰设计
版式设计：袁 舒
责任校对：栗 勇

书　　号：ISBN 978-7-5591-0323-9
定　　价：68.00元

联系电话：024-23284367
邮购热线：024-23284502
E-mail:purple6688@126.com
http://www.lnkj.com.cn

前言

日本宝库出版社自从1954年建社以来，不仅一直收集关于编织的各种资料，也一直致力于各种针织手编技巧的研究，以此为基础创办了"宝库编织学习体系"，然后在1969年开设了第一届"编织讲师培训班"，获得了大家的一致好评。

之后通过出版各种编织刊物以及开设讲座，积累了更多编织款式设计和手法技巧等方面的资料。

创刊40周年之际，决意汇总40多年研究成果于一册，正式出版中文版《编织大事典》，希望本书可以成为您爱不释手的编织专业书籍。

日本宝库出版社　董事长
日本编织文化协会　理事长
日本手工艺普及协会　理事长

濑户忠信
日本编织文化协会　技术顾问
仙洞田　万里子

- 本书是讲解手工编织的专业书籍，内容涵盖编织的制图推算、操作手法等所有环节。
- 每个作品在讲解时均配有"操作重点"，在正文中分别对操作重点做详细阐述。
- 本书旨在讲解成衣操作，因此省略了针法增减、拼接缝合等基础手法的阐述，相关基础操作可参考《全图解棒针编织必备技法大全》和《全图解钩针编织必备技法大全》。

目录

1

衣袖

简单来说圆袖主要是通过增减袖山吃势和调整褶皱位置来呈现各种不同轮廓的袖山。因此首先要通过读懂图纸来正确理解身片A.H（袖窿）长度和袖山斜线的关系，然后以此为基础做好装袖的对位记号，运用装袖技法形成美丽的袖体。从身片与袖体相连的原型进行拓展，还存在拉克兰袖和土尔曼袖等袖型。想要正确地表现出不同样式的特点，制图推算是重点所在。

1

圆袖之基本袖
（使用平面原型）

圆袖是指在袖窿处连接衣袖时产生线条的袖型，
其中，袖山的缩缝为标准量的衣袖称为基本袖。

 操作重点

1 虽然前后袖窿深度相同，但是前后A.H弧线
　长度是不一样的。
2 袖山斜线使用前身片A.H。
3 身片和袖体的连接点是三等分，袖体前后
　连接位置相同。
4 袖山吃势使用抽缝法，从对位记号向下
　2cm处开始缝。
5 装袖的窝边处需要钩针编织短针的小台肩。

制图

● S.P提高1.5cm画出肩线，肩宽、背宽、胸宽各外延
　1cm，B线下降1.5cm，沿辅助线画出袖窿弧线。

☞1 ● 测量图纸上A.H袖窿的长度，前面是24cm，
　　后面减少0.5cm，为23.5cm（由于前后弧线起点不
　　同，后面弧度稍小，因此少0.5cm）。

☞2 ● 使用平面原型时，袖山斜线以A.H前片为准，
　　即24cm。原因是参考较长一方尺寸的话，袖山吃势
　　量会比较多，袖身整体轮廓会比较漂亮。

● 圆袖的袖山宽度为袖宽/6（也就是20cm/6=3.3cm），
　袖宽线上的辅助线位置为袖宽/12（也就是20cm/12=
　1.7cm）。

花样编织

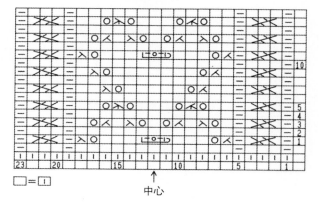

材料与密度

极粗毛线（线40g，长80m） 8号棒针（4.5mm）；花样编
织——23针为9.5cm，10cm为27行；平针密度——10cm为
20针，27行；单罗纹编织——5号棒针（3.6mm）；下摆和
衣领为22针，32行；袖口为24针，32行。

6

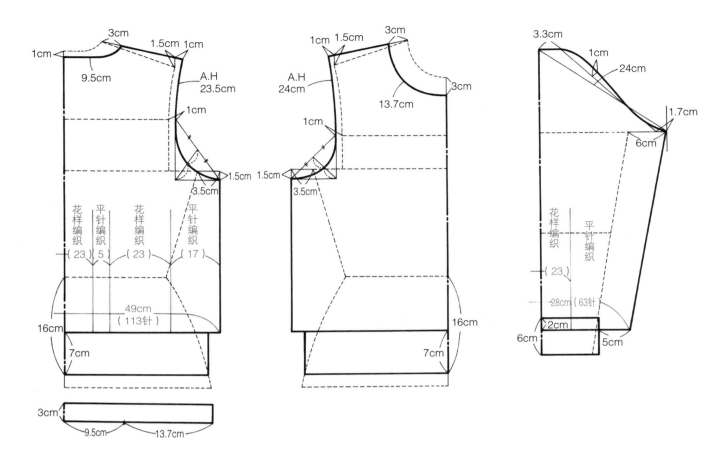

标记身片和袖体的对位记号 ●三等分对位记号

为了让上袖处更加美观，需要预先标好对位记号。基本袖一般会将身片一侧的袖隆深度等分为3份，因此也叫三等分对位记号。对位记号设定好后，袖山的吃势量也就随之确定了。

❶将袖隆深度（20cm）三等分，在A.H线上平移做出对位记号。

❷分别测量分割后的A.H的长度。

👉3 ❸从袖山的下方沿着弧线按照和身片相同的尺寸进行标注。如图1所示，前后身片尺寸应该是不同

的，但是如果前后尺寸分别标记的话，左右袖也需要分别进行标记，会变得比较混乱。因此如图2所示，首先在前后身片的同一位置进行标记，只要在插入固定针时，将后面的对位记号下降0.5cm就可以了。这样就可以确定袖山吃势在身片袖宽的上部1/3处，前面的吃势量约为1cm，后面吃势量比前面多0.5cm。

❹依据密度算出对位记号所在行数，编织身片和袖子的同时标记对位记号就可以了。

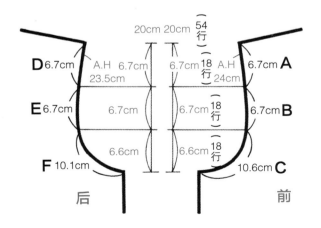
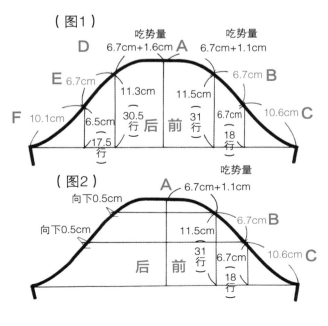

（图1）前后片分别进行标记。

（图2）在前后相同的位置上插入固定针时，以前片为标准后片的对位记号要下调0.5cm。

绱袖

　　将编织好的身片和袖体分别按照图纸尺寸熨烫平整后，肩部采用套针缝合，胁边和袖下采用挑针接合，准备上袖。

❶ 首先确定调整吃势所需要的毛线长度，身片袖窿深度上部的1/3（6.7cm×2=13.4cm）为编织长度，如图①所示从对位记号以下2cm处开始缝合，再加上线结的长度一共需要准备19.4cm的毛线。

💬4 ❷ 先打一个结，从第二个对位记号向下2cm处开始进行细细的抽缝，靠近中间部分的抽缩多一些，对位记号往下2cm之间不加抽缝（原因是稍微降低一下编缝的起针点，会使身片和袖体的连接更加自然顺滑一些）。袖山和身片A.D保持相同的缩进尺寸。

❸ 将身片与袖子正面相对用固定针进行固定，先将肩和袖山中心对齐，胁和袖下对齐，然后将各个对位记号分别对齐，后片的两个对位记号中袖子的对位

记号要降低0.5cm插入固定针，然后中间再补充更多的固定针。

❹ 窝边缝合深度，袖子下端设定为0.5cm，袖窿深度中间往上大约0.8cm。

❺ 用劈股线进行半回针缝合。缝一针回半针，注意不要倾斜，垂直上下穿针。

❻ 半回针缝合时注意不要太用力拽毛线，也不要让针目落在织片的镂空处，尽量用刺绣线进行缝制。

❼ 最后用钩针在窝边处编织短针的小台肩，从袖窿深度的1/2以上开始，将两片合在一起进行钩编。

💬5 ❽ 缝合时要将整个窝边锁紧，注意将短针的小台肩倒向袖体方向。同时针目间隔大约为0.7cm，注意头针不要太松散（详细请参考第23页）。编织完毕后，用熨斗将窝边铺开熨平。

❾ 圆袖的基本袖在身片1/3上加入缩缝。

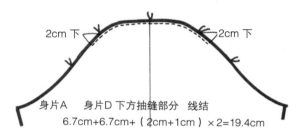

身片A　身片D 下方抽缝部分　线结
6.7cm+6.7cm+（2cm+1cm）×2=19.4cm

①用于调整吃势的毛线的长度

②中间部分抽缩多一些

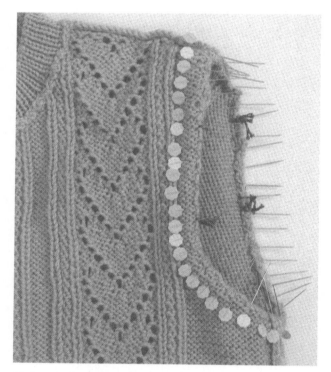

③为了防止袖窿被拉长，插入固定针固定

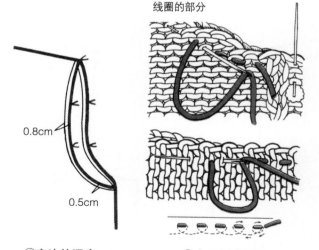

线圈的部分

④窝边的深度　　⑤半回针的走线

⑥半回针缝合完

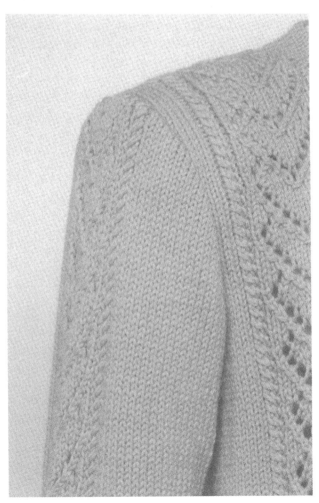

⑨基本袖的装袖完成

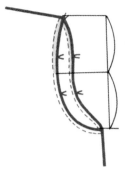

⑦从上袖长度的1/2处向上编织短针的小台肩

⑧短针的小台肩编织完成

● **半回针操作不当的案例**

（例1）半回针缝制过密，会导致上袖线过长，窝边紧绷，窝边处不容易倒向袖子一边。

半回针缝合

正
反

全回针缝合

正
反

（例2）使用全回针缝制，虽然针脚间隔相同，但是由于间距过于疏散，不够密实，还是半回针的效果比较好。

圆袖之基本袖

（使用补正原型）

在身片上使用补正原型来展开的圆袖的基本袖。
如果前后衣片袖窿深度发生变化的话，袖身制图和上袖方法也需要做出相应调整。

材料与密度

极粗毛线（线40g，长80m）8号棒针（4.5mm）；花样
编织——10cm为24针，28行；扭针单罗纹编织——5号
棒针（3.6mm）；下摆和领子为22针，32行；袖口为24
针，32行。

操作重点

1 使用补正原型的话，衣身后片袖窿深度需要
增加2cm，A.H长度比前身要增加1.5cm。
2 袖窿深度前后出现差异的时候，基本袖的
袖山斜线等于前后A.H/2（即前后A.H的平均
值）。
3 前后A.H长度出现差异时，移动袖山中心
点，重新设立袖山点。

制图

●S.P提高1.5cm处画肩线，肩宽、背宽、胸宽各扩宽
1cm，B线下降1.5cm，沿辅助线画袖窿弧线。

1 ●测量图纸上A.H长度，前片是24cm，后片袖
窿深度长度增加2cm，由于弧线少了0.5cm，所以比
前A.H长1.5cm。

2 ●袖山斜线为前后A.H/2=（25.5cm+24cm）/2=
24.75cm，袖山宽度、袖宽线上的辅助线位置的求
法与作品1相同。

3 ●袖山点（即身片肩线和袖体接合处）以（后
A.H-前A.H）/2=（25.5cm-24cm）/2=0.75cm的
幅度向前袖侧移动。

花样编织

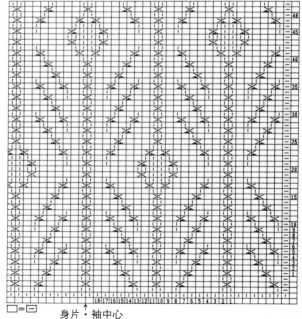

□=□

身片·袖中心

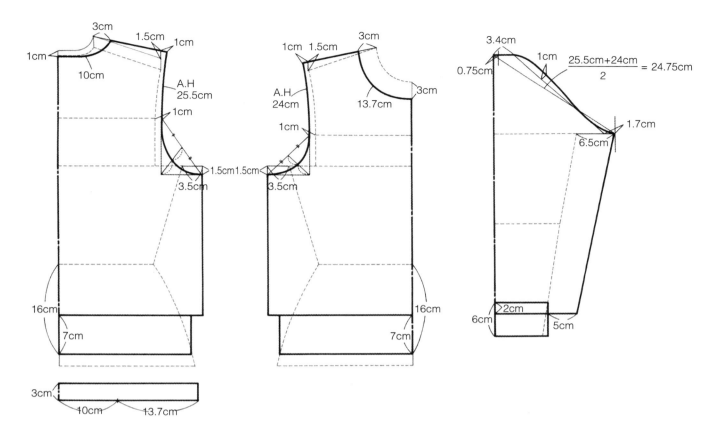

标记身片和袖体的对位记号 ● 三等分对位记号

使用补正原型同样是将基本袖进行三等分确定对位记号。不同之处是需要将前后上袖长度分别进行三等分。

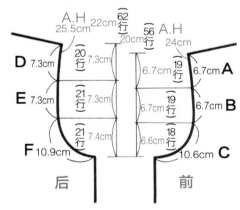

绱袖完成。
注意肩缝与袖山点的连接。

❶ 将衣身后片的袖窿深度22cm进行三等分，平移画出在A.H线上的标记。

❷ 将衣身前片的袖窿深度20cm进行三等分。

❸ 从袖山下方开始，将后侧F，E，前侧C，B，分别和身片做同样尺寸的标记。剩下袖山的D和A分别加入1cm多点的吃势量，这样调整吃势的位置就会在袖窿深度1/3以上的位置。

❹ 依据密度算出对位记号的行数，编织身片和袖身同时标记对位记号。

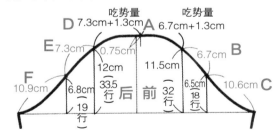

绱袖

绱袖的顺序和操作方法与作品1的要领相同。用于调整吃势的毛线长度要注意参考图纸，根据图纸中前后身片A.H的变化进行相应调整。

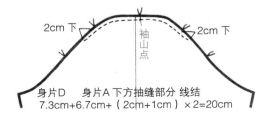

身片D 身片A 下方抽缝部分 线结
7.3cm+6.7cm+（2cm+1cm）×2=20cm

3

圆袖之吃势多的衣袖

这种袖体和基本袖相比，袖山的吃势较多，袖体轮廓比较端庄优美，
不同之处在于袖山斜线的求得方法和对位记号的确定方法与基本袖略有不同。

 操作重点

1 调整量要控制在0.5cm、1cm、1.5cm
范围之内，加在袖山斜线上求出袖山长
度。本作品的平均值设定为1cm。

2 袖山斜线增加1cm，袖山高度要相应增高
1.5cm，袖体轮廓会更加挺括优美。

3 吃势较多的袖体，一般会将身片和袖体
进行两等分来确定对位记号（也就是说
从袖窿深入1/2处向上调整吃势）。

制图

● S.P提高1.5cm画肩线，肩宽、背宽、胸宽各外延
1.5cm。B线下降1.5cm，沿辅助线画出袖窿弧线。

● 测量前后身片的A.H长度，前面是24cm，后面是
25.5cm（前后差1.5cm）。

1 ● 袖山斜线为前后A.H/2+调整量1cm=
（25.5+24）/2+1cm=25.75cm，求出袖山中心点到袖
宽辅助线之间的距离为25.75cm。

2 ● 这样也就得出袖山高度为15cm（袖宽一样的
情况下，比基本袖的袖山高要高1.5cm）。

● 袖山宽度为袖宽/6，袖宽线上的辅助线位置为袖
宽/12，画上和基本袖一样的袖山弧线。

● 袖山点（即身片肩线和袖体接合处）移动（后A.H−
前A.H）/2=（25.5−24）/2=0.75cm，从袖山中心向
前袖侧移动。

2 袖山高度的比较

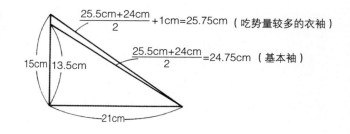

材料与密度

极粗毛线（线40g，长80m）8号棒针（4.5mm）；花样
编织——10cm为24针，29行；扭针单罗纹编织——5号
棒针（3.6mm）；下摆和领子为22针，32行；袖口为24
针，32行。

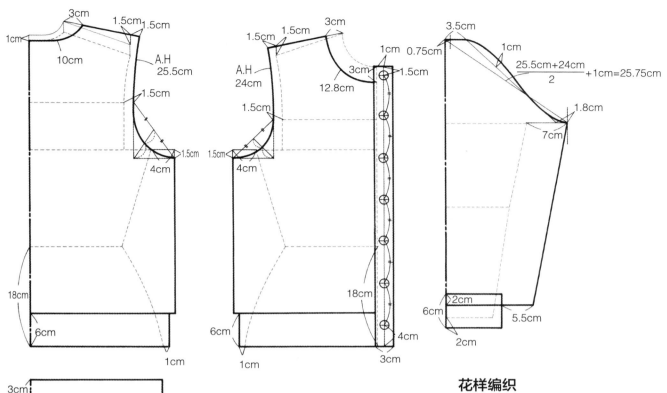

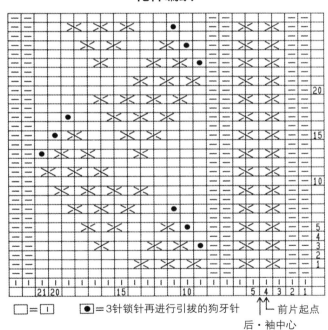

花样编织

标记身片和袖体的对位记号●二等分对位记号

👆3　袖山高出的部分，需要增加吃势。和基本袖相
　　比，调整吃势的范围要增加，因此从身片上袖窿深
　　度1/2处往上开始进行调整。

❶将后身片的上袖长度21.5cm进行二等分。
❷将前身片的上袖长度19.5cm进行二等分。
❸对分割完毕的A.H的尺寸分别进行测量。
❹袖山要从袖窿的下方开始用相同的尺寸标记后D、前
　B，这样剩余的C和A就包括了2cm的吃势量。
❺依据密度算出各对位记号所在的行数，编织身片和
　袖子时系上线标。

□=Ⅰ　●=3针锁针再进行引拔的狗牙针　↑=前片起点

后·袖中心

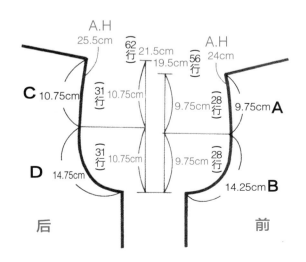

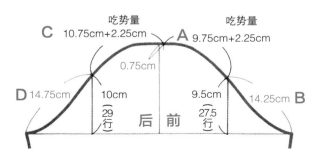

绱袖

❶确定调整吃势需要的线长，准备好分股线。所需长度为身片C+身片A+对位记号以下2cm的缝份和打结长度，合计需要26.5cm。

❷先打一个结，从对位记号以下2cm处开始仔细地缝合，靠近中间部分的抽缝多加一些，接点往下2cm之内不抽缝。

❸将肩和袖山点对齐，腋下和袖下对齐，插入固定针。然后将对位记号对齐，中间密实地插入更多的

固定针。窝边深度为袖下0.5cm，逐步加深到上面为0.8cm进行缝合。

❹缝合后从袖窿深度1/2处往上的窝边处将两片织片一起编织短针的小台肩，针足间隔大约为0.7cm，将整个窝边锁进来。

❺吃势多的衣袖完成。细密的缩缝自然分布在整个袖体上，轮廓优美挺括。

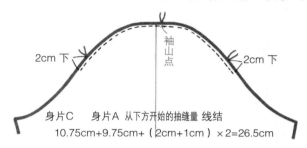

身片C　身片A 从下方开始的抽缝量 线结
10.75cm+9.75cm+（2cm+1cm）×2=26.5cm

①缩缝需要的毛线长度

②中间部分多加一些缩缝

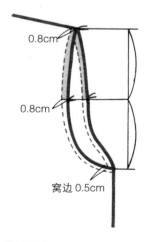

④从袖窿1/2处往上编织短针

③上袖使用半回针法缝合

⑤吃势多的衣袖完成

4

圆袖之吃势少的衣袖

吃势少的衣袖是指减少袖山吃势，
使袖山和肩部自然结合，轮廓平坦，属于比较休闲舒适的袖型。

材料与密度

极粗毛线（线40g，长80m）8号棒针（4.5mm）；花
样编织——10cm为24针，28行；罗纹编织——5号棒针
（3.6mm）；下摆为24针，32行；袖口为28针，30行；
领子为25针，30行。

 操作重点

1 身片A.H和袖山弧线不相等的话，余量
无法进行分摊。因此要将袖山斜线减掉
0.5~1cm，本篇作品中减掉0.5cm。

2 袖山斜线减少0.5cm的话，袖山尺寸相应
降低0.75cm左右，袖身整体轮廓更加呈
现休闲舒适感。

3 上袖仍旧使用半回针缝，用短针的台肩
将窝边编织在一起，然后用熨斗熨烫平
整。

制图

● 由平面原型展开，S.P提高2cm画肩线，肩宽外延
1.5cm，一直垂直落到背宽和胸宽处。B线下降
2cm，沿辅助线画出袖窿弧线。

1 ● 使用平面原型的话，通常只需要测量前身片
A.H的长度（即24cm），袖山斜线为前身片A.H−
0.5cm=23.5cm，以得出袖山高度，和基本袖一样分
别在图纸上做袖山宽、袖宽线上的辅助线位置。

花样编织

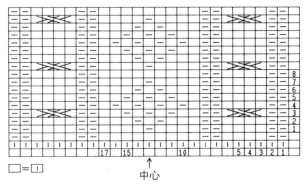

□ = |

中心

罗纹编织

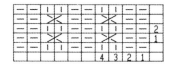

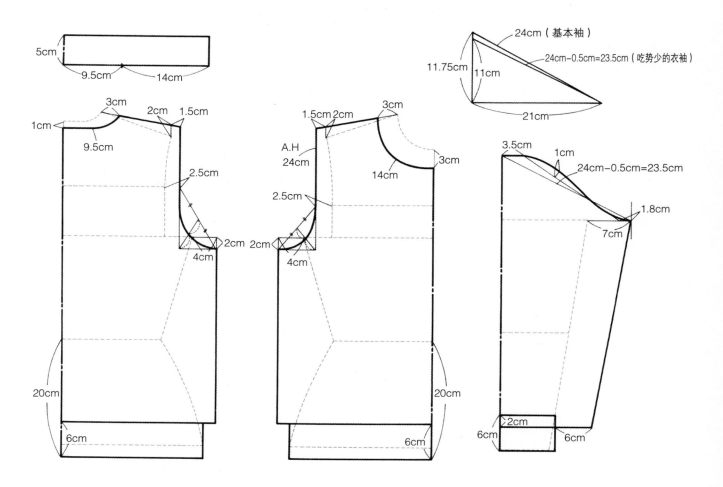

2 袖山高度的比较

标记身片和袖体的对位记号 ●三等分对位记号

由于吃势比较少，因此将吃势调整进行三等分即可。从袖窿深度上部1/3处开始做少量吃势调整。

❶ 将身片的袖窿深度20.5cm进行三等分，平移画在A.H上的记号。

❷ 将三等分之后的前身片A.H长度分别进行测量。

❸ 在袖山的前片上，从袖窿下方开始依次标记为和身片C，B相同的尺寸。

❹ 袖山后片要和袖山前片按同样的尺寸做标记，只是插入固定针时往下移动0.5cm（参考第7页的说明）。这样袖山的前面吃势量为0.5cm，后面比前面多0.5cm为1cm。

❺ 依据密度算出对位记号所在行数，编织的同时系上线标。

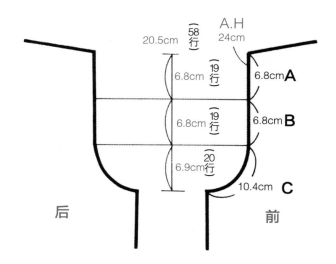

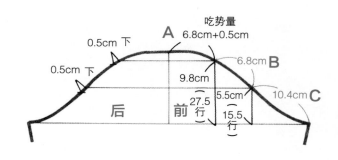

袖体连接

❶即便是吃势量较少，也要细致缝制并抽缩调整。所需线长为19.6cm。使用分股线编织。

❷从接点以下2cm处开始细密抽缝，在接点和接点之间均匀抽缝。

3 ❸将身片和袖体正面相对，插入固定针后使用半回针法进行缝合。从袖隆深度1/2处向上使用短针的台肩将窝边编织在一起。短针的针足间隔为0.7cm左右，将整个窝边锁起来。

3 ❹将袖体窝边，从里向外用熨斗熨烫平整。

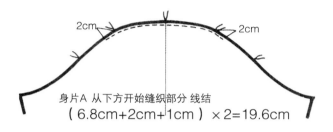

身片A 从下方开始缝织部分 线结
（6.8cm+2cm+1cm）×2=19.6cm

①缩缝所需线长

②在接点之间均匀加入缩缝

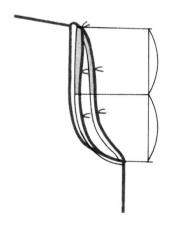

③从袖隆深度1/2处向上编织短针的底针

④将窝边编织成一片后进行熨烫

5

落肩袖

袖圈线落在肩点以下的袖体称为落肩袖。
落肩袖的肩宽增加多少，袖长就相应减少多少，由于降低了袖山点，穿着较为宽松舒适。

材料与密度

极粗毛线（线40g，长80m）8号棒针（4.5mm）；花样编织——A为30针12cm，A′为10针4cm，B为13针6.3cm，平针密度为10cm19针，均为10cm26行。双罗纹编织，5号棒针（3.6mm）；下摆和领子为21针，32行；袖口为23针，32行。

操作重点

1 注意区分宽肩袖体和落肩袖体（关系到袖体制图），只有肩宽从S.P外延2.5cm以上的袖体才算落肩袖体。

2 落肩袖的基本原则是肩宽增加多少，袖长就相应减少多少。袖山斜线制图同吃势少的衣袖，但要注意袖山宽度和袖山弧线的加放量。

3 上袖方法和上一章吃势少的衣袖的操作方法相同。

制图

1 ● 由补正原型展开，将S.P提高2cm画肩线，肩宽外延3cm（超过2.5cm才算落肩袖），背宽胸宽各外延3cm，B线下降2.5cm，画A.H弧线。

● 分别测量前后A.H的长度，前片为24cm，后片比前片增加1.5cm，为25.5cm。

● 袖子的加放量一般会按照身片袖圈和袖宽尺寸大致相同的感觉来确定，本篇作品中袖子的加放量为7.5cm，袖宽为21.5cm。

2 ● 从袖山的顶点开始减掉和落肩部分相同的尺寸（3cm），从这个位置开始向袖宽辅助线方向，按照前后A.H/2−0.5cm（25.5cm+24cm/2−0.5cm）=24.25cm的计算得出袖山斜线，袖山宽度为袖宽/4（21.5cm/4）=5.4cm，袖宽线上的辅助线位置为袖宽/12（21.5/12）=1.8cm，袖山弧线的膨起部分为0.5cm。

● 袖山点移动（后A.H−前A.H）/2=0.75cm，向前袖侧移动。

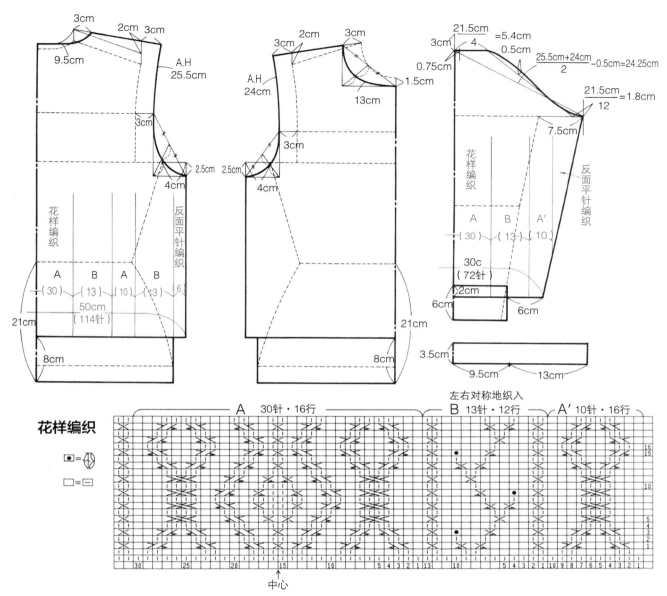

花样编织

●＝◯
□＝－

A 30针·16行　　　左右对称地织入　B 13针·12行　　A' 10针·16行

中心

标记身片和袖体的对位记号 ●三等分对位记号

　　由于吃势调整比较少，因此使用三等分接点即可。从袖窿深度上部1/3处开始加入少量吃势调整。

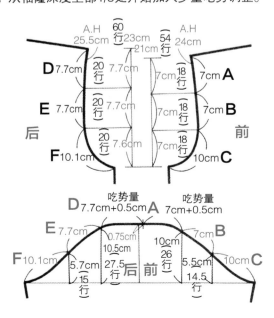

❶将前后身片和袖山分别进行三等分，在A.H图纸上水平移动做标记。

❷将三等分之后的A.H长度分别进行测量。

❸从袖山弧线的下部开始，将后面F，E和前面C，B标记为相同尺寸。这样袖山部位的D和A分别加入的吃势量便为0.5cm。

❹依据密度算出对位记号的所在行数，编织身片和袖体的同时挂上线标。

绱袖

（手）3　绱袖的操作要领和上一篇的吃势少的衣袖基本相同。只是要注意接合身片A.H的尺寸准备调整吃势需要的毛线长度不同。

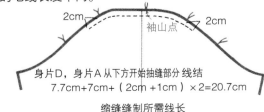

身片D，身片A从下方开始抽缝部分线结
7.7cm+7cm+（2cm +1cm）×2=20.7cm

缩缝缝制所需线长

6

抽褶半袖

这种袖体属于泡泡袖（袖山处蓬起的袖体）的一种，只是蓬起的部分用褶皱的形式来表现。
本篇作品为半袖，在袖山和袖口处也加入了一些抽褶，整个袖体非常蓬松可爱。

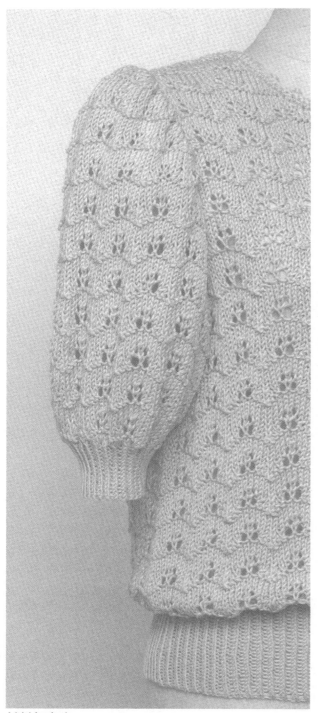

材料与密度

中粗夏纱毛线（线40g，长90m）5号棒针（3.6mm）；花
样编织——10cm为23针32行，扭针单罗纹编织——2号针
（2.7mm）；下摆为23针，38行；袖口为27.5针，38行；
领子处条纹针用3/0号针，10cm为21针，1.5cm为3行。

 操作重点

1 本篇作品中，褶份都在外部轮廓，属于
抽褶袖中构图比较简易的袖型。
2 这种构图中使用的褶份最大为8cm，手织
衣物更要考虑材料和针法，注意不要有
过渡的感觉。本篇中所用褶份为6cm。
3 根据褶份确定褶裥加入的位置（即记号
的位置）。如果褶裥较多（超过6cm）可
以进行二等分操作。

制图

● 由补正原型展开，S.P提高1cm画肩线，一直垂直落
到背宽和胸宽处。B线下降1cm，沿辅助线画上袖窿
弧线。

● 分别测量前后A.H的长度，前片为23cm，后片为
24.5cm。

● 抽褶袖首先要将基本袖山做上标记，按照前后A.H/2
即24.5cm+23cm/2 =23.75cm得出袖山斜线。

☞1·2 ●从袖体中间平行加入6cm褶份，袖山部分
加入3cm蓬起分量，重画袖山斜线。袖下加入1.5cm
蓬起分量，顺滑下来和袖体连接。

（注意）如果不加入蓬起分量，编织褶裥时，袖体就
会塌陷，无法呈现出想要的轮廓。蓬起分量大小依据
个人喜好，本篇中加入的是平均分量。

● 袖山点向前袖侧移动（后A.H–前A.H）/2=0.75cm。

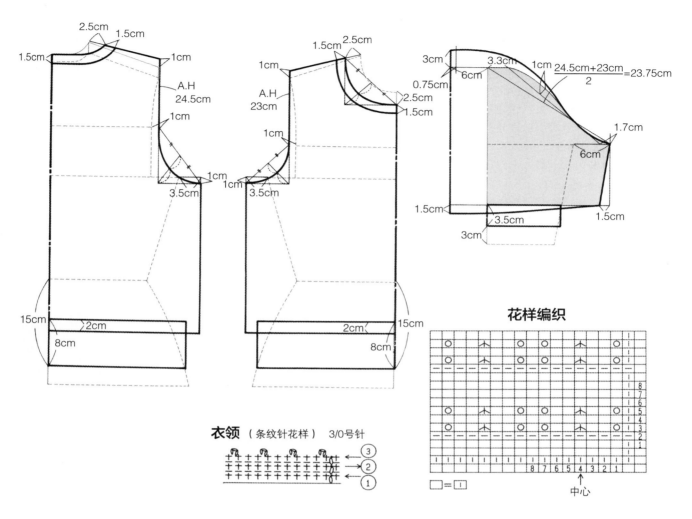

衣领 （条纹针花样） 3/0号针

花样编织

中心

$\square = \square$

标记身片和袖体的对位记号 ●二等分对位记号

✋**3** 根据加入的褶份的多少确定对位记号位置。一般
褶份超过6cm会采用二等分对位记号，从身片袖窿
深度上部1/2处开始加入细褶。

❶将前后身片的上袖长度分别进行二等分，在身片A.H
上平移动，在图纸上进行标记。

❷将分割后的A.H长度分别测量出来。

❸从袖山弧线的下部开始，后标记和身片D相同的尺
寸，前标记和身片B相同的尺寸，这样袖山的前后褶
份均为8.5cm。

❹计算出到对位记号所在的行数，做好标记。

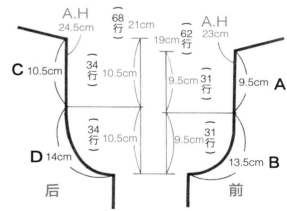

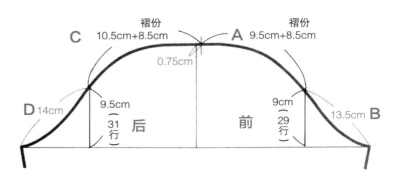

绱袖

❶确定缝制褶份需要的毛线长度。身片C+身片A+接点往下2cm缝份+打结量，一共需要26cm。

❷从接点往下2cm处开始细密地缝，靠近中间部分多加入一些褶裥，靠近接点2cm范围内不要加。

❸将肩线和袖山点，腋下和袖下分别对齐后插入固定针，然后将各个对位记号分别对齐后，在中间细密地插入固定针。

❹抽褶袖如果在袖山附近不加深窝边的话，身片很容易受到褶裥的拖曳而发生拉伸。因此从接点往上的部分，需缝制1~1.2cm的窝边。

❺使用半回针缝制。褶裥部分非常厚实，正常缝制的话容易发生针脚倾斜，因此每一针都要垂直穿入。

❻在对位记号往上的部分上编织短针的小台肩。将所有窝边锁过来，而且注意窝边要朝向袖体方向。

❼抽褶袖完成。避开编织的褶裥，用熨斗轻轻熨烫肩线。

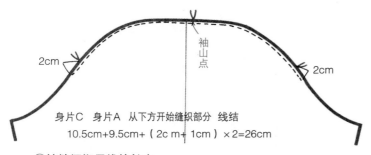

身片C 身片A 从下方开始缝织部分 线结
10.5cm+9.5cm+（2c m+ 1cm）×2=26cm

①抽缝褶裥用线的长度

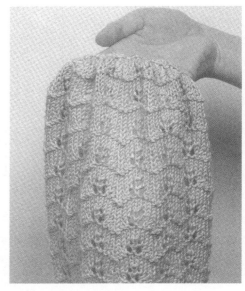

②靠近中间部分多加入一些褶裥

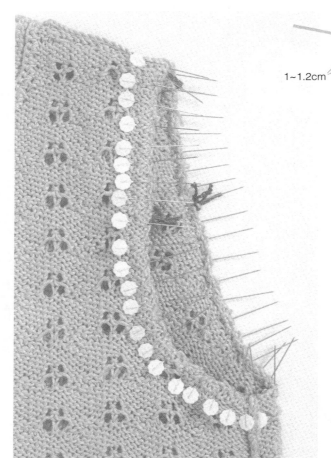

③对位记号对齐后插入固定针

④将窝边加深一些

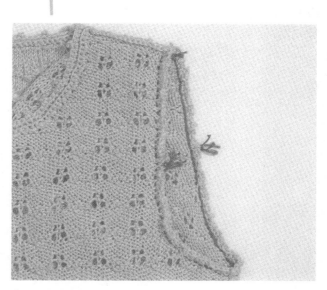

⑤使用半回针上袖

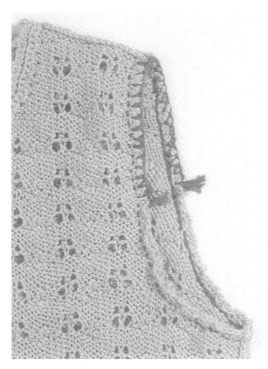

⑥从袖窿深度上部1/2处开始编织台肩

⑦抽褶袖完成

● 为什么要编织短针的小台肩呢？

　　圆袖的基本袖、吃势多的衣袖、抽褶袖以及活褶袖，编织短针的小台肩都是为了将窝边倒向袖体，这样袖山才会隆起，如果仅仅是用半回针将两片缝在一起，窝边自然会倒向身片。为了使窝边倒向袖体的方向，就要编织短针的小台肩来固定，目的是避免袖体轮廓塌陷。

错误编织案例

　　如果将短针编织到窝边前面，短针的前面线脚较短，后面线脚较长，整个短针的针头会倒向前面，（背面）翻过来的袖山就会发生塌陷。

正确编织案例

　　尽量往窝边后方编织，前面线脚长，后面线脚短，使整个连接片倒向后方，这样编织完的窝边会倒向袖体，袖山隆起。

　　另外编织时注意袖山附近的窝边要更加收紧，针足间隔在0.7cm左右，仔细编织，注意起针的针头不要抻开。

抽褶长袖

和上一篇的作品一样，抽褶长袖也是通过加入褶裥使袖体呈现蓬松状，不同之处是仅在袖山部分加褶。
袖口部分会进行收紧操作，使整个袖体比较有优雅成熟的感觉。

材料与密度

粗密毛线（线长40g-100m）7号棒针（4.2mm）。花样编织——10cm为21针27行，平针密度——10cm为20针27行。扭花单罗纹编织——4号针（3.3mm），下摆和领子为22针、32行，袖口为24针、32行。

 操作重点

1 袖体采用增加褶裥来营造蓬松状设计时，身片A.H就可以尽量缩小。
2 将基本袖的袖山切开，增加褶份。将肘线作为剪切展开线。
3 褶份为5cm。5cm以下时可以将接点进行三等分，并从袖窿深度上部1/3处开始加入褶皱。

制图

①1 ●S.P提高1.5cm画肩线。袖山褶份较多时，身片的肩宽就要有所控制（防止因袖体过重，身片受到拉伸）。将原型肩宽垂直落下，B线下降1cm，画A.H弧线。B宽的加放量也要适当减少一些。最后测量出前后A.H数值。

②2 ●从基本的袖山部分切开褶份，这样就可以得出前后身片/2，即（25cm+23.5cm）/2=24.25cm为袖山斜线，进行袖山制图。

③2 ●复制从肘线往上的袖体制图，从袖体中心加入5cm的褶份，贴上刚才复制的袖体。然后连接袖山中心的弧线。

●袖山点向前袖侧移动（后A.H－前A.H）/2=0.75cm。

花样编织

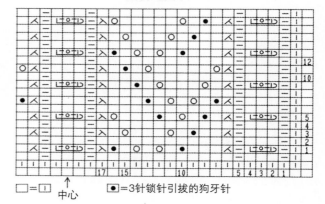

□=□　　↑中心　　⊙=3针锁针引拔的狗牙针

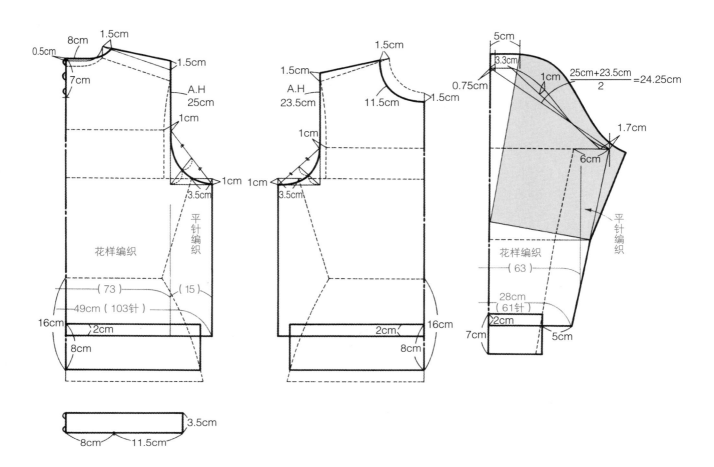

标记身片和袖体的对位记号●三等分对位记号

☝3 ●褶份在5cm以下的话，由于数量较少，若铺开范围较广的话，褶裥过于分散效果不好。因此将对位记号进行三等分，从袖窿深度上部1/3处开始加入褶裥。

❶将前后身片的袖窿深度分别进行三等分，在身片上水平移动分别做出标记。

❷分别测量出前后身片三等分之后的A.H长度。

❸从袖山弧线的下部开始，后面以和F，E相同的尺寸进行标记，前面以和C，B相同的尺寸进行标记，这样袖山的褶份约为6.5cm。

❹计算出对位记号的所在行数。

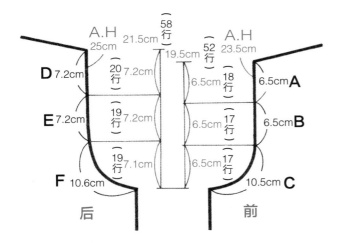

绱袖

本篇的绱袖操作和上一篇的要领基本相同。请参考第22页的内容，但是注意根据身片A.H的长度调整缝制褶皱需要的毛线长度。

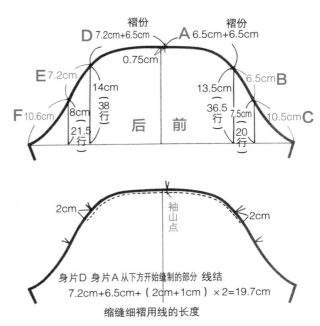

活褶袖

这种袖体也属于泡泡袖的一种，特点在于袖山的蓬起部分用两个活褶来表现，
属于比较端庄优美的袖体。其中活褶的插入位置以及方向等操作需要特别注意。

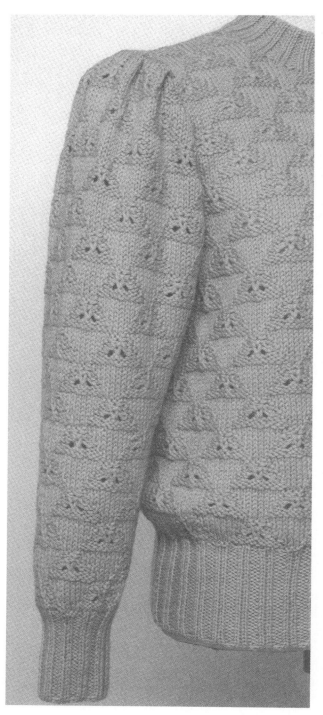

操作重点

1 制图方面，活褶的多少和插入位置是要
  考虑的重点。
2 接点进行三等分，从身片袖窿深度上部
  1/3处开始加入活褶。
3 具体操作方面，活褶的打褶方法和缝制
  方法需要特别注意。

制图

● 身片的制图和前一篇抽褶袖的制图基本相同。
● 袖体从基本袖山开始切开活褶的部分，袖山斜线为前
  后A.H/2，即（25cm+23.5cm）/2=24.25cm。
1 ● 加入两个活褶，每个褶份为3cm，合计为
  6cm。沿着肘线往上切开，在中心加入6cm的褶
  份。
● 袖山点向前袖侧移动（后A.H−前A.H）/2=0.75cm。

花样编织

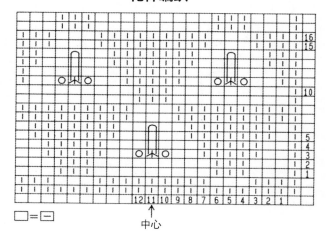

□=□

中心

材料与密度

粗密毛线（线40g，长100m）7号棒针（4.2mm），花
样编织——10cm为19针30行，双罗纹编织——4号针
（3.6mm），下摆为10cm19针36行，领子为21针36行，
袖口为23针，36行。

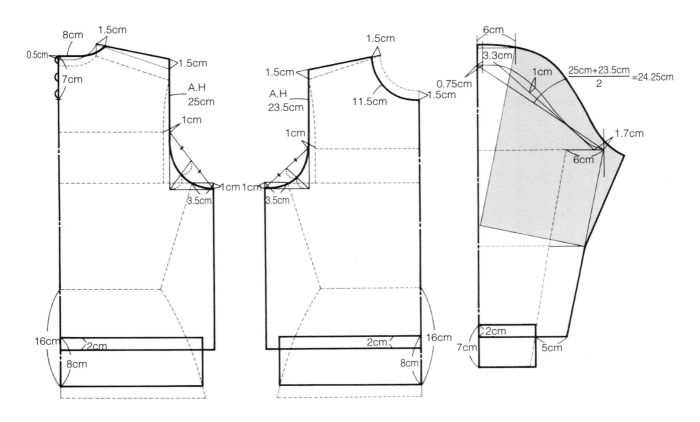

标记身片和袖体的对位记号 ●三等分对位记号

●2 前后各加入两个活褶。需要注意袖山弧线倾斜较大的地方，不要插入活褶。在靠近袖山中心，弧度比较平缓的地方插入活褶后，活褶的范围自然就确定了（请参考下图）。然后将袖窿深度进行三等分标记对位记号，在袖窿深度上部1/3部分确定插入活褶的位置。

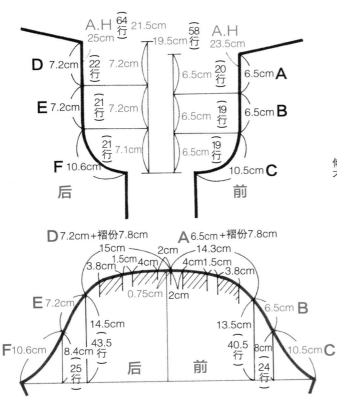

❶ 将前后身片袖窿深度分别进行三等分，在身片上水平移动分别做出标记。

❷ 从袖山的下部开始，后面使用和F，E相同的尺寸进行标记，前面使用和C，B相同的尺寸进行标记。

❸ 从剩下的袖山D和A中减掉身片A.H的长度，就剩下袖山的吃势和切开的褶份部分了。这一部分，一共是7.8cm，均分给两个活褶，然后沿着袖山弧线标记活褶的位置。

❹ 计算出对位记号所在行数，做好标记。

确认活褶位置的方法

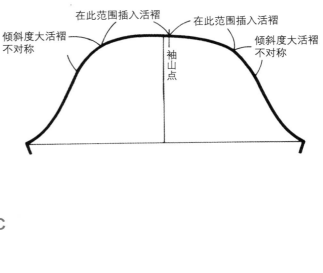

绱袖

　　将编织好的袖体按照图纸尺寸进行熨烫，打褶部位系上线标。注意不要和对位记号混淆，请使用其他颜色的线标。

❶打褶操作。以袖山点为中心，左右各打两个活褶。第一个褶宽为4cm，这样左右内侧分别为2cm。第二个褶宽为3.8cm。

❷打褶时注意要使活褶朝向下方自然展开，插入固定针。袖山的轮廓线稍有不齐也没有关系。

❸用固定针固定活褶的同时，将里面翻过来，把肩线和袖山点对齐，胁和袖下对齐，在身片和袖体上也插入固定针。然后在对位记号中间更密地插入固定针。

❹将窝边加深一点，活褶部分为1~1.2cm。使用半回针缝合，活褶较厚的部分用一根针引拔固定，仔细缝制。不要用力拽线，以免活褶部分抽紧。

❺翻过来看里面，虽然有的活褶内侧已经稍微偏离了窝边，但也不会影响效果。

❻从袖窿深度上部1/2处开始编织短针的小台肩。编织时注意将窝边倒向袖体方向。

❼活褶袖完成。熨烫时为了保护活褶的立体感，只可以使用蒸汽熨烫。

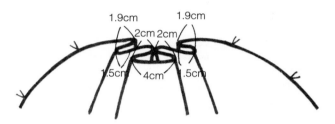

①活褶的折叠方法

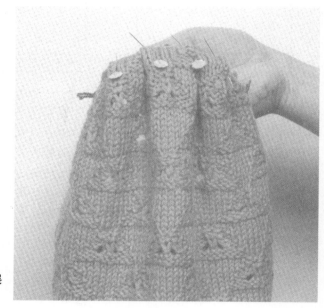

②打褶时注意让活褶下方自然展开

反面的轮廓线稍有不齐也没有关系

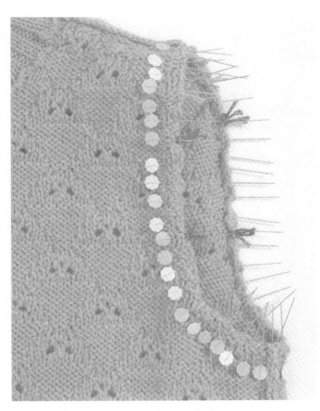

③将身片和袖体正面相对，插入固定针

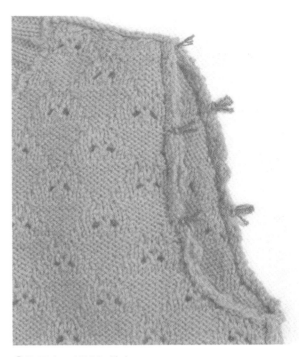

④使用半回针进行缝合

⑤从反面看，有可能有的活褶内侧已经稍微偏离了窝边

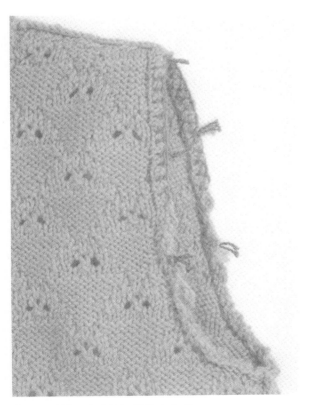

⑥编织编缝处窝边的短针的小台肩

⑦活褶袖完成

肩章袖

顾名思义肩章袖就是将肩部和袖体如同佩戴了肩章一样连接在一起的袖体。
是圆袖的一种，轮廓平整，比较休闲舒适的一种袖体。

操作重点

1 由吃势少的衣袖演变而来，袖山斜线一般使用A.H减掉0.5~1cm。

2 注意袖山和肩章部分的推算，需要将三种密度不同的针法组合进行计算。

3 从肩章部分的缝合进入袖窿缝合是需要特别注意的。

制图

● 由平面原型展开制图。S.P提高1.5cm画肩线，肩宽、背宽、胸宽各外延1cm。B线下降1.5cm，画A.H弧线。测量前A.H的长度（24.5cm）。

1 ● 不在袖山处加入吃势，因此袖山斜线为前A.H−1cm即（24.5cm−1cm）=23.5cm，画出袖山弧线。

● 和身片肩线平行留出肩章部分。后面为3cm，前面为5cm。

（注）后领窝深度较浅，所以不能取3cm以上的肩章部分。

● 取身片上肩章的部分延长袖山中心线，对照肩线，将袖山弧线连接起来。

材料与密度

极粗毛线（线长40g-80m）8号棒针（4.5mm）。花样编织A——8cm为22针，花样编织B——6.8cm为16针。平针密度——10cm为19针，10cm均为28行。罗纹针编织——5号棒针（3.6mm），10cm为28针、32行。

下摆·袖口·衣领的罗纹针花样编织

最后一行的罗纹针编织

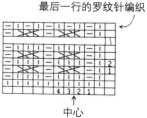

中心

花样编织

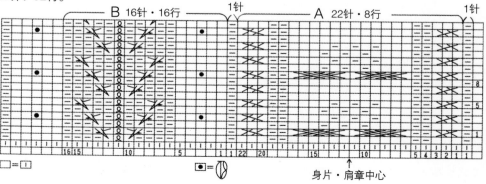

B 16针·16行　1针　A 22针·8行　1针

□=□　　·=◑

身片·肩章中心

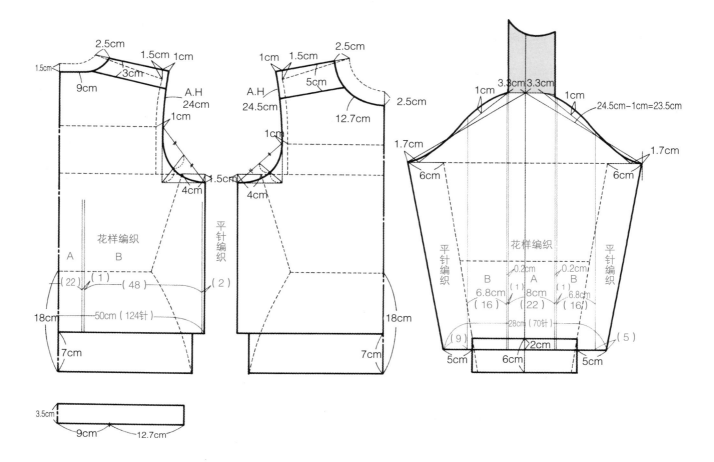

标记身片和袖体的对位记号 ●三等分对位记号

由于没有吃势调整，所以身片和袖山尺寸相同。将袖窿深度进行三等分，细致地缝制标记，取得平衡就很漂亮。

❶将未减掉肩章部分的袖窿深度进行三等分，水平移动后在前后A.H上进行标记。

❷测量分割后的A.H长度。虽然前后上袖尺寸相同，但

是注意弧线F比C要短0.5cm。D和A是减掉肩章宽度后剩余的尺寸。

❸从袖山弧线的下部开始，前后均使用和身片相同的尺寸进行标记。

❹根据密度计算对位记号所在的行数，进行标记。

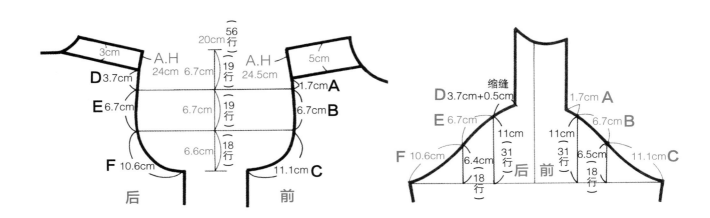

袖山的推算

👆2 ●推算出从袖山弧线延伸出来的肩章尺寸。因为是弧线中分割出来的，因此需要使用编织密度本。花样A,B,平针等的密度各不相同，注意选用密度本格子的颜色。

❶ 首先垂直下落8cm到袖点作为肩章宽度，这部分作为花样编织A。两侧部分作为花样编织B。这样最顶端的平针左右针数就会产生差异。

❷ 袖山弧线的推算由于所用密度各不相同，因此使用的密度格子颜色也都不一样。
　　花样A的编织比例　　28行÷27.5针=1.01

花样B的编织比例　　28行÷23.5针=1.19
平针部分　　28行÷19针=1.47
花样编织A的格子为蓝色。花样编织B和平针编织部分取平均值即（1.19+1.47）÷2=1.33，使用同一种白色图表。

❸ 如图所示，在蓝色格子上，从袖山延伸到肩章部分为22针。剩余的袖山针数（前袖33针）和行数接白色格子进行推算。

❹ 肩章部分的领口弧线前后均以2行为单位进行推算。弧线最后一针不做减针，和缝份一起共保留2针。

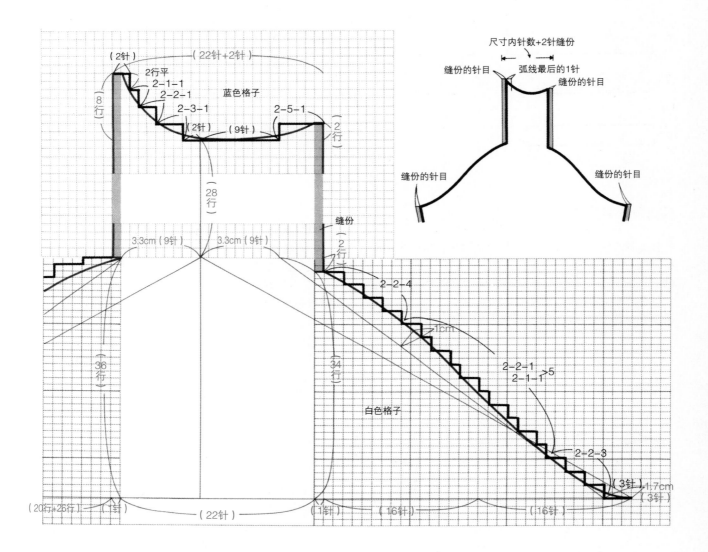

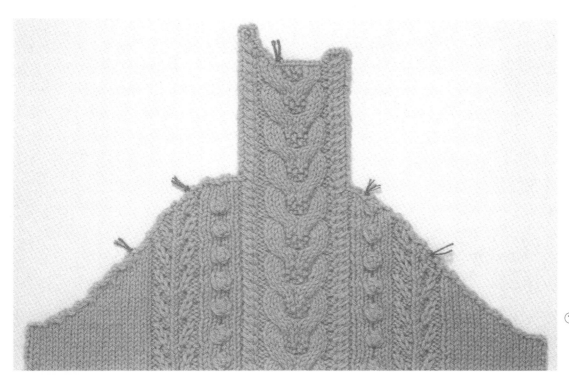

①在肩章的两侧
加入缝份进行
编织，领窝部
分保留两针

绱袖

❶将袖山和肩章领窝线对齐后进行缝合。

👆3 ❷将肩章和身片进行针对行的缝合。身片这一端
缝合时，和袖体连接的最后一针作为缝份保留，相
反在缝合肩章时，再下落一行作为袖山缝份，也就
是取身片一侧减1针的针数和肩章一侧加1行的行数
的平均数值。

❸针和行的缝合。肩章一侧从缝份的内侧挑针，身片
一侧按照平针缝合法，行数较多时可以2行一起走
针。

❹将身片和袖体正面相对，将各个对位记号对齐，在
中间插入固定针。

❺从肩章的直角处开始仔细缝合，特别注意肩章周围
的尺寸，不要让肩章偏出肩部位置，也不要缝制得
过于圆滑。窝边从里面分开，用熨斗熨烫平整。

❻编织衣领。根据各个部位的尺寸挑出需要编织的针
数，环形编织罗纹针花样。

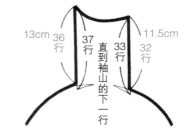

②身片和肩章取平均数值进行计算

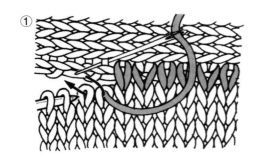

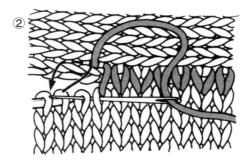

③针和行的缝合

④将身片和袖体正面相对，对位记号对齐后插入固定针

⑤半回针缝制完毕，翻开窝边

⑥肩章袖完成

衣领（罗纹针花样）

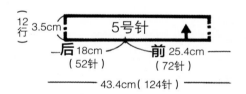

（12行）3.5cm　5号针

后18cm（52针）　前25.4cm（72针）

43.4cm（124针）

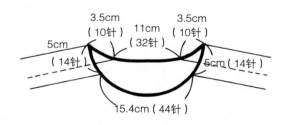

3.5cm（10针）　11cm（32针）　3.5cm（10针）

5cm（14针）　5cm（14针）

15.4cm（44针）

10

自由式拉克兰袖

从领口到袖下的斜线称为拉克兰线,设计重点是肩膀到袖子一体成型的袖体,称为拉克兰袖,
一般适用于休闲装和运动装。

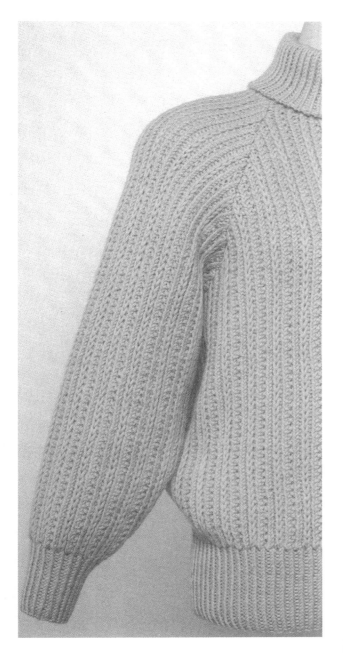

材料与密度

极粗毛线（线40g,长80m）8号棒针（4.5mm）。花样
编织——10cm为20针、26行,扭针单罗纹编织——5号针
（3.6mm）,下摆为21针32行。领口和袖口为23针,32行。

 操作重点

1 自由式拉克兰袖的制图优先考虑衣服轮
廓。拉克兰线起点以及袖宽都以预想尺
寸为参考进行制图。

2 在拉克兰线上,身片和袖体无法同之前
的作品那样进行对齐缝合,所以连肩袖
尽量避免使用大面积或者较为突出的花
样,以小型花样或者简单款式为好。

3 注意拉克兰线的流畅感,使用半回针缝
合。

制图

●将平面原型前后片相叠展开后绘制,和袖体原型进行
连接。B线加放4cm,在侧缝线内侧3cm处画裆份辅
助线。

1 ●如果成衣袖宽为23cm的话,袖山直角线尺寸
就是袖宽-裆份即（23cm-3cm）=20cm,然后沿
着直角线再往下延伸3cm就是袖宽尺寸。

1 ●将后领围线进行三等分,靠近NP点1/3处作为
拉克兰线的起点,连接起点和袖宽线与裆份辅助线
的交点绘制拉克兰线。

（注）拉克兰线起点设在后领围线1/3处时,编织出
来的袖体最为自然。

花样编织

衣领的扭针单罗纹针

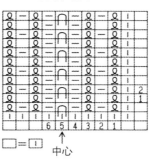

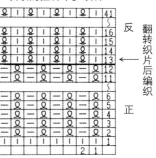

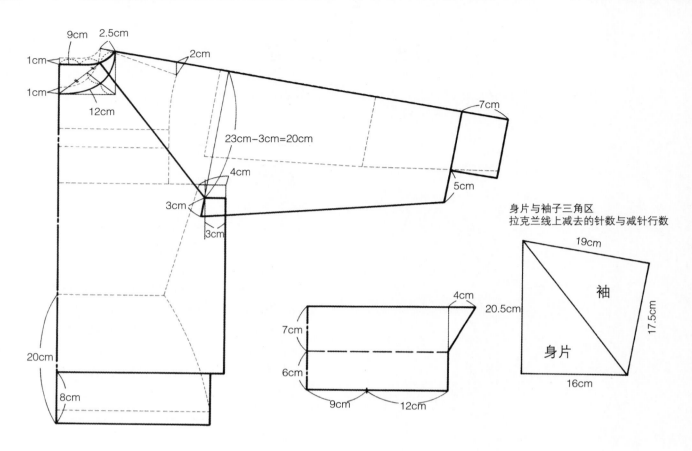

身片与袖子三角区
拉克兰线上减去的针数与减针行数

编织花样选择不当的案例

在制图方面，自由式拉克兰袖以中间的拉克兰线为准，身片和袖体的三角尺寸是不均等的。此时这两个三角形分别表示拉克兰线的减针行数和针数，因此在这种情况下两者的图案是无法吻合的。

例1　如图所示的横向花样，即使在拉克兰线的起点处将条纹对齐，后面也会渐渐错开，无法始终保持一致。

例2　如图所示的纵向花样，在身片和袖体中间均加入大片花样，这样加入剩余花样时就很难做到等间隔编织，并且拉克兰线的花样也会全部错开，造成花样不谐调。

综上所述，自由式拉克兰袖的花样要尽量采取小条纹或者碎花纹，重视整体轮廓才可以达到较好的效果。

（例1）

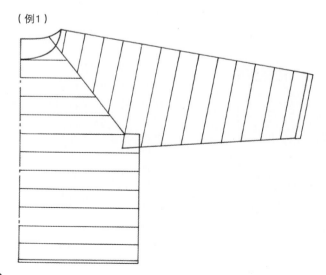

（例2）

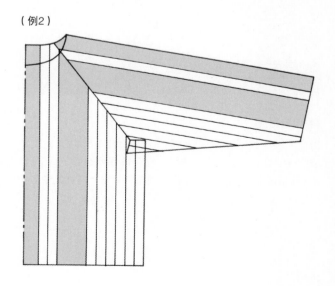

衣领（扭针的单罗纹针）

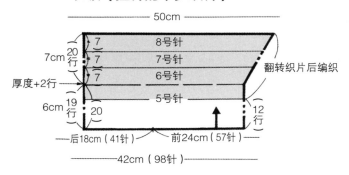

— 50cm —

7	8号针
7	7号针
7	6号针
	5号针

7cm 20行
6cm 19行
厚度+2行
20
12行

翻转织片后编织

后18cm（41针）　前24cm（57针）

42cm（98针）

衣领处的挑针

3cm（7针）　12cm（27针）　3cm（7针）
4cm（9针）　　　　　　　　　　4cm（9针）
16cm（39针）

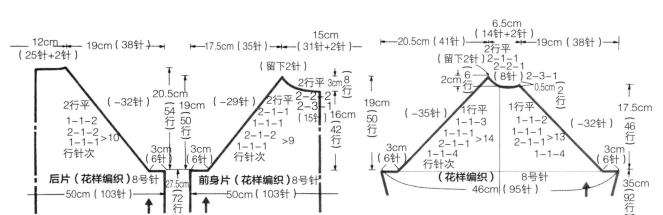

12cm（25针+2针）　19cm（38针）　17.5cm（35针）　15cm（31针+2针）

（留下2针）

2行平
1-1-2
2-1-2
1-1-1 >10
行针次

2行平
（-32针）

20.5cm（54行）
19cm（50行）

2行平
2-1-2
2-3-1
1-1-1
（-29针）

2行平
2-2-1
2-3-1
1-1-1
2-1-2 >9
行针次

3cm 8针
16cm（42行）

后片（花样编织） 8号针
50cm（103针）

3cm（6针）　3cm（6针）
27.5cm 72行

前身片（花样编织） 8号针
50cm（103针）

20.5cm（41针）　6.5cm（14针+2针）　19cm（38针）

（留下2针）
2行平
2-2-1
2-2-1
2-1-1
2cm 6 （8针） 2-3-1
0.5cm 2

19cm（50行）
（-35针）

1行平
1-1-3
1-1-1 >14
1-1-4
行针次

1行平
1-1-2
2-1-1 >13
1-1-4

17.5cm（46行）
（-32针）

3cm（6针）　　　　　　　　3cm（6针）

（花样编织） 8号针
46cm（95针）

35cm 92行

袖身和衣片缝合

对照图纸尺寸将身片和袖体分别整理平整后，插入固定针，熨烫平整。然后将腋下裆份进行挑针缝合，拉克兰线使用半回针进行缝合。

❶将身片和袖体正面相对，均匀插入固定针。腋下裆份边部分也要插入固定针。

❷窝边深度全部为0.5cm左右，用劈股线进行半回针缝合。

❸将窝边从里面翻过来分段熨烫平整。

❹分别挑出身片到领口和袖体到领口的针数进行环形编织。在中间部分进行翻转编织，顺次改变针数，编织翻领部分。（关于高翻领的密度调整的详细请参考第95页）

①沿拉克兰线正面相对，插入固定针

②窝边深度约为0.5cm，使用半回针缝合

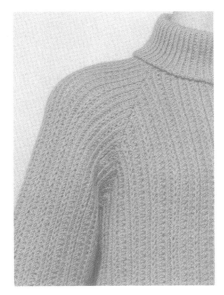

③拉克兰袖完成

11

等角式拉克兰袖

以拉克兰线为交界，身片和袖体的花样吻合拼接的制图方式，即两边三角形角度完全相同的袖体称作等角式拉克兰袖。不管是横条花纹还是竖条花纹，都可以很完美连接在一起。

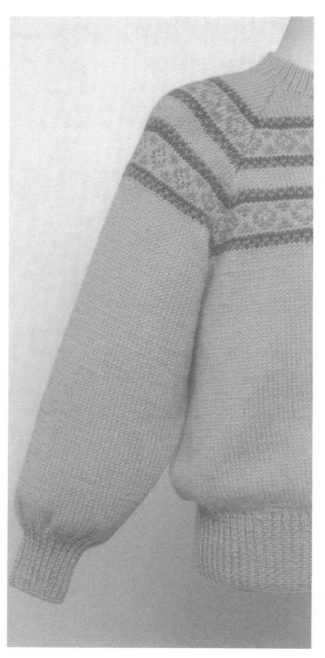

材料与密度

极粗毛线（线40g，长80m）平针编织——8号棒针（4.5mm）10cm为19.5针、27行，配色花样编织——9号针（4.8mm）10cm为19.5针、25.5行。单罗纹编织——5号针（3.6mm）下摆和领口为21针、32行，袖口为23针、32行。

 操作重点

1 本作品中的等角式拉克兰袖使用的是袖宽优先的制图方法，因此领围处的斜切线起点由角度相同的两个三角形自然延伸生成。

2 等角式拉克兰袖是以斜切线为交界线，身片和袖体花样位置完全吻合。本篇作品中使用的是横条花纹。

3 为了保持身片和袖体的花样吻合，拉克兰线使用半回针缝合。

制图

● 将平面原型前后片相叠展开后和袖体原型进行连接。B增加4cm松分，侧缝线内侧裆份增加3cm后画出辅助线。

1 ● 如果成衣袖宽为23cm，袖山直角线尺寸就是袖宽–裆份，即（23cm–3cm）=20cm，然后沿着直角线再往下延伸3cm就是袖宽尺寸，标出交叉点。

1 ● 从交叉点处开始在B线下画出水平线，然后从交叉点到身片和袖体连线画出相同尺寸的三角形，平均分割后画出拉克兰线，保证两边的三角形角度相同，同时延伸到领围线交叉点即为拉克兰线的起点。

（注）除了上述构图方法，还有一种就是先设定衣领处的拉克兰线起点，然后绘制相同角度和尺寸的三角形得出拉克兰线的构图方法。但是这样袖宽就会比较受限制。

配色花样

= 上色

= c色

= b色

= a色

中心

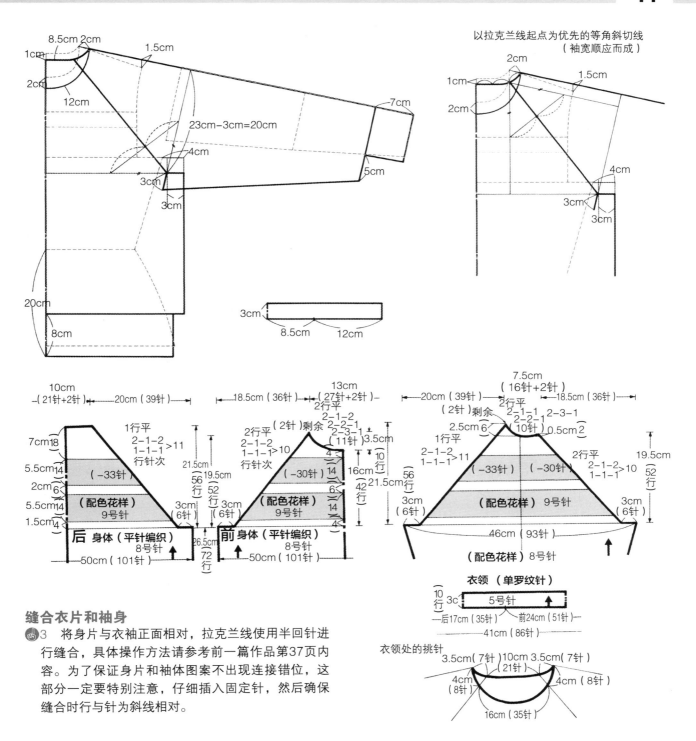

以拉克兰线起点为优先的等角斜切线
（袖宽顺应而成）

缝合衣片和袖身

3 将身片与衣袖正面相对，拉克兰线使用半回针进行缝合，具体操作方法请参考前一篇作品第37页内容。为了保证身片和袖体图案不出现连接错位，这部分一定要特别注意，仔细插入固定针，然后确保缝合时行与针为斜线相对。

● **如何保证等角式拉克兰袖的花样吻合连接**

2 如例1所示横向花纹比较容易吻合连接。虽然纵向花纹从腋下到拉克兰线的花样都可以保证吻合连接，但是身片和袖体上剩余部分分别到中线的尺寸各不相同（即后面的Ⓐ和Ⓐ′，前面的Ⓑ和Ⓑ′尺寸有差异）。在这一部分不太容易再加入相同间隔的图案，因此可以采取改变图案或者调整行数，甚至取消花样编织等方法进行调整，以保证整体的效果。

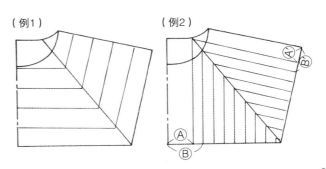

（例1）　　（例2）

土尔曼袖

是指身片和袖子连为一体，腋下为宽松弧状的袖体。这种袖体在功能方面虽然没有非常优越的地方，但是非常适合女孩子活泼可爱的搭配。

材料与密度

中粗粗马海毛线（线40g，长120m）
7号棒针（4.2mm）；花样编织——
10cm为19针，26行，双罗纹针编
织——4号针（3.3mm）领口为20针、
31行，下摆为21针、31行，袖口为23
针、31行。

 操作重点

1 同样是土尔曼袖，又可分为法式袖（连肩袖）、蝙蝠袖等各种袖形。具体来说土尔曼袖是指袖下弧线从腋下大约1/3处开始延伸的袖形。

2 身片和袖体要连片编织，因此针数非常多，注意选择不容易横向拉伸的毛线花样。

3 袖下的弧线和袖体使用半回针，仔细缝合。

制图

●将平面原型前后片相叠后绘制，S.P提高2.5cm画肩线，在肩线延长线上连接袖体原型。

1 ●将B加放3.5cm后画侧缝线，侧缝线下面8cm处作为袖体弧线的起点，连接向上纵向9cm的弧线点和加放6cm的袖口点，然后再连接弧线横向宽度为15cm的位置和辅助线，将1/3深度的弧线勾勒出来。

（注）从B线下方2/3处开始绘制弧线的袖体称为连肩袖。从侧缝线底端开始绘制弧线的特宽松袖体称为蝙蝠袖。

花样编织

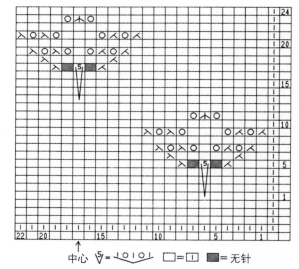

中心 ⅴ5＝ ⅃0⅂0⅂ □＝① ■＝无针

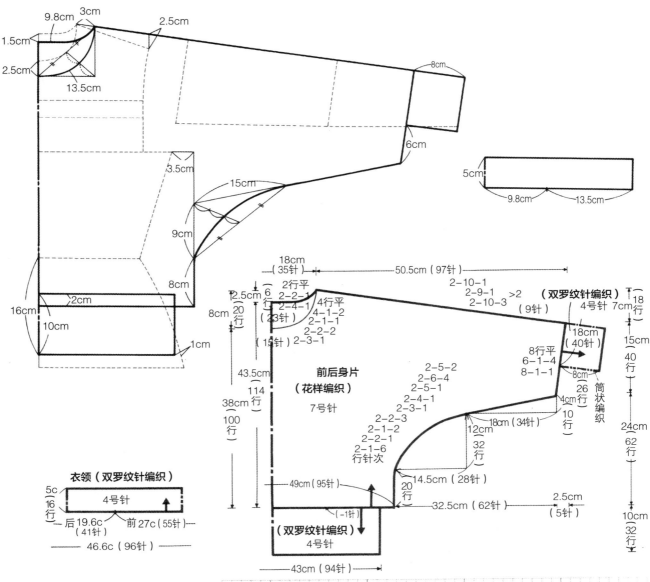

袖下弧线的推算和编织方法

　　测量袖下弧线和袖下斜线的外围尺寸，分别算出相应的针数和行数。首先在密度本中绘制基础线，然后使用和制图一样的方法绘制辅助线，每隔两行做一个针数标记。2针以上的加针都要在编织完毕的一侧进行，因此要注意弧线左右需错开一行，右侧降下一行。

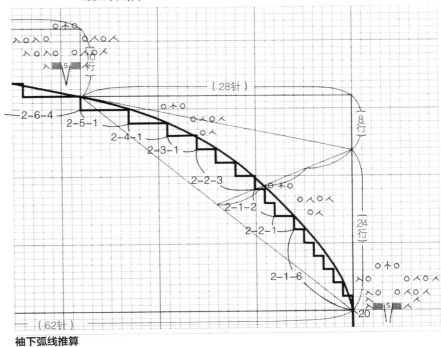

袖下弧线推算

编织方法和完成处理

✍2 土尔曼袖针数非常多，袖山较长，容易发生袖体拉长。因此注意选择材质较轻，不易伸缩的马海毛线轻柔地进行编织。而且尽量避免选择交叉类花样，可以选用大间隔的花样，增加稳定度。

❶袖下弧线的增针为绕线加针。由于都是在织完一侧进行加针，因此左侧在正面行加针，右侧推迟一行在反面行加针。

❷肩和袖山进行套针缝合，注意收针不要收紧，仔细缝合。

❸袖下弧线和袖下使用半回针缝合。正面相对对齐后，留出约为0.5cm的窝边进行缝合，同时引退编织交界处注意略微调整窝边深度，保持直线缝合。

❹腋下进行挑针接合。

❺用罗纹针编织袖口。

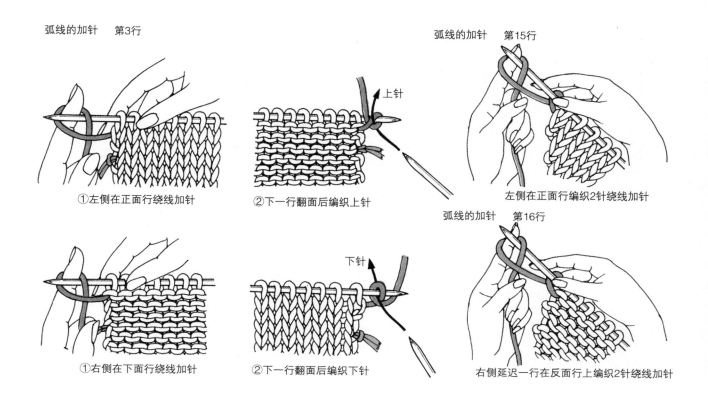

弧线的加针　第3行

①左侧在正面行绕线加针

②下一行翻面后编织上针　上针

①右侧在下面行绕线加针

②下一行翻面后编织下针　下针

弧线的加针　第15行

左侧在正面行编织2针绕线加针

弧线的加针　第16行

右侧延迟一行在反面行上编织2针绕线加针

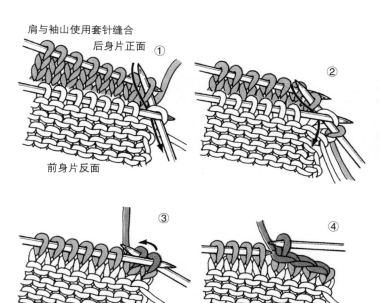

肩与袖山使用套针缝合

后身片正面 ①

②

前身片反面

③

④

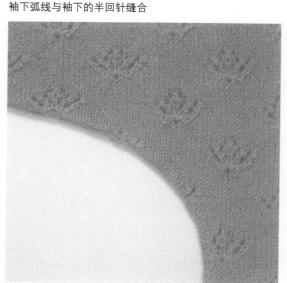

袖下弧线与袖下的半回针缝合

13

从领口向下编织的拉克兰袖

这种拉克兰袖是从领口开始编织，并在拉克兰线每隔两行加一针进行筒状编织的作品。针数很容易计算，也不需要接合和缝合，但需要特别注意的是拉克兰线的加针要保持35°斜线进行操作。

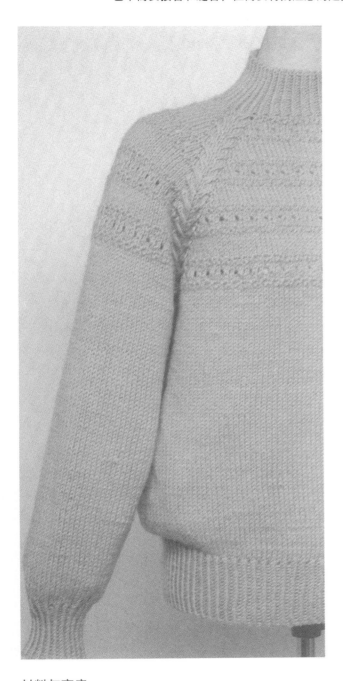

操作重点

1 领围40cm按照0.35标准进行身片和袖体的分割。

2 将拉克兰线按照加针角度35°编织时，注意均衡分配身宽和袖宽的比例进行制图。每隔两行加一针以保证斜线角度为35°，此时需要特别注意编织针行数的比例。

3 在拉克兰线结束的位置，于后身片织入3cm，使前后尺寸不同。这里要特别注意裆份的起针和前后尺寸差的挑针。

制图

1 ● 按照以下标准将领围40cm进行身片和袖体部分的分割。

40cm×0.35=14cm——衣身前后片尺寸；40cm－（14cm×2）=12cm 12cm÷2=6cm——单袖尺寸

2 ● 从领口和身片袖体的接点处，分别向拉克兰线两边画35°的斜线，沿着袖体一边35°斜线平行绘制袖山线，画出袖体原型。

● 拉克兰线和身片线的交点处为腋下宽度，即袖宽线的位置，这样袖宽尺寸也就随之可以确定。

材料与密度

极粗毛线（线40g，长80m）8号棒针（4.5mm）。花样编织和平针密度均为10cm19针，27行。拉尔曼线交叉花样——3cm为8针，扭针单罗纹针编织——5号针（3.6mm），下摆和领口为19针32行，袖口为23针、32行。

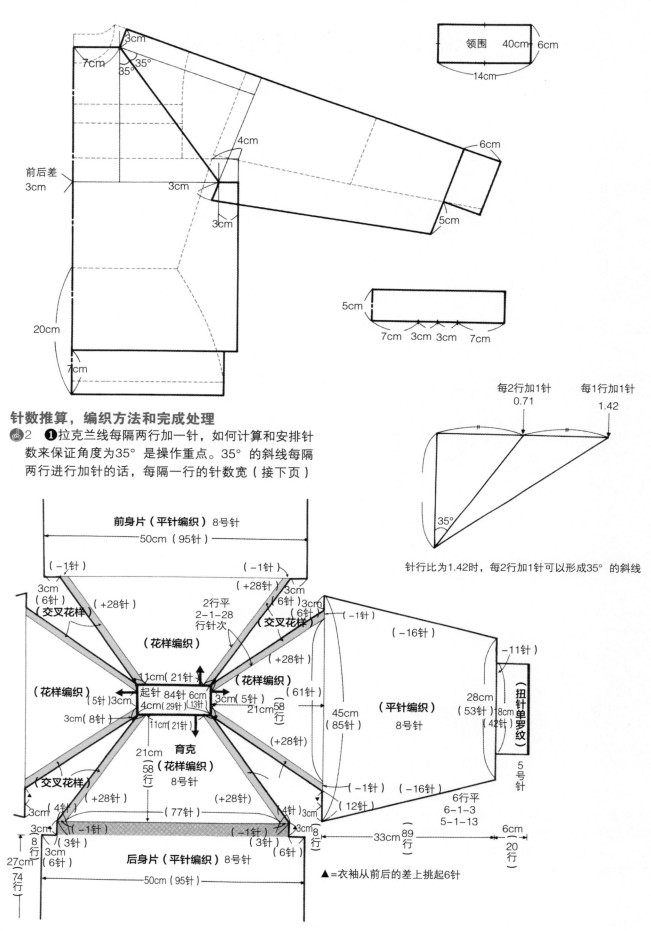

领围　40cm

14cm

6cm

3cm

7cm

35°

35°

前后差
3cm

4cm

3cm

3cm

6cm

5cm

20cm

7cm

5cm

7cm　3cm　3cm　7cm

针数推算，编织方法和完成处理

2 ❶拉克兰线每隔两行加一针，如何计算和安排针
数来保证角度为35°是操作重点。35°的斜线每隔
两行进行加针的话，每隔一行的针数宽（接下页）

每2行加1针
0.71

每1行加1针
1.42

35°

针行比为1.42时，每2行加1针可以形成35°的斜线

前身片（平针编织）8号针

50cm（95针）

（−1针）　　　　　（−1针）

3cm　　　　　　　　　　　　　　3cm
（6针）　　　　　　　　　　　　（6针）

（交叉花样）　　　　　　　　　　（交叉花样）

（+28针）　　（+28针）

2行平
2−1−28
行针次

（花样编织）

（花样编织）

11cm（21针）

（花样编织）　　　　（花样编织）

（−1针）

（−16针）

−11针

28cm
（53针）

8cm
（42针）

（
扭
针
单
罗
纹
）

5
号
针

5cm

（5针）3cm

起针84针 6cm
4cm（29针）（13针）

3cm（5针）

21cm（58针）

（61针）

45cm
（85针）

（平针编织）
8号针

3cm（8针）

11cm（21针）

21cm
（58行）
育克
（花样编织）
8号针

（+28针）

（交叉花样）

（+28针）　　　　（+28针）

（4针）

（77针）

（4针）3cm

3cm（−1针）　　　　（−1针）

（−1针）

（12针）

6行平
6−1−3
5−1−13

（−16针）

3cm
8
行

（3针）

3cm
（6针）

（3针）

3cm
（6针）

8
行

33cm（89行）

6cm
（20行）

27cm
74
行

后身片（平针编织）8号针

50cm（95针）

▲=衣袖从前后的差上挑起6针

44

度就会增加2倍，如果行数为1的话，针数就是1.42，这种行数和针数的比例，称为行针比，因此我们可以称之为按照行针比1.42进行斜切线的加针编织，本篇作品中的针法为19针，27行，因此行针比为27行÷19针=1.42。

❷斜切线以8针=3cm的交叉花样进行编织，然后在两侧进行加针。

👆3　❸育克幅宽编织完毕后，分割出身片和袖体的部分，将衣身后片来回编织8行（在第1行进行减针，回到原来的针数）。

❹袖体休针，在前后身片中间用从别线锁针上挑针作为裆份，将前后身片连成筒状进行圈织。

❺将袖体裆份的起针线拆掉后挑针，注意后身片的前后尺寸差也要在侧边进行挑针，将袖体和身片进行筒状编织。

❻从领口的起针朝相反方向挑针编织领边。

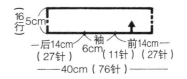

衣领（扭针1针的罗纹针）5号针

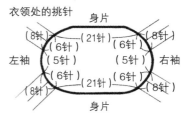

衣领处的挑针

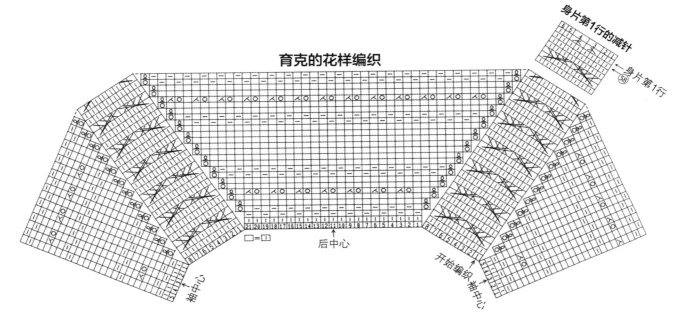

育克的花样编织

身片第1行的减针

□=Ⅱ　后中心　开始编织袖中心

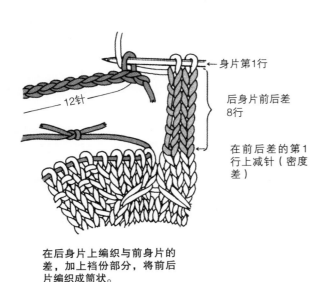

身片第1行　12针

后身片前后差8行

在前后差的第1行上减针（密度差）

在后身片上编织与前身片的差，加上裆份部分，将前后片编织成筒状。

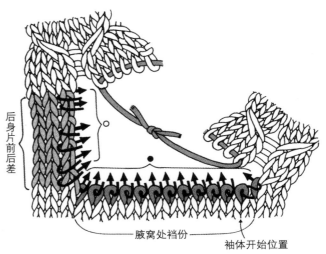

腋窝处裆份　袖体开始位置

●将裆份的别线锁针拆掉后挑针（12针）
○前后的8行差上挑起6针

衣袖的挑针要与裆份的线圈相对地挑针，前后差也要在侧边挑针。

从领口向下编织的对花样拉克兰袖

本篇也是从领口开始编织的作品，和上一篇的不同之处在于以拉克兰线为分界，身片和袖体上的花样可以连接吻合。
分割的基准以及如何确定两种针法密度的35°斜线是具体操作的重点。

材料与密度

极粗毛线（线40g，长80m）平针编织——8号棒针
（4.5mm），10cm为20针25行；配色花样编织——9号
棒针（4.8mm），10cm为20针23.5行；单罗纹编织——
5号棒针（3.6mm）；下摆和衣领为20针30行；袖口为24
针、30行。

操作重点

1 花样连接吻合编织的时候，在上领围身
片和袖体的分割标准是0.33。

2 根据以上标准确定领口尺寸后，进行连
肩袖的制图，这种制图方法中袖宽尺寸
会随其他尺寸自然确定。

3 在不同密度（针数比）的花样编织中进
行拉克兰线的加针。重点是确定35°斜
线的方法。

制图与推算

1 ①花样吻合的情况下，领围的分割标准是0.33，
以此为标准将领围40cm进行身片和袖体部分的分
割，即

40cm×0.33=13.2cm——衣身前后片

40cm−（13.2cm×2）=13.6cm

13.6cm÷2=6.8cm——单袖

1 ②算出领口的针数，对齐图案。

2针×13.2cm=26.4cm→27针（奇数针数）——身片

2针×6.8cm=13.6cm→13针（奇数针数）——单袖

育克上花样编织为1个图案8针，保证左右对称的
话，针数为8针的倍数+1针。

身片——8针×3个花样+1针=25针，剩余2针作为半
个花样左右各分配1针后，身片合计为27
针。

袖体——为了保证和身片的花样吻合，半个花样针
数和身片保持一致。左右各1针，然后加上
8针×1个花样+1针，合计为11针。

但是袖体针数为11针的话，袖宽尺寸不够，因此将
两边的半个花样各增至2针，即（2针×2）+8针×1个
花样+1针=13针。这样身片部分也相应进行调整，变成
（2针×2）+（8针×3个花样）+1针=29针，也就是领
口针数修正为身片29针，袖体13针。

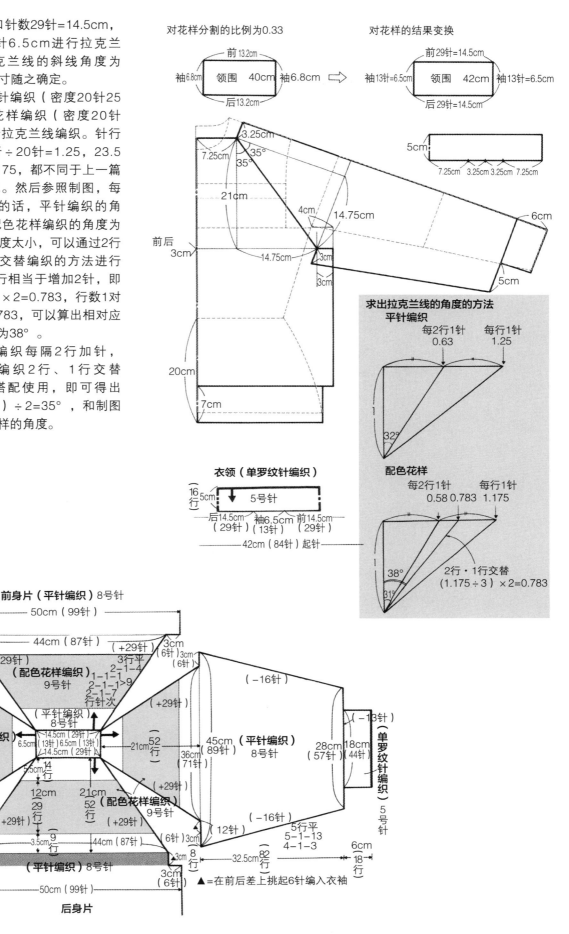

2 ❸按照领口针数29针=14.5cm，袖体针数13针6.5cm进行拉克兰线制图。拉克兰线的斜线角度为35°，袖宽尺寸随之确定。

3 ❹按照平针编织（密度20针25行）和配色花样编织（密度20针23.5行）进行拉克兰线编织。针行比分别为25行÷20针=1.25，23.5行÷20针=1.175，都不同于上一篇的1.42针行比。然后参照制图，每2行进行加针的话，平针编织的角度为32°，配色花样编织的角度为31°。这样角度太小，可以通过2行1针、1行1针交替编织的方法进行加针。这样3行相当于增加2针，即（1.175÷3）×2=0.783，行数1对应的针数是0.783，可以算出相对应的三角形角度为38°。

最后将平针编织每隔2行加针，与配色花样编织2行、1行交替加针的方法搭配使用，即可得出（32°+38°）÷2=35°，和制图的斜线达到同样的角度。

对花样分割的比例为0.33

前13.2cm
袖6.8cm 领围 40cm 袖6.8cm
后13.2cm

对花样的结果变换

前29针=14.5cm
袖13针=6.5cm 领围 42cm 袖13针=6.5cm
后29针=14.5cm

5cm
7.25cm 3.25cm 3.25cm 7.25cm

求出拉克兰线的角度的方法
平针编织

每2行1针 0.63　　每行1针 1.25

32°

配色花样

每2行1针 0.58　0.783　每行1针 1.175

38°
2行·1行交替
（1.175÷3）×2=0.783
31°

衣领（单罗纹针编织）

16行 5cm
5号针
后14.5cm（29针）　袖6.5cm（13针）　后14.5cm（29针）
42cm（84针）起针

前身片（平针编织）8号针

50cm（99针）
44cm（87针）
3cm（6针）（+29针）　3cm（6针）
（+29针）（配色花样编织）9号针
3行平 2-1-4 1-1-1 2-1-1>9 2-1-7 行针次
（平针编织）8号针
（+29针）
（配色花样编织）9号针
6.5cm（13针）6.5cm（13针）14.5cm（29针）14.5cm（29针）
21cm 52行
45cm（平针编织）8号针
36cm（71针）
28cm（57针）18cm（44针）
（-16针）（-13针）
5.5cm 14行
12cm（29针）21cm 52行（配色花样编织）9号针
（+29针）（+29针）
（12针）3cm（6针）
3.5cm 9行
44cm（87针）
（6针）3cm
（12针）
（-16针）
5行平 5-1-13 4-1-3
8 3cm（6针）3cm　8 3cm　32.5cm 82行　6cm 18行
（平针编织）8号针
25.5cm　3cm（6针）　50cm（99针）　3cm（6针）
64行
后身片

▲=在前后差上挑起6针编入衣袖

单罗纹针编织 5号针

47

编织方法和完成处理

❶从领口的罗纹针开始编织，编织针到84针时，织单罗纹针，继续编织身片部分。

❷拉克兰线部分的平针编织采用每隔2行加1针，配色花样编织采用2行、1行交替加针的方法。

❸身片前后差以及袖下裆份的编织方法请参考上一篇45页的具体操作。

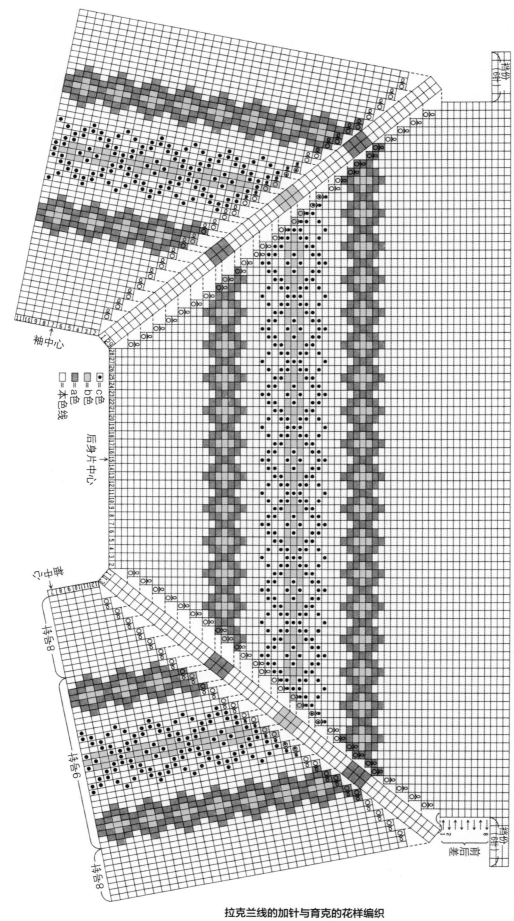

拉克兰线的加针与育克的花样编织

衣领的罗纹针

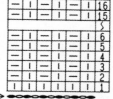

将开始编织的线圈编织为引拔锁链针1针

2

领围编织

　　本章将手工编织中经常使用的衣领编织单独列举出来，汇总了从最基础的单罗纹针法到罗纹花样编织以及钩针编织等各种衣领的编织技巧。特别重点解析了衣领密度的推算以及身片领围如何均匀进行挑针等普遍被认为较难操作的环节。希望大家可以从中把握衣领的形状（即制图）和密度的基础关系，然后结合实际操作掌握各种衣领的编织技巧。

圆领编织之单罗纹针法

领围，顾名思义沿颈部绕一圈，且为圆形的衣领称为圆领，是衣领中最具代表性的领形。
本作品中的圆领编织为单罗纹针法，具体讲述了衣领密度推算以及挑针等基本操作方法。

操作重点

1 没有开襟，属于套头型衣领，因此务必
保证尺寸大小可以让头部通过。
2 单罗纹针法的密度要特别注意。
3 均匀搭配衣领的挑针比例，只要掌握挑
针技巧，操作起来会非常方便。

材料与密度

极粗毛线（线40g，长82m）8号棒针（4.5mm）（花样
编织A——13针为6cm，B——8针为3cm，C——14针为
6cm）；花样编织A，B，C的平均密度为10cm23.5针27
行；衣领处单罗纹编织——5号棒针（3.6mm），10cm为
21针32行。

制图

● 展开补正原型，S.P提高1.5cm画肩线。
● 沿肩线横开领收2.5cm，后片中心线下降1cm，前片
下降2.5cm画领围弧线，测量弧线的长度。
● 领宽和身片领围尺寸相同（即后领9.7cm，前领
13cm），领高3cm。

1 ● 没有开襟因此要确保套头穿着的尺寸。罗纹编
织的伸缩度（原始长度÷拉长长度）为0.5，在此基
础上可根据个人喜好确定衣领尺寸。
头围×（伸缩度+松分） 56cm×（0.5 + 0.15）
=36.4cm 则编织尺寸超过36.4cm即可。

花样编织

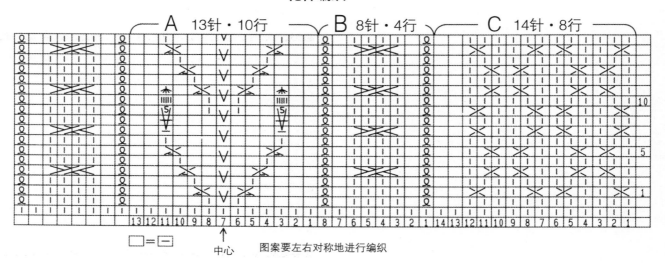

$\square = \boxed{-}$

↑
中心   图案要左右对称地进行编织

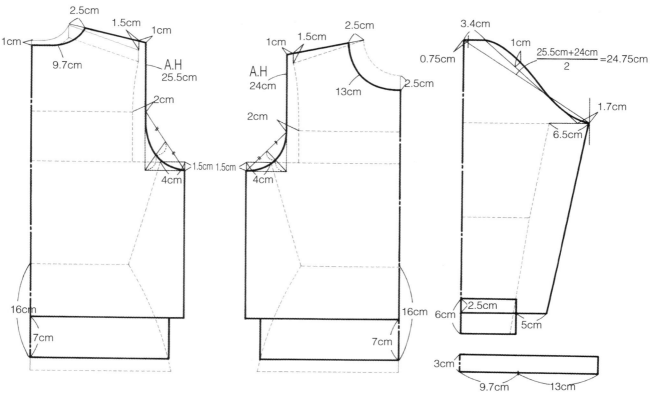

推算

●身片领窝弧线的推算

　　想要编织出漂亮的衣领，首先要准确计算出身片领围弧线的尺寸。一般前领为半圆形，后领为椭圆形，需通过密度本分别进行推算。如右图所示，按照弧线的针数和行数绘制基本线，然后和制图一样，沿着辅助线画弧线。弧线的起点和终点都比较平坦，将针数全部以偶数行进行分割。这样推算出的结果是2针以上的情况编织伏针收针，1针的情况进行减针。

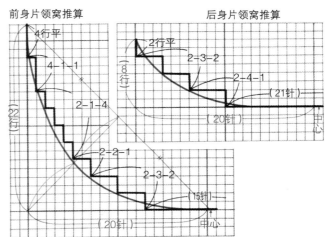

前身片领窝推算　　　　后身片领窝推算

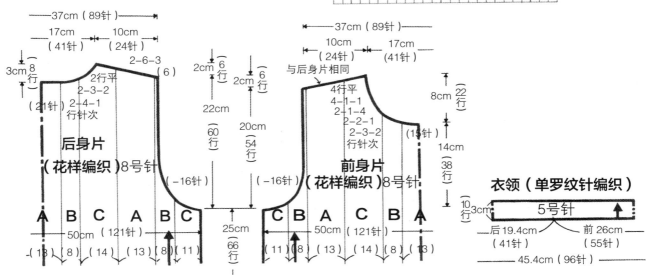

●**衣领密度和针数**

2 单罗纹编织的密度确定比起通过进行试编测量来说，直接按照平针密度进行换算得出尺寸更加方便准确。

针号——比平针编织针号小3个号码。本片作品中平针编织为8号棒针，因此衣领编织使用5号棒针

针数——按照平针编织密度的针数增加10%，平针密度为19针，即19针+10%=21针

行数——按照平针编织密度的行数增加20%，平针编织密度为27行，即27行+20%=32行

这样可以算出衣领的罗纹编织密度为5号针，10cm为21针32行。

后领针数——2.1针×19.4cm=41针
前领针数——2.1针×26cm=55针
领高——3.2行×3cm=10行

身片领围针数为奇数的话，衣领编织针数也为奇数，进行单罗纹编织时衣领整体针数调整为偶数。

编织方法和完成处理

●**衣领挑针**

3 身片的领围弧线分为针的部分和行的部分。

针的部分——中间的平针和2针以上的伏针收针
行的部分——1针的减针和最后的平针行

原则上衣领的挑针是从针的部分和针行的边界处，一针一针地挑1针，剩余的针数逐行平均进行挑针。但是这次编织的是交叉花样，因此需要跳过花样的上针部分进行挑针。

前领　针的部分——27针挑针
　　　行的部分——55针－（27针+交界2针）
　　　　　　　　÷2=13针

后领　2行平针上挑2针，剩余部分织1针挑1针
　　　（含交界针）

●**衣领的编织方法和完成处理**

❶从左肩开始挑针。挑针的第1行容易发生松针，所以要特别注意。挑针时可以使用细1号的针。进行环状编织，从第2行开始进行单罗纹编织，注意前身片中间的针为下针。

❷最后的罗纹收针需要留线的长度大约是收针领围长度的2.5倍，单罗纹编织收针后，将编织起点和终点仔细平整地缝合在一起。

●从针处挑针——从线圈中间将针穿入进行挑针
◉从针和行边界挑针——视为1针，从线圈中间将针穿入进行挑针
●从行处挑针——从开头1针的里侧开始挑针，遇到减针的地方，在重合的下一针中间进行挑针

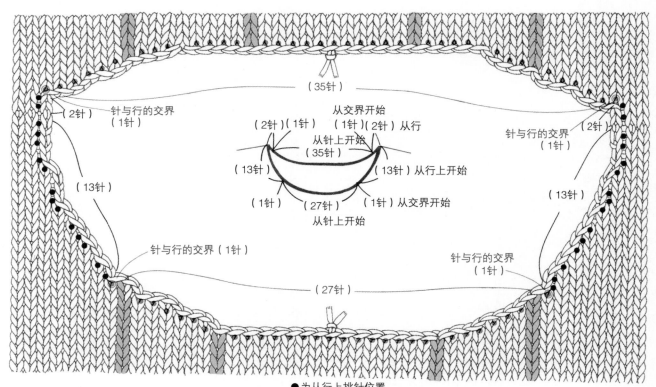

（35针）
（2针）针与行的交界（1针）
从交界开始
（2针）（1针）　（1针）（2针）从行
从针上开始
（35针）
（13针）　　　　（13针）从行上开始
（13针）
（1针）（27针）（1针）从交界开始
从针上开始
针与行的交界（1针）
（2针）　针与行的交界（1针）
（13针）
针与行的交界（1针）
（27针）

●为从行上挑针位置
●为从针上挑针位置
▨=上针

1-A 单罗纹针编织的双层领

和上一篇作品的制图相同，只是衣领变成里外双层，领口部分穿着更加服帖，属于比较笔挺的领形。

材料与密度

与上一篇作品相同。衣领罗纹编织密度——5号针，10cm为21针32行。

 操作重点

1 在翻折编织时，注意考虑翻折厚度的部分，以免编织尺寸不足。
2 编织内领时注意考虑到套头穿着的尺寸，加入松分完成最终编织。

衣领针数的推算和编织方法

❶衣领的密度和上一篇作品相同，根据平针密度19针27行换算出衣领密度为10cm21针32行。

1 ❷沿着外领继续编织翻折的内领部分。注意考虑到折线厚度部分，需增加2行。

❸外领编织用5号针，内领部分整体需要收缩一下密度，因此换用4号针编织。

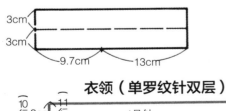

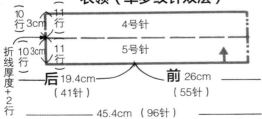

衣领（单罗纹针双层）

1-B 身片的针数密度较为密集时

以阿兰图案等的针数的密度较为密集的领围为例。从针的部分挑针时，要跳过一些线圈去挑针。

材料与密度

极粗毛线（线40g，长82m） 8号棒针（花样编织A——45针为13.5cm，B——8针为2.5cm，C——18针为6.5cm）；花样A，B，C的密度均为10cm28行；衣领为单罗纹针编织——5号针，10cm为21针32行。

 操作重点

1 身片编织为交叉花样，因此针的部分没有办法逐个挑针。只能将对应的针数算出尺寸，然后换算成罗纹编织的针数进行操作。
2 从针的部分将挑针的针数确定后，剩余便是从行的部分进行挑针的针数了，和其他作品中的挑针方法相同。

→54页

2 ❹注意内领最后的收针不要太散。向内折返插入固定针，用单股线进行缝合。缝合线注意留出余量，保证套头穿时的尺寸。

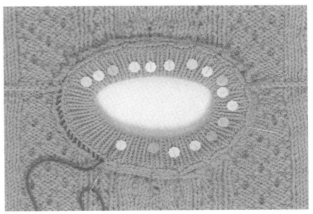

→ 上接53页（作品1–B）

衣领的挑针

🖐1🖐2　前领围的针的部分（中间的平针和两针以上的收针）为47针，基本都是A花样。按照以下进行尺寸换算。

　　　　A花样——45针为13.5cm　1cm为45针÷13.5cm＝3.3针

　　47针÷3.3针＝14.2cm，即针的部分为14.2cm。

　　然后按照罗纹花样编织的针数计算出针的部分14.2cm。

　　2.1针×14.2cm＝29.8→31针（针数为奇数），即针的部分总共挑31针。其中包括针和行的交界，因此针的部分实际挑针29针。

　　那么（55针–29针–2针）÷2＝12针，即行的部分挑12针。后领围除了最后2行为行的部分之外都是针的部分。

　　从第2行开始挑2针，针和行的交界处扣掉1针，剩余35针都从针的部分挑针。

● 针的部分跳过的部分较多，比起平均地跳过来说，在交叉操作或者在花样间隔的反针跳过，编织更平整，效果更好。

● 行的部分的挑针操作要领和作品1相同。

● 特别注意第1行的挑针，注意保持紧凑，不要针脚拉开过大。

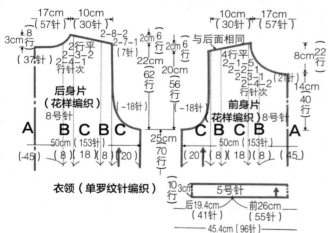

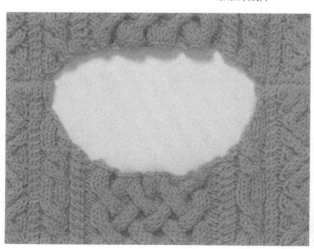

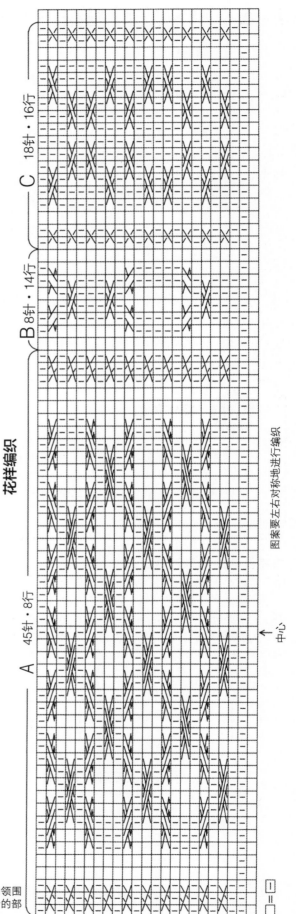

身片部分的领围编织完成针的部分相当宽松

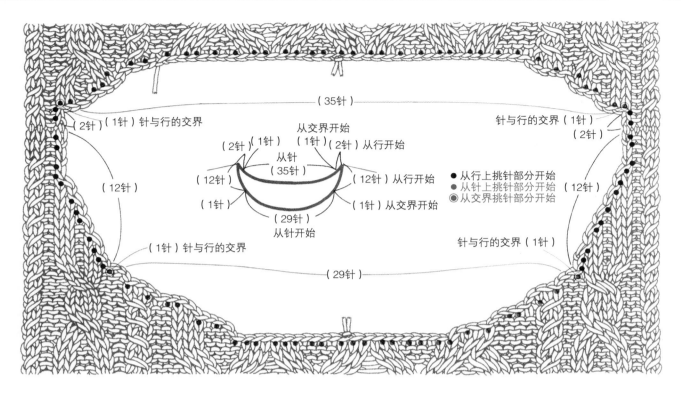

→ 上接56页（作品1-C）

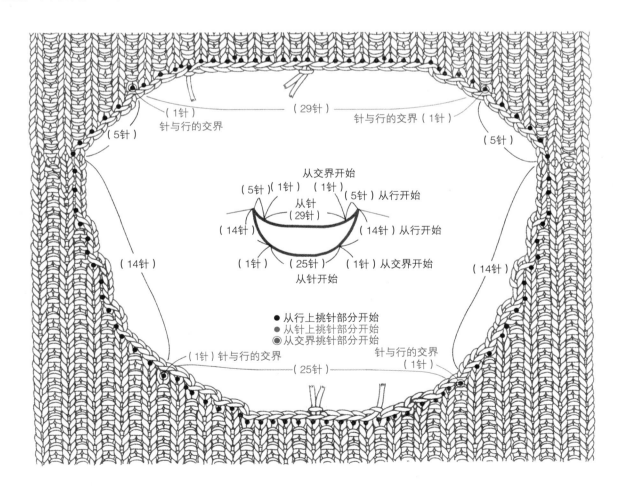

身片的行数密度较为密集时

本作品主要讲述引上针花样的毛衣，身片行数密集时后领围的编织方法，
领围两侧的行数较多，因此从行的部分进行挑针时，需要跳过的行数会多一些。

材料与密度

极粗毛线（线40g，长82m）8号针（4.5mm）；花样
编织为10cm19针44行；衣领处单罗纹编织——5号针
（3.6mm），10cm为21针32行。

衣领的挑针

12 ●前领围的行的部分（1针的减针和最后的平
针）为30行。按照以下方式进行尺寸换算。

30行÷4.4行=6.8cm

那么罗纹花样编织的挑针数为

2.1针×6.8cm=14.2→14针即行的部分挑14针。那
么针的部分为55针−（14针×2）=27针，其中包括
针和行的交界针各1针。

后领围的行的部分为10行。

10行÷4.4行=2.2cm，2.1针×2.2cm=4.6→5针全部
为41针，扣掉行的部分（5针×2）剩余31针为针的
部分的挑针数，其中包括针和行的交界针各1针。

● 身片的密度为10cm19针，衣领的罗纹花样编织为
10cm21针。针的部分则要进行挑针加针。

● 行的部分需要跳过的行数较多，注意均匀分散，仔细
操作。

 操作重点

1 在引上针花样上方编织领围时，待挑针
行数会增加很多。将行的部分对等算出
尺寸，然后换算成罗纹编织的针数，均
匀进行挑针。

2 行的部分挑针的针数确定后，剩余便是
从针的部分进行挑针的针数了，其中包
括针和行的交界针各1针。

花样编织

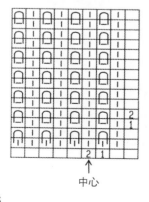

中心

衣领（单罗纹针编织）

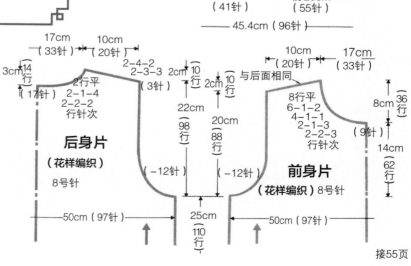

接55页

2

圆领编织之双罗纹针法

和第一篇作品的领形相同，均为圆领设计，只是衣领的花样变为双罗纹编织。

和单罗纹花样相比，衣领的存在感更强，属于常用的一种领形。

 操作重点

1 衣领的双罗纹密度根据平针密度进行换算。

2 衣领针数调整为4针的倍数。

3 注意均衡分散挑针数目（从针的部分挑针和从行的部分挑针）。本篇作品使用从身片的针数密度为密集时的挑针法（1–B作品）。

材料与密度

极粗毛线（线40g，长82m）8号针（4.5mm）；花样编织为10cm25针26行；衣领处双罗纹针编织——5号针（3.6mm），10cm为21针32行。

制图

● 绘制补正原型，S.P提高1cm画肩线。

● 横开领收3cm，后领中心线下降1.5cm，前服中心线下降3cm画领围弧线，测量弧线长度（后片为10.3cm，前片为13.5cm）。

● 领宽和身片领围尺寸相同，领高3cm。

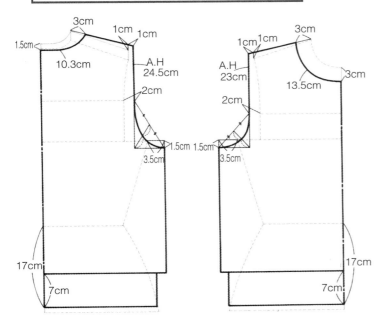

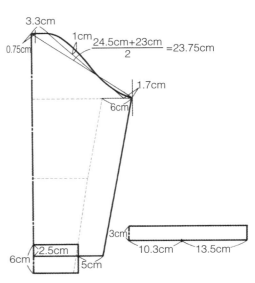

花样编织

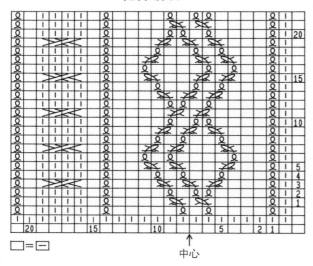

□ = ─

推算

● 衣领密度和针数

①1　双罗纹编织的密度确定比起通过进行试编测量来说，直接按照平针密度进行换算得出尺寸更加方便准确。本片作品中平针编织为8号棒针，10cm为19针27行。

针号——比平针编织针号小3个号码→使用5号棒针

针数——按照平针密度的针数增加10%→19针+10%=20.9→21针

行数——按照平针密度的行数增加20%→27行+20%=32.4→32行

这样可以算出衣领的罗纹密度为5号针，10cm为21针32行。

②2　后领针数——2.1针×20.6cm=43.2→44针（4的倍数）

前领针数——2.1针×27cm=56.7→56针（4的倍数）

由于衣领是双罗纹编织，因此所有针数调整为4的倍数。如上所示前后领分别调整为4的倍数时如果容易产生误差，可以将总体针数调整为4的倍数。

编织方法和完成处理
●衣领挑针

③3　身片的领围弧线分为针的部分和行的部分。（前领围）

针的部分——中间的平针和2针以上的收针（36针）

行的部分——第1行的减针和最后的平针（16行）

本篇作品中身片为交叉花样，边缘收针是平针。身片花样密度为25针，衣领为21针，因此无法1针对1针进行挑针，请参考53页1-B作品的操作要领进行挑针。将针的部分36针算出对等的尺寸，然后换算出罗纹花样的编织针数。

36针÷2.5针=14.4cm　2.1针×14.4cm=30.2→30针其中包括针和行的交界针各1针，因此实际为28针。

那么行的部分就是（56针–30针）÷2=13针，左右均为从16行开始挑13针。

另外针的部分为44针

44针÷2.5针=17.6cm　2.1针×17.6cm=36.9→38针（偶数针数）

（44针–38针）÷2=3针，即针的部分为36针，针和行的交界针各1针，左右行的部分都挑起3针。

●衣领编织方法

从左肩开始挑针，进行环状编织。从第2行开始进行双罗纹编织，最后收针也采取双罗纹收针法，收针需要的毛线长度大约为领围长度的2.5倍。

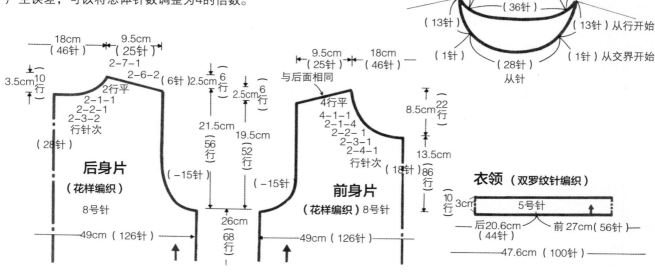

2-A　罗纹花样的衣领

将双罗纹针法的下针交叉编织，打造花式罗纹花样，使领口呈现不一样的感觉。需要特别注意密度的计算方法，制图和上篇作品相同。

衣领的密度

罗纹花样——5号针（3.6mm），10cm为28针，3cm为11行。

 操作重点

1 罗纹花样编织的密度通过试编进行测量。试编样片的长度接近领高即可。

2 衣领的密度较密集，因此挑针数较多。注意均衡分配挑针数目。

推算
●衣领密度和针数

1 交叉花样的密度不能通过平针编织换算，因此试编一块宽15cm、高4cm左右的样片计算针数。这样横向容易发生拉长，可以计算出伸长的密度。10cm为28针，3cm为11行。

后领——2.8针×20.6cm=57.6→58针

前领——2.8针×27cm=75.6→78针（前后针数都调整为4针的倍数）

编织方法和完成处理
●衣领的挑针

2 本篇作品中衣领密度较密。身片与第58页作品相同，前面针的部分为36针，行的部分为16行。

挑针较多的时候，可以优先考虑确定行的数量。合计为16行，因此最多可以挑16针，剩余部分需要在针的部分进行挑针。

即78针-（16针×2）=46针　46针-交界针2针=44针，因此要从身片36针挑44针。

后领和前领一样，行的部分4行各挑4针，交界针1针，剩余48针要从针的部分进行挑针。

2-B　高领罗纹花样的衣领

和上一篇作品花样相同，只是领高增至6cm。高领编织需要特别注意密度，领围的挺括感比较重要。

衣领的密度

罗纹花样——5号针（3.6mm），10cm为25针，6cm为21行。

 操作重点

1 编织高领时，接领侧和领口尺寸相差较大。操作方法有调整针数形成弧度和更换棒针型号两种方法。本篇作品中使用的是调整针数，和2-A作品的密度有所不同。

2 衣领的针数的密度和身片的针数的密度相同时，注意均衡分配挑针数目。

推算
●衣领密度和针数

1 衣领的罗纹花样和2-A相同，因此密度为10cm为28针。不过要注意高领编织时，弧线内外侧尺寸相差较大，因此针数需要减掉10%。

本篇作品中衣领的密度为5号针10cm（28-10%）25针，6cm为21行。

后领——2.5针×20.6cm=51.5→52针（调整为偶数针）

前领——2.5针×27cm=67.5→68针（整体调整为4针的倍数）

编织方法和完成处理
●衣领的挑针

2 衣领密度减掉10%后，和身片密度25针等同，这种情况下，针的部分可以逐针进行挑针，交界处挑1针，剩余针数分别均分到两边的行数里进行挑针。

前领针的部分——36针各挑1针，交界处各挑1针

行的部分——（68针-36针-2针）÷2=15针　身片16行，左右各挑15针

后领针的部分——44针各挑1针，交界处各挑1针

行的部分——（52针-44针-2针）÷2=3针　身片4行，左右各挑3针

作品完成后可以看到由于减少了接领侧的针数，罗纹花样自然延伸，领口竖起，领形挺拔。

→2-A 2-B都参考第99页密度推算

V形领编织之单罗纹针法

除了圆领之外最常使用的就是V形领了。如同V字一样形状鲜明，属于干练活泼感觉的领形。使用单罗纹针编织。

制图

● 展开补正原型，S.P提高1.5cm画肩线。
● 横开领2.5cm，后领中心下降1cm后画领围弧线。前领中心下降10cm，再留出V领深度5.1cm画辅助线，在胸宽线外膨出1cm画弧线，画前后领围。
（注）V形领的深度是指从领尖处每行3针并1针编织的深度，为领宽的1.7倍（领宽3cm×1.7）=5.1cm。

操作重点

1 为了很好地呈现鲜明的V字形状，身片的V状预留编织非常重要，注意在两侧进行留出作为衣领起针的缝份。
2 身片领围线为弧形。使用密度本进行弧线的推算。
3 注意衣领密度的计算。前领和后领密度不同。

材料和密度

极粗毛线（线40g，长82m）8号针（4.5mm），花样编织为10cm23针27行，衣领为单罗纹编织——5号针（3.6mm），后领为21针，前领为23针，3cm11行。

● 领围和身片领围弧线尺寸相同（后面为9.5cm，前面为22.5cm），在中心线前面画V领深度5.1cm的斜线。

以上制图属于将衣领单独进行绘制的简易制图，原本的V形领制图请参考下方右侧的图纸。

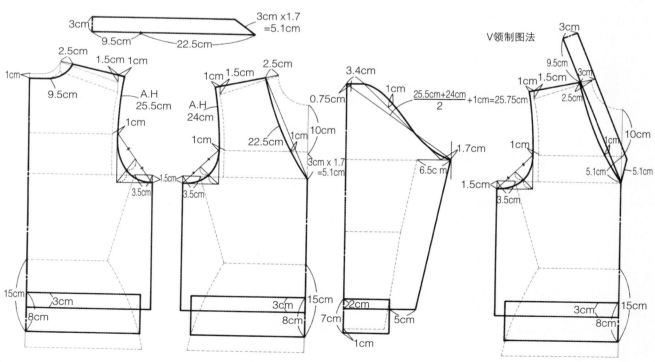

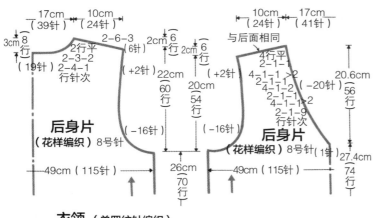

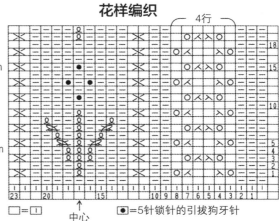

花样编织

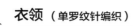

衣领（单罗纹针编织）

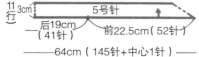

□=[1]　中心　●=5针锁针的引拔狗牙针

针——选择细3号的针，因此选用5号针

后领针数——平针密度增加10%→19针+10%=21针

前领针数——平针密度增加20%→19针+20%=23针

行数——平针密度增加20%→27行+20%=32行

后领为弧线，考虑到外侧尺寸要收一些，因此比平针减10%进行编织。前领接近直线形状，因此比平针增加20%进行编织，即

后领——2.1针×19cm=39.9→41针（奇数针）

前领——2.3针×22.5cm=51.7→52针（加上中间1针后为奇数针）

衣领整体为41针+（52针×2）+1针=146针

单罗纹针法进行环状编织，因此整体针数为偶数。

推算
● 前领围的推算
2 前领围包括胸幅线1cm的弧线，为了保证推算尺寸准确，使用密度本进行计算。

身片中心留1针不织，两侧留出缝份的起针，缝份加上领围针数共20针，与56各行之间画辅助线，然后标出弧线，进行推算。

● 衣领密度针数
3 衣领花样为单罗纹编织，因此可以通过平均密度8号针，10cm为19针27行进行换算。

编织方法和完成处理
● 前领围的编织方法
1 ❶身宽针数为奇数，V字顶端中心处留1针休针不织。两侧进行留出缝份的起针，然后入针一起编织。
❷领围减针从中心留针的两侧分别向左右减针。

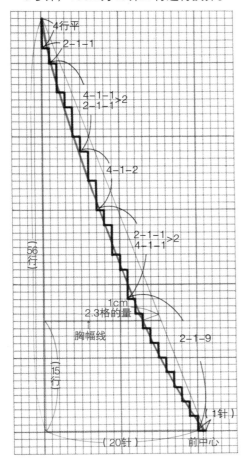

①中间针不织，用别线做缝份的起针操作，然后再一起编织。
②领围减针从中心留针的两侧分别向左右减针。
③身片中心的编织。

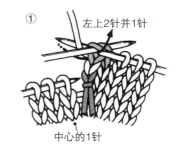

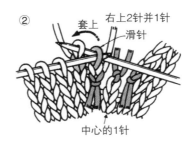

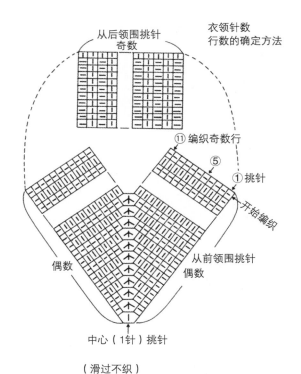

从后领围挑针
奇数

衣领针数
行数的确定方法

⑪编织奇数行

⑤

①挑针

开始编织

偶数

从前领围挑针
偶数

中心（1针）挑针

●**衣领的挑针**

前领为56行挑52针，平均在4个地方跳过，其余地方1行挑1针。从边针的里侧进行挑针，注意减针的地方，在重叠边针的下方进行挑针。

后领为弧线，身片39针为全部针的部分，最后平针2行为行的部分。这种情况下2行分别挑2针，针和行的交界处各挑1针，剩余35针为针的部分的挑针数，左右各空2针。

●**衣领的编织方法（中心部分为每行3针并1针）**

❶ 左肩开始进行衣领挑针。挑起前中心的休针，以此为领中心针目。挑针在第1行，进行环状编织。

❷ 从第2行开始进行单罗纹编织，前面中心部分为每行3针并1针。

❸ 衣领最后1行的罗纹针数如果不是偶数的话，单罗纹编织的针数就会不符，因此中心部分的减针针数也要是偶数，衣领行数（偶数行+挑针1行）则为奇数。本篇作品的领高为11行。

❹ 最后抽出缝份起针编织的别线，从里面轻轻翻过来整理。

（滑过不织）

编织下针② ①

中心

衣领中心的减针
每行上编织中上3针并1针

①在中心和它前面1针的中间从左侧插入针滑过不织

将2针套收

中心

②将滑过不织的2针压在左边1针

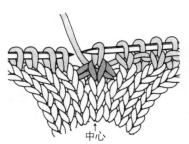

中心

③中心1针在最上方的，3针减1针，从第2行到11行重复这种减针操作

抽出缝份的起针别线，轻轻翻过来整理

●**如果身片中间两侧没有留出缝份起针的话……**

对照以下两张图片，左边图片为身片中心留出了缝份的起针，右边图片则没有。通过对比可以发现右边图片中心两侧的针脚凹陷，再加上3针并1针的操作，

线条纤细，轮廓不够鲜明挺拔，因此在身片中心留出缝份的起针还是非常必要的。

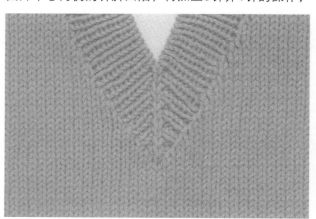

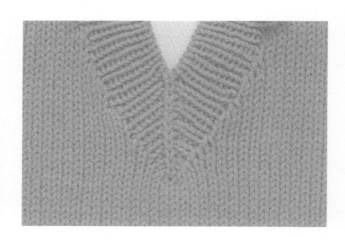

双罗纹针法的V形领

双罗纹针法的V形领是指身片和衣领都在中心处立起2针，
除此之外其他的操作技巧和单罗纹V形领完全相同，制图也基本相同。

材料与密度

极粗毛线（线40g，长82m）8号针，花样编织10cm为
20.5针27行，衣领为双罗纹针编织——5号针，后领为21
针，前领为23针、3cm为9行。

推算

●前领围的推算

1 注意身宽为偶数针数，前面中间的花样也为偶数
针数。身片中心留出2针，在两侧留出缝份的起针处
理，加在一起可以推算出领围弧线为17针56行。

●衣领密度和针数

2 双罗纹针法密度可以通过平针进行换算。换算方
法和第61页单罗纹针法相同，不过要注意身片中心
加2针，整体针数调整为4针的倍数。

●衣领行数的计算

3 双罗纹编织的中心减针数一定要为4针的倍数，
否则会造成整体针法不符。第1行为挑针行，不能
进行减针，在4行的倍数+1行（5行，9行，13行）
中，选出和领高最接近的行数。本篇作品领高为
3cm，数值较小，因此最后选定为9行。

操作重点

1 编织双罗纹针法的V形领时，身片针数也
要调整为偶数，身片前襟也要选择偶数
针数的花样。

2 前后领的罗纹密度有所不同，衣领整体
针数为4针的倍数。

3 衣领行数为4行的倍数+1行，根据毛线的
粗细不同，一般为9行或者13行。

花样编织

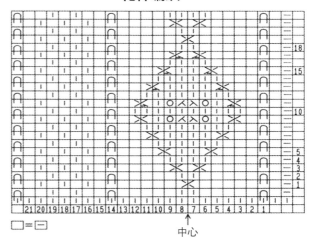

衣领（双罗纹针编织）

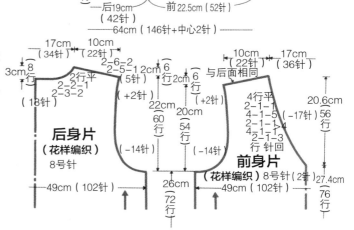

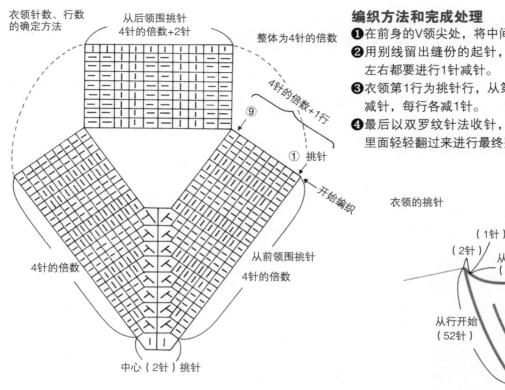

衣领针数、行数的确定方法

从后领围挑针
4针的倍数+2针

整体为4针的倍数

4针的倍数+1行

⑨

① 挑针

开始编织

从前领围挑针
4针的倍数

4针的倍数

4针的倍数

中心（2针）挑针

编织方法和完成处理

❶ 在前身的V领尖处，将中间2针用别线系起休针。

❷ 用别线留出缝份的起针，领围减针时注意在休针的左右都要进行1针减针。

❸ 衣领第1行为挑针行，从第2行开始从中心2针的两侧减针，每行各减1针。

❹ 最后以双罗纹针法收针，抽掉缝份起针的别线，从里面轻轻翻过来进行最终整理。

衣领的挑针

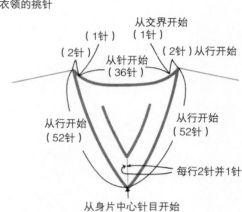

从交界开始
（1针）

（1针）

（2针）

（2针）从行开始

从针开始
（36针）

从行开始
（52针）

从行开始
（52针）

每行2针并1针

从身片中心针目开始

身片中心编织完成

V领尖的减针
（2针休针的两侧每行编织2针并1针）

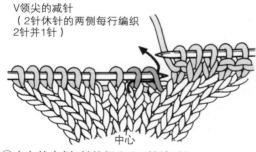

中心

①中心的右侧2针编织左上2针并1针

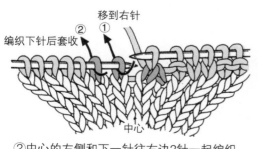

移到右针

②

①

编织下针后套收

中心

②中心的左侧和下一针往右边2针一起编织。

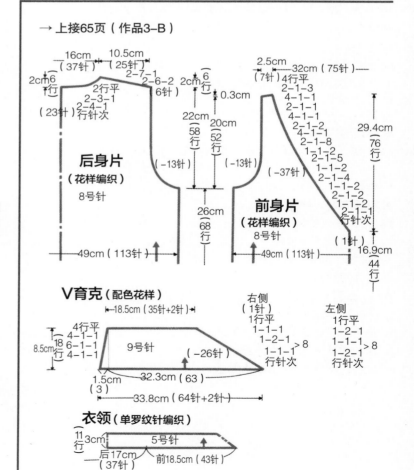

→上接65页（作品3-B）

后身片
（花样编织）
8号针

前身片
（花样编织）
8号针

V育克（配色花样）

衣领（单罗纹针编织）

V形育克的V形领

沿V形领边缘，编织大幅花样的V形领作品。属于样式华丽，
特别容易激发创作欲望的作品，但是制图和技巧方面也有很多需要掌握的操作重点。

材料与密度

极粗毛线（线长40g－80m）身片花样——8号针
（4.5mm），10cm为22.5针26行；育克的配色花样——
9号针（4.8mm），10cm为19针、8.5cm为18行、衣领为
单罗纹编织——5号针（3.6mm），前领为23针，后领为
21针、3cm为11行。

 操作重点

1 V形育克的深度和V形领一样，是育克宽
度的1.7倍，育克线标记为V形弧线。

2 V形育克左右分开编织，然后在中间进行
对接。花样的针脚延续向上编织衣领。

3 身片和育克的缝合注意比例均衡。

制图

1 ●V形领开口止点为前领中心下降6cm，深度为
5.1cm（领高×1.7），V形育克宽度为8.5cm，因此
深度为8.5×1.7倍=14.5cm。育克外廓线膨出1.5cm
画弧线，育克内侧平行外侧画弧线。

●计算后领围尺寸和V形育克前侧内弧的长度，按照相
同尺寸画衣领。前面V领深度为5.1cm，画斜线。

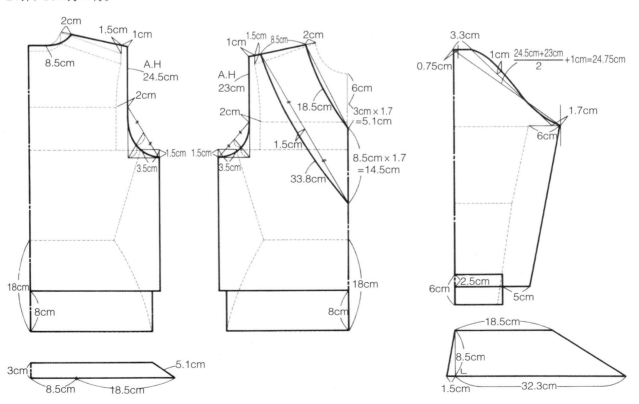

推算

●V形育克推算

V形育克从外侧向内侧编织，左右片分别编织。V领尖减针为26针，18行，逐行进行减针。2针以上的减针可以在编织起始处操作，编织结尾处一般只能减1针。由此可以推算出每隔2行的减针数目，分出正面减针行和背面减针行。注意左右编织的起始处和结尾处正好是相反的，因此减针的顺序也是不一样的。

$$18行÷2=9 \quad 26针÷9=\begin{matrix} 2针-1 & 2行-2针-1回 \\ 3针-8 & 2行-3针-8回 \end{matrix}$$

（2行减3针的操作要领是在每行的编织起始处减2针，编织结尾处减1针，最后左侧1行减2针和1行平针，右侧1行减1针，1行平针，剩余1针）

●衣领的密度和针数

衣领的密度可以通过平针（8号针，10cm为19针27行）进行换算，后领针数增加10%，前领针数增加20%，具体操作请参考第61页内容。

编织方法和最终完成

❶ 身片V领尖中心留出1针不织，两边分别留出缝份的起针。

👆❷ ❷育克部分用别线锁针起针，最后的针脚空出。将V形育克正面朝里相对，保持花样对齐进行半回针缝合，将窝边向两侧分开。

👆❸ ❸在身片距离V形线5cm处标记别线，和花样5cm的针数进行缝合。原则上需要将锁针解开后进行缝合，如果操作难度较大也可以直接进行缝合。身片中心留出的1针和育克两端的渡线按照平针缝合要领进行操作。

❹进行肩部缝合。将编织的育克的最后1针作为衣领针数的加针，后领围也要挑针后编织。V领尖中心的1针则从育克中心的窝边中挑针。

花样编织

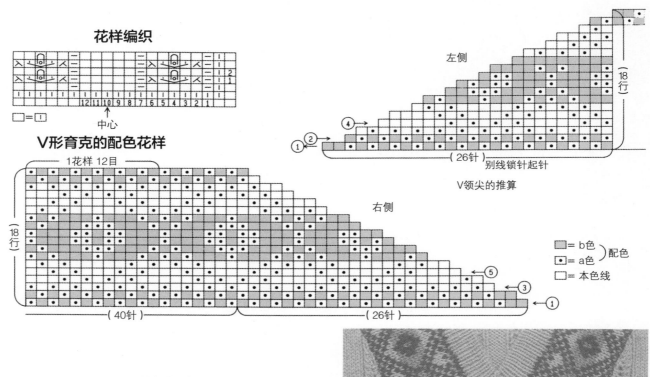

V形育克的配色花样

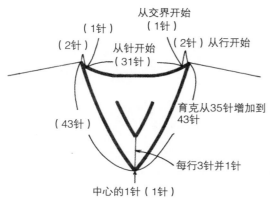

V形育克的定义图

异形V领

前襟是交叉叠加式的V形领，属于V形领的一种演变样式。
衣领花样属于左右连接对称的纵向花纹，沿着领围弧线往返进行编织。交叉花样的衣领会显得更加生动活泼。

材料与密度

极粗毛线（线长40g-82m）8号针（4.5mm）；花样编织
为10cm25针26行；衣领花样为5号针（3.6mm），15针
为5cm，10cm为29行。

操作重点

1 纵向花纹的衣领不易发生伸缩，不过要
  特别注意如何确定衣领尺寸。
2 领围引返编织的针数计算和编织方法是
  操作重点。
3 注意身片中心的针和衣领开始的针目缝
  合方法。

制图

● 使用补正原型，S.P提高1.5cm画肩线，横开领3.5cm，
  后领中心线下降1.5cm画领围弧线。
● 后片中心线后面向上5cm画领高，原型横开领直线向
  上画辅助线，从开领处向辅助线按5cm画衣领弧线。
● 前开领收3.5cm，N.P直线向上5cm取衣领尺寸。前
  领中心下降7cm，中心线左右分别取2.5cm画出领宽
  5cm，领围膨出1cm画弧线。

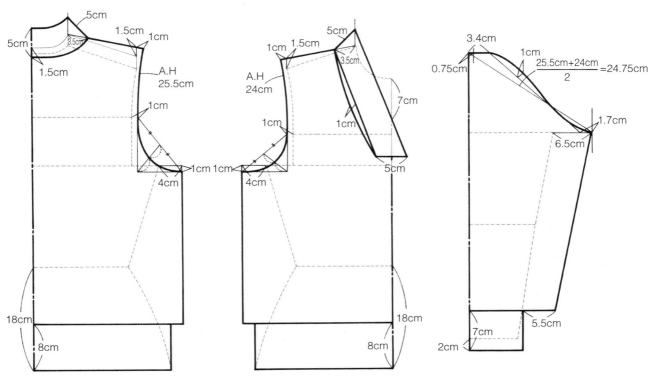

推算

● 确定衣领尺寸

1 前后领都和领围内外侧连接尺寸不同。纵向花样一般采取引返编织方法。因为前领不想加入引返编的花样，所以使用领长的中间尺寸（中间尺寸=21.8cm）进行直线编织。

后领以内侧10.5cm，外侧6.5cm进行引返编织。以前后领尺寸为基础绘制直线型衣领编织图。

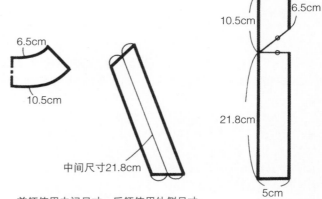

中间尺寸21.8cm

前领使用中间尺寸，后领使用外侧尺寸

● 衣领推算

试编一块细长的纵向花纹样品，用熨斗烫平之后测量衣领密度。5cm的针数两端各加1针，即4个花样+1针=17针。长度为10cm29行。

2 后领的引返编每2行进行1次。

接领侧——2.9行×10.5cm=30.4→30行（调整为偶数行）

外侧——2.9行×6.5cm=18.8→20行（调整为偶数行）

相差的10行每2行引返1次，共计5次。引返编织的加入方法，比起在后领等间隔进行，不如在弧线部分和花样编织中进行效果更好。在弧线部分进行引返时，注意要靠近肩线位置，因为中心线后面的位置比较平坦，无法加入引返编织。引返编织的针脚长短也有不同，注意花样间隔的针脚进行编织。

花样编织

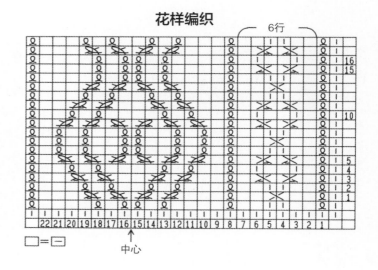

□ = −

中心

衣领的花样编织

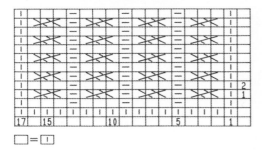

□ = ∣

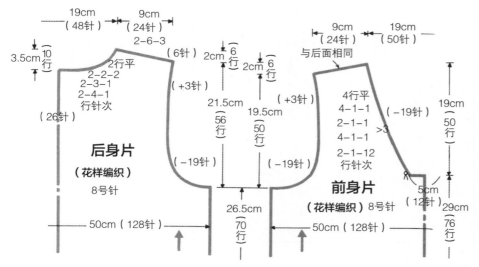

后身片
（花样编织）
8号针

前身片
（花样编织）8号针

衣领（花样编织）

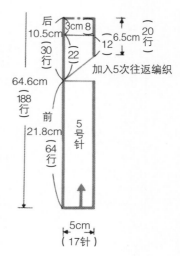

加入5次往返编织

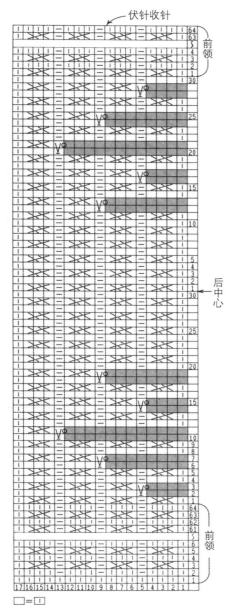

后领的引返编织

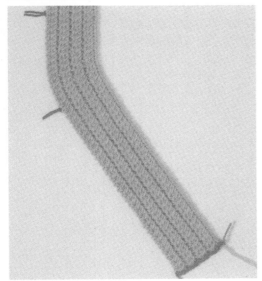

衣领位置使用引返编织做出弧线

编织方法和完成处理

❶留出前身片中心5cm，12针起针待用，在两侧用别线起针编织。

❷前领从上前端开始一直编织到下前端，使用别锁起针编织，注意两端的针脚不要有松动。

❸后领使用引返编织，每2行引返1次，交界处的针脚注意不要松动，最后进行伏针收针。

❹将身片中心的休针和衣领起针处的针目接合。身片休针的两侧都要加针，12针+2针=14针。前衣襟两边各1针在内侧叠合（接领侧的1针为缝份，外侧1针向内侧折起），17针−2针=15针。也就是身片14针和衣领15针进行缝合，针数较多的衣领适当选择一个位置进行双针缝合即可。请参考图示，下针和上针的地方分别使用相应的针法。并且注意连接线的隐藏操作。

❺继续进行缝合，行的部分进行挑针缝合。身片领围是弧线，因此不能按照行数进行平均计算，做相同尺寸的对位记号进行缝合。

❻前领最下侧的部分，从内侧进行卷针缝合。

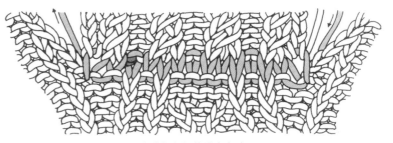

身片与衣领的缝合方法

领尖编织完成

船形领

这种衣领形状如船底，开口较浅，横向较宽。由于领口较大，
因此防止领口拉长的编织技巧非常重要，一般多用于夏季针织衫，所以线材选择也很重要。

材料与密度

中粗型夏季纱线（线40g，长89m）6号针（3.9mm）；
花样编织为10cm24针31行；衣领双面为扭花单罗纹编
织——3号针（3.0mm），10cm为31针，2.5cm为9行。

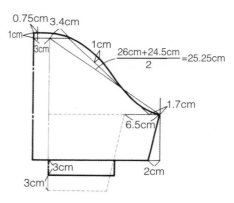

操作重点

1 船形领的领围弧线内外侧尺寸相差较
   大，因此要使用中间尺寸。
2 衣领使用相对不易伸缩的扭针单罗纹进
   行编织。
3 使用中间尺寸时，特别注意衣领的挑针
   计算。

制图

● 展开补正原型，S.P提高1.5cm画肩线。
● 横开领收5cm，前片中心线下降1cm画领口弧线，在
   里侧2.5cm平行画领口。

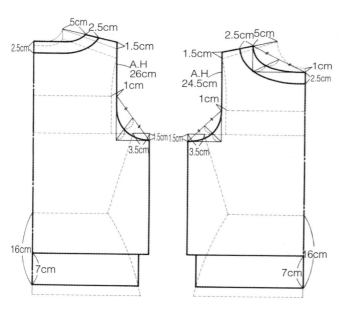

$$\frac{26cm+24.5cm}{2}=25.25cm$$

花样编织

两面扭花单罗纹针

70

推算

●衣领尺寸计算

1 由于领围弧线内外侧尺寸相差较大，因此需要测量出弧线中间位置的尺寸，以此作为衣领编织的尺寸。中间尺寸为后13cm，前15.5cm。

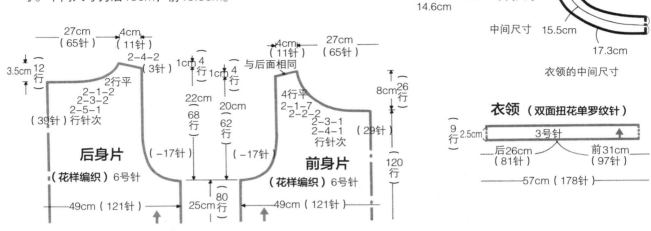

后

11.5cm

14.6cm 13cm 中间尺寸

前

14cm

17.3cm 中间尺寸 15.5cm

衣领的中间尺寸

后身片图示：

27cm（65针） 4cm（11针）

2-4-2（3针）

2行平

2-1-2
2-3-2
2-5-1（39针）行针次

3.5cm 12行

1cm 4行 1cm

22cm 68行 20cm 62行

后身片

（花样编织）6号针

49cm（121针）

（-17针） （-17针）

25cm 80行

前身片图示：

4cm（11针） 27cm（65针）

1cm 4行 与后面相同

4行平
2-1-7
2-2-2
2-3-1
2-4-1（29针）行针次

8cm 26行

前身片

（花样编织）6号针

49cm（121针）

120行

衣领（双面扭花单罗纹针）

2.5cm 9行

3号针

后26cm（81针） 前31cm（97针）

57cm（178针）

●衣领针数计算和挑针计算

2 3 夏季纱线多采用罗纹针编织，因此领口采用不易伸缩的扭针罗纹法，和第99页的试编操作一样，通过试编样片来计算密度。

10cm为31针，2.5cm为9行，因此

后领针数——3.1针×中间尺寸26cm=80.6→81针

前领针数——3.1针×中间尺寸31cm=96.1→97针

（衣领的整体针数要调整为偶数针）

然后计算挑针。按照实际尺寸绘制身片衣领部分弧线的话，就可以分开针的部分（中心的平针和2针以上的减针）和行的部分（减1针或不减针的行），然后分别算出各自的弧线长度。

前领围尺寸——针的部分11.2cm，行的部分6.1cm

后领围尺寸——针的部分13.3cm，行的部分1.3cm

把这个作为连接缝合尺寸的针和行的长度，然后换算出中间尺寸的长度。

前领 中间尺寸的针的部分——17.3：15.5=11.2：X
X=10.03→10cm

中间尺寸的行的部分——17.3：15.5=6.1：X
X=5.46→5.5cm

后领 中间尺寸的针的部分——14.6：13=13.3：X
X=11.85→11.9cm

中间尺寸的行的部分——14.6：13=1.3：X
X=1.1cm

最后计算挑针针数。

前领的针的部分——3.1针×20cm=62→63针（调整为奇数），其中也包含边界针，从身片51针到61针，针和行的边界也各挑1针

前领的行的部分——3.1针×5.5cm=17针 从身片18行开始挑17针

后领的针的部分——3.1针×23.8cm=73.7→75针（调整为奇数），其中也包含边界针，从身片61针到73针，针和行的边界也各挑1针

后领的行的部分——3.1针×1.1cm=3.4→3针 从身片6行开始挑3针

求得中间尺寸的针的部分、行的部分的长度

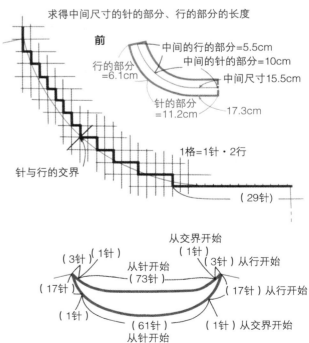

前

中间的行的部分=5.5cm

行的部分=6.1cm

中间的针的部分=10cm

中间尺寸15.5cm

针的部分=11.2cm 17.3cm

1格=1针·2行

针与行的交界

（29针）

从交界开始

（3针）（1针） （1针）
（3针）从行开始
（17针） 从针开始（73针）（17针）从行开始
（1针） （1针）
（61针）（1针）从交界开始
从针开始

衣领的挑针

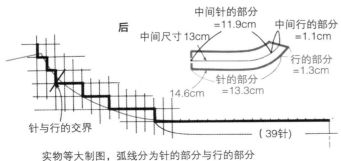

后

中间针的部分=11.9cm 中间行的部分=1.1cm

中间尺寸13cm

行的部分=1.3cm

针的部分=13.3cm

14.6cm

针与行的交界

（39针）

实物等大制图，弧线分为针的部分与行的部分

5-A

钩针编织的船形领

本篇作品和上一篇第70页的船形领制图相同，只是中间加入钩针的条纹针花样，
条纹针花样可以将领围内外侧的针差进行分散减针，最后用狗牙针装饰，更加突出领部的表现效果。

材料和针法

中细夏季纱线（线长25g-115m），短针的条纹针——2/0
号针，密度10cm为31针，2.5cm为8行。

制图

●衣领针数和密度

1 通过试编样片测量密度。大约起45针后编织10行
条纹针，测量密度。10cm为31针，2.5cm为8行。

后领针数——3.1针×29.2cm=90.5→91针

前领针数——3.1针×34.6cm=107针（整体调整
为偶数针）

●衣领的分散减针

2 将衣领内外侧的尺寸差进行分散减针操作。注意
最后的7~8行交替编织2针1花样的狗牙针，无法进
行分散减针，因此只能在前6行进行分散减针，7~8
行时换细1号的针织出弧形。

后面　29.2cm-23cm=6.2cm　（6.2÷29.2）×
100=21.2%

整体减针21.2%，但是实际操作是扣掉1号针
（5%）剩余的部分做减针

21.2%-5%=16.2%

3.1针×29.2cm=91针　91针×16.2%=14.7→14
针减针

前面　34.6cm-28cm=6.6cm　（6.6÷34.6）×
100=19.1%　19.1%-5%=14.1%

操作重点

1 衣领密度的计算方法需要特别注意。
2 编织时需要进行分散减针，但是最后的2
行不能减针，需要换低针号。

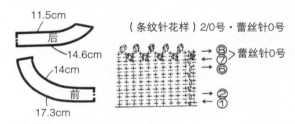

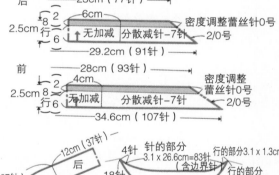

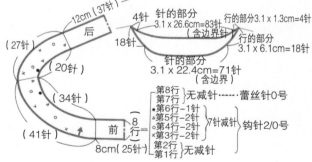

3.1针×34.6cm=107针　107针×14.1%=15→14
针减针

最后1行的狗牙针是2针1花样，因此衣领整体要保
持偶数针数，当然减针数也要调整为偶数。

●衣领挑针计算

按照第71页的图示，计算出领片连接处针的部分
和行的部分的尺寸，然后算出挑针的数量，同时特别注
意减针尽量不要重叠，均匀分散在领口弧度较大的位置
进行操作。

6

U形领

将圆领的下围继续放低，使整个领口呈现英文字母U字形的一种领形。
该领的内外侧尺寸相差较大，因此需要根据中间尺寸计算领口针数，编织下围的弧线形状。

材料与密度

极粗毛线（线40g，长82m）8号针（4.5mm）；花样
编织为10cm18.5针31行；衣领单罗纹针编织——5号针
（3.6mm），前领为23针32行，后领为21针、32行。

操作重点

1 由于前领弧度较大，使用中间尺寸计算
针数时，罗纹密度比平针密度要增加
20%进行换算。后领按照连接部分的尺
寸进行编织，比平针密度增加10%就可
以了。

2 使用中间尺寸计算时，一定要特别注意
挑针的均衡比例。

制图

- 将补正原型的S.P提高1.5cm画肩线，横开领收3.5cm，
  后领中心线下降1cm画弧线。
- 前领以领口外侧为准画弧线，往里收3cm平行画身片
  领围线。
- 后领长度和连接尺寸相同，前领长度按照中间尺寸，
  领高3cm。

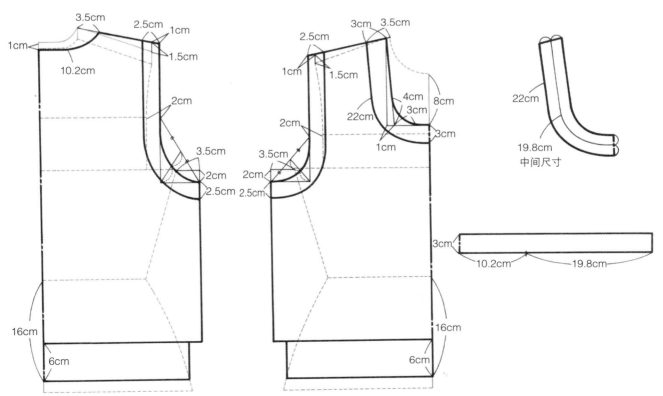

推算

●衣领尺寸和衣领针数的计算

后领按照领围尺寸10.2cm，前领按照中间尺寸。

衣领的罗纹密度按照平针密度（8号针，10cm为19针27行）进行换算，后领增加10%，使用中间尺寸的前领增加20%，即

后领针数——19针+10%=21针　2.1针×20.4cm=42.8→43针

前领针数——19针+20%=23针　2.3针×39.6cm=91针

花样编织

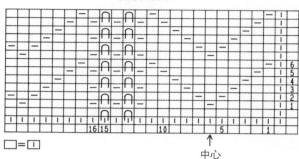

□＝□

↑
中心

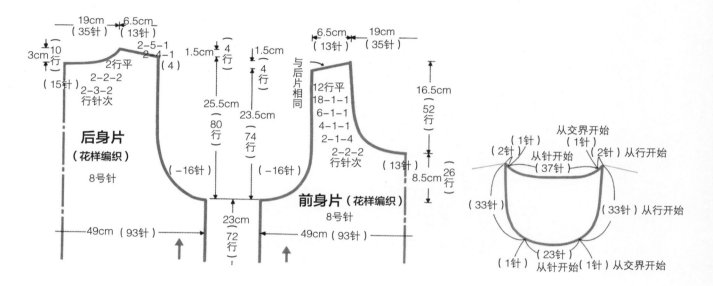

后身片
（花样编织）
8号针

前身片（花样编织）
8号针

与后片相同

从交界开始
（1针）　从针开始　（1针）
（2针）　（37针）　（2针）　从行开始

（33针）　　　　　　　（33针）从行开始

（23针）
（1针）　从针开始（1针）从交界开始

衣领（单罗纹针编织）

5号针

后 20.4cm（43针）　　前 39.6cm（91针）

60cm（134针）

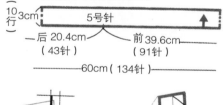

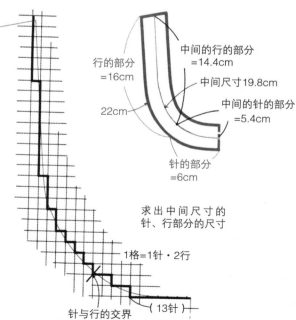

中间的行的部分=14.4cm
行的部分=16cm
中间尺寸19.8cm
中间的针的部分=5.4cm
22cm
针的部分=6cm

求出中间尺寸的针、行部分的尺寸

1格=1针·2行

针与行的交界

实物在制图前分割领窝针的部分与行的部分

●衣领挑针的计算

2　使用中间尺寸，衣领的挑针按照以下方法计算

❶将前领领围尺寸22cm按照针的部分和行的部分进行分割，并且分别计算各自的长度。

按照领口实际尺寸画领围弧线，用尺子画出编织密度表格，在针和行的部分进行分割，分别测出各自的长度。

❷❶测出的长度计算中间尺寸的位置

22：19.8=6：X　X=5.4cm——中间尺寸的针的部分

22：19.8=16：X　X=14.4cm——中间尺寸的行的部分

❸最后计算挑针针数。

2.3针×10.8cm=24.8→25针——针的部分　其中包括交界处的各1针。

2.3针×14.4cm=33针——行的部分

后领围35针都是针的部分，行的部分只有最后2行。每行挑2针，43针−（2针×2）=39针需要挑针，其中也包括交界处的各1针。

7

亨利领

在身片中间从上面加入半开襟，属于圆领的一种。前襟花样可以纵编也可以横编，
作为整件衣服的修饰亮点可以采取各种花样设计。

材料与密度

极粗毛线（线40g，长82m）8号针，花样编织10cm为24
针28行，扭花单罗纹针编织——5号针，领口为21针32
行，前襟为23针32行。

  操作重点

1 身片开口止点的位置处理是重点。
2 前门襟花样为横编，需要特别注意密
　度、两侧的窝边接合、扣眼的预留位置
　等问题。
3 前门襟两侧进行卷针编织，和身片的接
　合方法尤为重要。

制图

●展开补正原型，S.P提高1.5cm画肩线，横开领
　2cm，后领中心线下降1cm，前领中心线下降2cm画
　领口弧线。
●前襟在原型的B线处从中心线左右各取3cm，上部延
　长3cm，与领高同尺寸，扣眼3个，做好标记。
●领围与身片领口线尺寸相同（后片为9cm，前片为
　11cm），领高是3cm。

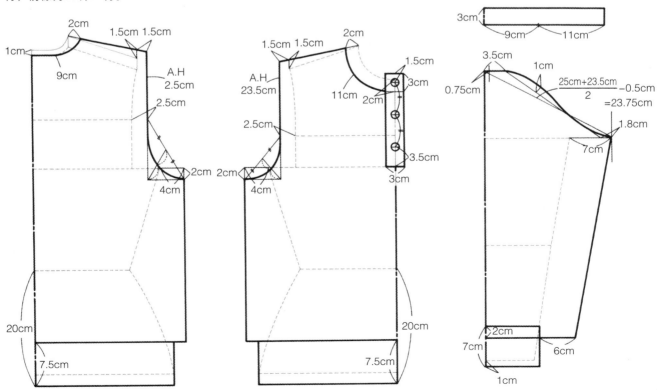

针数推算

●衣领的密度和衣领针数

衣领为扭花单罗纹编织。从平针密度（8号针10cm为19针27行）来换算。前领后领均为弧线，因此尺寸按照领口的尺寸计算，将平针编织针数增加10%，行数增加20%，即32行，进行罗纹编织。

后领针数——2.1针×18cm=37.8→39针（和身片的奇数针数保持一致）

前领针数——2.1针×11cm=23.1→23针　加上一针缝份合计24针，前后领针数整体为奇数。

领高——3.2行×3cm=9.6→10行

●前襟的计算

（感）2 前襟为直线形，因此直接将平针编织的针数和行数各增加20%，进行罗纹编织就可以了。即2.3针×16cm=36.8→37针

两侧各加1针，合计39针（为奇数针），两端头织2针下针。在上针处留出扣眼。将针数进行分别标记。

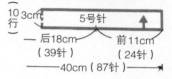

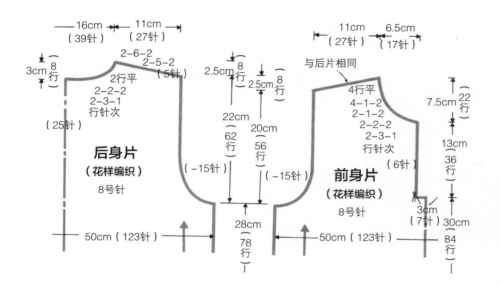

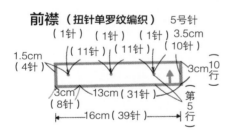

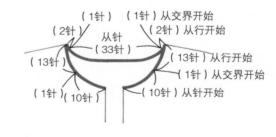

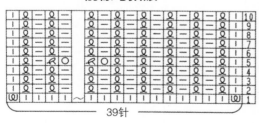

前襟与扣眼

花样编织

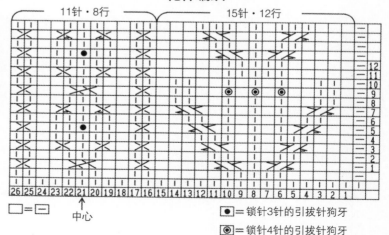

● = 锁针3针的引拔针狗牙

◎ = 锁针4针的引拔针狗牙

编织方法和完成处理

🖐1 ❶在身片的中间留出7针作休针，身片针数要为奇数，中心的7针用别色线吊起，两侧各加1针缝份针。

❷编织领口。分别在身片的针，行上挑针，两端的端针分别是2针下针。

🖐3 ❸前襟用5号针挑针，首先绕线加1针作缝份，从身片的36行挑30针，然后从领口的10行挑7针，最后再编织1针绕线加制作缝份。

❹下一行将绕线加针编织扭上针。前襟两侧织2下针。

❺将前襟上部和身片进行缝合。前襟10行和身片9针（也包括休针两侧）对齐后依次进行缝合，将别线抽出。

❻前襟下部从反向进行缝合。

前襟的挑针（上部）

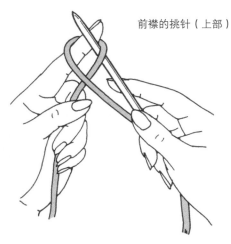

①首先编织缝份的绕线加针（与身片缝合部分）。

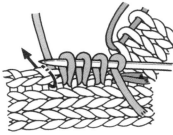

②从边针1针内侧挑针。

身片中心的针不织，留出两侧的裆份的起针

③最后编织绕线加针（内侧要折向反面）。

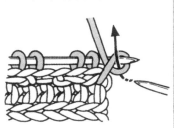

④将上一行的绕线加针编织扭上针。

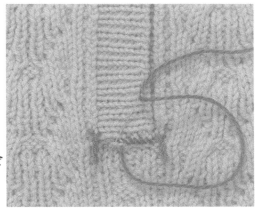

前襟下部缝在反面

扣眼（1针的圆眼）

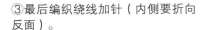

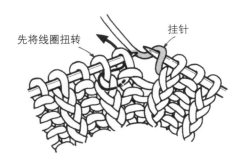

先将线圈扭转　挂针

①在上针位置织挂针。

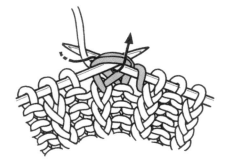

②接下来编织左上2针并1针。

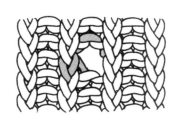

③扣眼完成了。

海龟领

这种领子像乌龟的脖子一样沿着颈部围绕一圈，然后翻折下来。
如何让翻折下来的部分自然舒适是操作重点，多用于休闲类衣服。

制图

● 使用补正原型，S.P提高2cm画肩线。

● 后领中心线提高0.5cm，前领中心线下降1.5cm画领口弧线。计算领口尺寸（后面9cm+前面13cm）×2=44cm，确认套头松紧度是否合适。

● 领宽和身片标记尺寸相同。立领高度7cm，翻折部分高度8cm，外翻领围宽度增加4cm。

操作重点

1 从翻折线向外翻出的部分，注意保持针法不变，使用密度调整技巧增加宽松度。

2 特别注意一下衣领的罗纹密度换算。

3 身片是交叉花样和起伏针花样的组合。衣领保持编织针数相同，通过更换不同规格的棒针调整密度。

材料与密度

极粗毛线（线40g，长82m）8号（4.5mm）和5号针（3.6mm）；花样编织10cm为24针32行，领子为双罗纹针编织——5号针，10cm为23针、32行。

推算

● **衣领密度和衣领针数**

2 衣领采用双罗纹针花样编织，密度是从平针（8号针，10cm为19针27行）换算来的。通常圆领，编织针数增加10%即可，高翻领由于领子较高，容易收缩，因此需要增加20%进行换算。3号棒针太细，5号针比较合适。

具体换算方法为

19针+20%=22.8→23针

27行+20%=32.4→32行

这样衣领的罗纹针密度就是10cm23针，32行。

后领针数——2.3针×18cm=41.4→44针

前领针数——2.3针×26cm=59.8→60针（所以整体针数要保持4针的倍数）

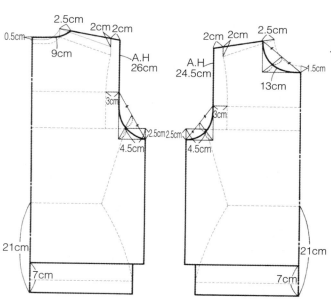

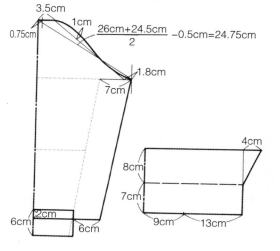

花样编织

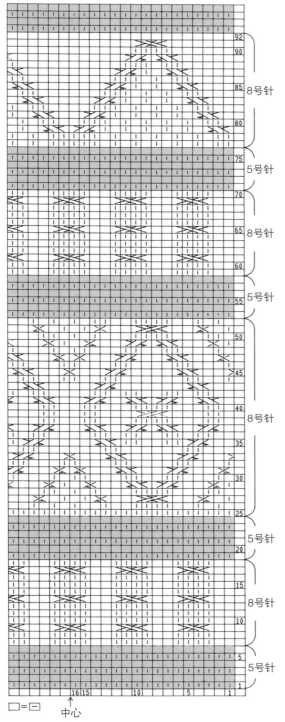

92
90
85 8号针
80

75 5号针

70
65 8号针
60

55 5号针

50
45
40 8号针
35
30
25

20 5号针

15
8号针
10

5 5号针
1

□=⊟
↑
中心

16 15　　　10　　　　5　　　1

● 衣领密度的调整

👆1　外翻领围宽度通过顺次把针号加大，调整密度（调整的具体操作请参考第84页）。外翻领围宽度增加4cm的话，计算一下相当于接领侧（基准尺寸）需要增加多少百分比，即 9cm+13cm=22cm　（4cm÷22cm）×100=18.18%

棒针规格每增大一号，编织物宽度会增加5.5%，以此计算一下18.18%相当于增加几个规格，18.18%÷5.5%=3.3→相当于增大3个规格

基准接领侧从5号针开始，因此从翻折线往外需要顺次使用6号、7号、8号针进行编织。

行数计算

立领部分7cm为5号针编织，因此使用5号针的密度（32行）来换算。

3.2行×7cm=22.4→22行

再增加2行作为折叠的厚度

翻出部分使用6、7、8号针，以中间的7号针作为换算，7号针比5号针粗2个号，因此需要减掉2个号即11%的行数，（3.2行×8cm）−11%=22.7→24行

将24行进行三等分，分别算出各个针号需要编织的行数就可以了。

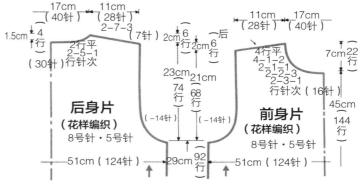

后身片（花样编织）8号针·5号针

前身片（花样编织）8号针·5号针

衣领（双罗纹编织）密度调整

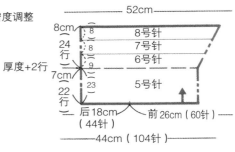

从14行上挑起12针

编织方法和完成处理

👆3　❶身片的花样编织是交叉针和伸缩性强的起伏针的组合花样。编织行数相同，通过调整棒针规格调整密度。

❷衣领的挑针部分注意针数和行数的比例，
前面　针数部分——34针，1针对1针进行挑针，
　　　　　针与行的交界处各挑1针
　　　　　行数部分——（60针−36针）÷2=12针，
　　　　　从14行开始挑针12针

后面　行数部分——从2行开始挑2针
　　　　　针数部分——44针−（2针×2）=40针，包括交界处各1针
具体挑针位置请参考图纸。

❸翻折线往外的部分，顺次增大针号进行编织，最后使用双罗纹收针。

→ 下接102页图示

8-A

罗纹花样的海龟领

和上一篇作品相同，只是通过改变花样使衣领呈现出了不同的感觉。
主要特点是在衣领编织中途进行了里外翻转的操作。

推算　　　衣领密度　5号针　10cm为30针32行

●衣领密度和衣领针数

1 衣领通过试编来测量出密度。试编一块尺寸大约
为横向15cm、纵向8cm大小的样片，熨烫平整。测
量针数时，背面注意展平。样片的密度是用5号针编
织，10cm为30针，32行。

后领针数——3针×18cm=54针
前领针数——3针×26cm=78针（整体针数为6的
倍数）

衣领密度的调整同上一篇作品，棒针规格依次增
加3个号码。但是行数换算以5号针32行为基准。

立领部分——3.2行×7cm=22.4→22行
翻折厚度——加2行
翻折部分——平均针号数是7号
（3.2行×8cm）–11%=22.7→24行
将24行进行三等分后，顺次增加棒
针规格进行编织。

操作重点

1 花样编织的衣领处的密度不可以通过平
针密度进行换算，只能通过试编来测量
出密度。

2 在翻折线的略下方通过翻转编织方向，将
衣领正反面翻转进行编织。

编织方法和完成处理

2 ❶环状编织衣领。从身片正面连接处正向编织，
在距离翻折线2/3处（第15行）将织片正反面翻转，
掉转编织方向继续编织。

❷最后一行采用单罗纹编织，用单罗纹收针。收针时
要做扭针处理。

❸衣领采取罗纹花样编织时，有时收针无法采用罗纹
针法，这种情况下可以用钩针加入装饰花边，既满
足了收针操作又可以达到华丽优美的修饰效果。

衣领需在中途正反面翻转编织

衣领（罗纹针花样）密度调整

衣领的罗纹针花样

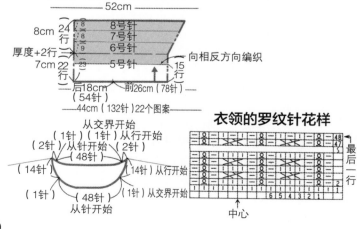

衣领外围用钩针作缘边的针a色、b色交替
钩织。

9

一字领

领围没有弧度，水平剪切的衣领称为一字领。
为了突出衣领的直线形，要使用较粗一点的麻花花样，增加育克线条感。

 操作重点

1 一字领的开领止位需要特别注意。
2 一字领尽量采取不易伸缩的花样，收针时也要注意采取紧缩针法。
3 前领如果要加入一些弧度的话，注意不要打破身片的花样，贴紧身片方向分散加大弧度。

材料与密度

极粗毛线（线40g，长82m）9号棒针（4.8mm）；配色花样——10cm19针24行；领子交叉花样——6号针（3.9mm），10cm为26针、35行。

制图

● 展开补正原型，将S.P提高2cm画肩线，肩宽外延1cm。
● 以前后身片距离肩点5cm处为开领止位，然后连接中心线，水平绘制领口线条。
1 （注）距离肩点5cm是开领止位的最大尺寸限度，再接近肩点，衣服很容易发生掉肩。
● 在中心线上取6cm作为领高，水平画出衣领。

交叉花样

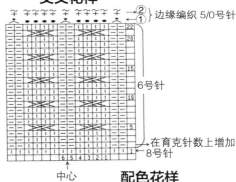

配色花样

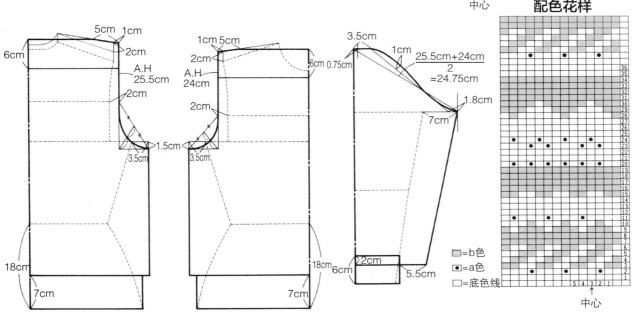

=b色
=a色
=底色线

81

编织方法和整理方法

❶ 身片和衣领的密度不同，育克位置需要加25针。由于从第1行开始加针，衣领颜色就要混杂身片的颜色，因此从第2行开始加针，参照以下编织图示，均匀加针。

☞2 肩部为套针缝合。交叉花样缝合在一起，注意不要拉长，按照图纸尺寸缝合编织。

☞2 肩部开领部分使用引拔收针法，单针引拔容易导致领口过宽，在上针的部分2针并1针地引拔出来，最后将前后领连在一起，编织一行逆短针。

加入领围弧线的操作方法

☞3 从衣服的实用性和穿着舒适度来说，加入领围弧度的一字领效果更好。不过衣领上的麻花花样保持直线形时效果最漂亮，因此注意将弧度尽可能贴近身片部分，将6行弧度编织分别均匀加入身片中，保持一字领的最佳效果。

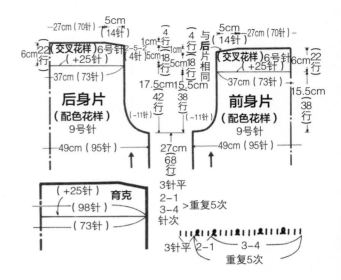

弧线的分散加入

❶ 在密度本中，按照领围的针数和行数画基本线，分割弧线部分。

❷ 弧线部分编织留针引返编织，因此要仔细数出每行的针数。

❸ 在身片B线上面，分散选出6个即使加入引返编织花样也不会太明显的地方，进行引返的针数标记。

❹ 引返编织每行都有留针，因此每次都要切断毛线进行编织。

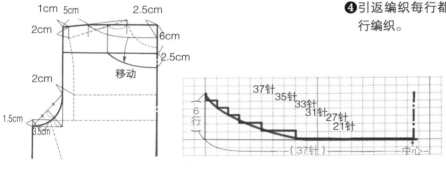

在花样中分散加入留针引返编织

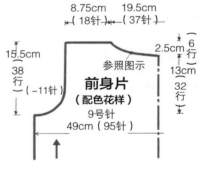

□=底色线 ●=a色 ▨=b色
▨=留针的引返编织

前中心

加入领围弧线的一字领

3

密度调整

密度调整是指针数不变的前提下，通过改变针号来调整尺寸的方法。因此只要准确推算出编织针数，编织过程的操作就会比较容易，外围轮廓线也会非常工整，可以编织出漂亮的服饰。

在本章内容中，通过各种实例演示系统阐述了从制图、推算到编织技巧等操作内容，详细讲解了如何通过调整密度钩织漂亮的作品。

密度调整的含义

所谓密度调整是指编织针数不变，通过改变针号大小调整编织尺寸的方法。仔细来说就是通过调整棒针的粗细，改变每一针脚的尺寸从而使整个编织尺寸的宽窄长短发生变化。

使用密度调整的技法时，整体针数不用进行增减，只需改变针号即可调整尺寸，非常方便，堪称编织技术中最独特的操作技巧了。

棒针的密度调整和数据采集

棒针编织松紧因人而异，没有办法制定固定的密度数据。因此可以按照个人的松紧喜好编织密度样片，制作密度数据。

材料和针号

准备普通毛线（本篇为羊毛直线），粗细为编织常用的规格（线重约50g，线长100m）。将最大针号设为

7~8号，上下浮动需要5个规格，即5号、6号、7号、8号、9号。

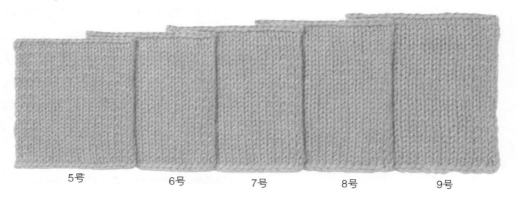

5号　　　6号　　　7号　　　8号　　　9号

织片种类和尺寸

样片以平针进行编织，大约20针，30行左右大小，每个样片递增1个针号，所有样片的针数和

行数完全相同，编织完毕用熨斗整理平整后计算尺寸。

数据的计算方法

5号样片宽度　　9cm ⎫ 差0.5cm
6号样片宽度　9.5cm ⎭
7号样片宽度　　10cm ⎫ 差0.5cm
8号样片宽度　10.5cm ⎫ 差0.5cm
9号样片宽度　11.1cm ⎭ 差0.6cm

然后分别计算出针号增加1号时的尺寸差相当于原样片宽度的百分比。

❶5号针调整为6号针时，（0.5cm÷9cm）×100=5.55%

❷6号针调整为7号针时，（0.5cm÷9.5cm）×100=5.26%

❸7号针调整为8号针时，（0.5cm÷10cm）×100=5%

❹8号针调整为9号针时，（0.6÷10.5cm）×100=5.71%

将以上百分比数值进行平均计算（5.55%+5.26%+5%+5.71%）÷4=5.38%，即针号每增加1号，平均尺寸会增加5.38%，按照常用算法，可简略为5.5%。那么这个数字就是标准的密度调整数值，本章中后面实例的说明将以此数值为参考值。

密度调整界限

那么可能大家要问在整个编织过程中可以进行多少次针号的调整呢？就像我们在选择针号时必须要和毛线规格匹配一样，使用过细或者过粗的棒针编织出来的服饰必然会让人感觉不协调，有失美感。另外服饰整体中如果有一眼可辨的密度调整也不能称之为流畅自然的编织。大概来说，平针编织和镂空花样编织都是以基本针号上下2个号码浮动为界限，也就是选定基本针号

（和毛线规格相匹配的针号）后，最细比基本针号小2号，最粗比基本针号大2号。罗纹编织一般会选用比身片针号小3~4号的针号作为基本针号，那么也就是可以使用比基本针号小2号到大4号的棒针进行编织。为了流畅地进行密度调整，清晰区分可用针号的界限是非常重要的。

钩针的密度调整和数据采集

钩针编织和上面讲述的棒针编织一样，也是可以通过调整针号改变编织尺寸。钩针比较有代表性的编织方法是长针和短针，与平针编织相比，针数排比不同，可以调整的范围会非常有限。

材料和针号

选用钩针编织最常用的毛线规格（中细毛线），相匹配的针号（标准针号）为3/0号针，上下浮动一共选用5个针号，即蕾丝针0号，钩针2/0号、3/0号、4/0号、5/0号。

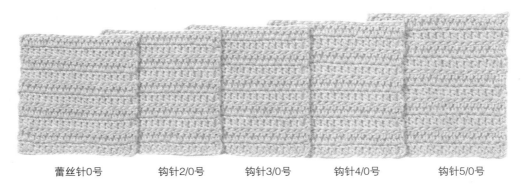

蕾丝针0号　　钩针2/0号　　钩针3/0号　　钩针4/0号　　钩针5/0号

织片种类和尺寸

样片的长针为基本针法，大约20针，10行左右大小，每个样片递增1个针号，所有样片的针数和行数完全相同，编织完毕用熨斗整理平整后计算尺寸。

数据的计算方法

0号样片宽度	6.5cm	） 差0.3cm
2/0号样片宽度	6.8cm	） 差0.3cm
3/0号样片宽度	7.1cm	） 差0.4cm
4/0号样片宽度	7.5cm	） 差0.4cm
5/0号样片宽度	7.9cm	

然后分别计算出针号增加1号时的尺寸差相当于原样片宽度的百分比。

❶0号针调整为2/0号针时，（0.3cm÷6.5cm）×100=4.61%

❷2/0号针调整为3/0号针时，（0.3cm÷6.8cm）×100=4.41%

❸3/0号针调整为4/0号针时，（0.4cm÷7.1cm）×100=5.63%

❹4/0号针调整为5/0号针时，（0.4÷7.5cm）×100=5.33%

将以上百分比数值进行平均计算（4.61%＋4.41%＋5.63%＋5.33%）÷4=4.995%，去掉小数点部分，简略为5%，也就是钩针每增加1号编织尺寸会调整5%。

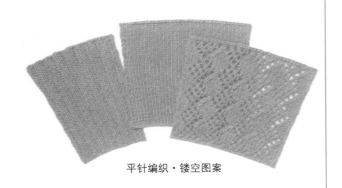

平针编织·镂空图案

密度调整界限

如上所述，钩针编织如果随意增大针号，比起尺寸增大来说更为明显的是针目端头变大，针脚间缝隙变宽，降低整个编织物的美观，因此在可调整的范围内，钩针调整的部分相对棒针来说是比较少的。

为了保证织物美观，针号调整一般在基本针号上下1个针号浮动，也就是比基本针号大1号和小1号，1个针号调整密度约为5%，因此钩针理想的调整范围就是10%左右。

如果遇到必须增加调整范围的情况时，比起用更大号的针来说换用更小号的针效果会更好。

阿富汗针的密度调整和数据采集

　　阿富汗针是指棒针和钩针混合使用的一种编织方法。针脚为横纵交错，稳定性非常好。因此即使针脚稍微疏松一些也不用担心会拉长，密度可以随意调整。

材料和针号

　　选用阿富汗针最常用的毛线规格，和棒针选用同款毛线或者稍微细一点的毛线。和选定的毛线相匹配的针号上下浮动2个针号，确定5种针号进行数据采集。本篇作品中使用的是50g－100m的羊毛线，标准针号选定为8号，因此分别使用6号、7号、8号、9号、10号阿富汗针编织样片。

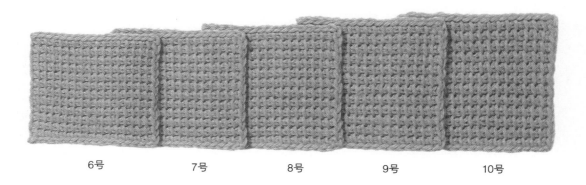

6号　　7号　　8号　　9号　　10号

编织种类和尺寸

　　样片的阿富汗平针为基本针法，大小约为18针12行左右。每个样片递增1个针号，所有样片的针数和行数完全相同，编织完毕用熨斗整理平整后计算尺寸。

数据的计算方法

　　6号样片宽度　　8.5cm　 ）差0.5cm
　　7号样片宽度　　9cm　 ）差0.5cm
　　8号样片宽度　　9.5cm　 ）差0.5cm
　　9号样片宽度　　10cm　 ）差0.5cm
　　10号样片宽度　10.5cm ）

　　然后分别计算出针号增加1号时的尺寸差相当于原样片宽度的百分比。

❶6号针调整为7号针时，（0.5cm÷8.5cm）× 100=5.88%

❷7号针调整为8号针时，（0.5cm÷9cm）× 100=5.55%

❸8号针调整为9号针时，（0.5cm÷9.5cm）× 100=5.26%

❹9号针调整为10号针时，（0.5÷10cm）× 100=5%

　　将以上百分比数值进行平均计算（5.88%+5.55%+5.26%+5%）÷4=5.422%，即针号每增加1号，平均尺寸会增加5.422%，按照常用算法，可简略为5.5%，和棒针的调整数值相同。

密度调整界限

　　阿富汗针法的密度非常好，即使针号较大也不会发生拉长和下垂，相反如果针号过小，编织过密，恐怕容易发生针脚叠加影响美观。总之在一件作品中只要密度不需要较大调整，确定好界限范围就可以了。

　　针号方面，只要在基本针号上下2个号内变换就没有问题。如果需要做出更大范围的调整，可以在最大号上再加一个号进行编织。

1

披肩领

本篇是使用密度调整法来编织由内向外延伸的披肩领的作品。
使用密度调整方法，衣领不再需要进行增减针，这样图案也不容易变形。从前襟处向两边展开的花样更加立体柔美。

 操作重点

1 从直线的平面图展开绘制衣领，进行密
   度调整的计算。
2 衣领从领围外侧向接领侧编织，各种基
   本针号的应用是操作重点。
3 衣领连接的窝边要特别注意，使用半回
   针缝制。

制图

- 将补正原型的S.P提高1.5cm画肩线，横开领1cm。
  后领中心线提高0.5cm画后领弧线，前片移动中心
  线，下降4cm深度画领围弧线。
- 立领领腰为2.5cm，领方7cm的披肩领尺寸。在前领
  外侧膨出0.7cm画弧线。
- 前领连接尺寸和领围尺寸相同，将不足部分延伸画衣
  领肩线，将前后领进行连接。

材料与密度

极粗毛线（线40g，长78m） 8号针（4.5mm），花样编
织为10cm为19针27行，衣领花样编织为8号针，10cm为
18.5针25行。前襟扭针单罗纹编织为5号针（3.6mm），
3cm为9针（+2针），10cm为29行。

花样编织

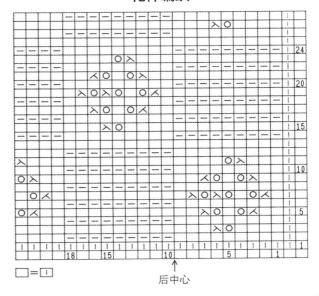

□=□

↑
后中心

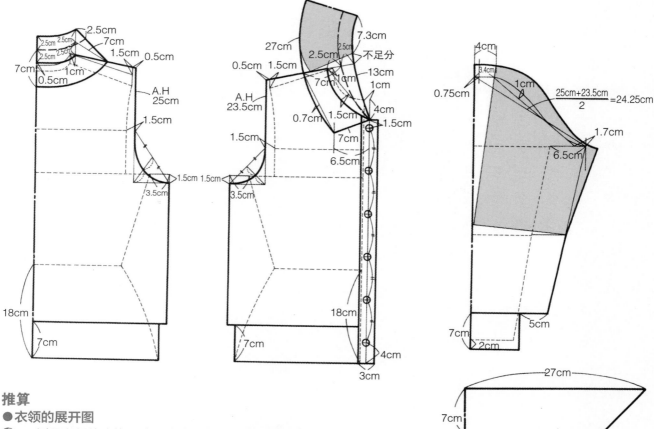

推算

● 衣领的展开图

👆1　测量衣领的连接尺寸，领外围尺寸，画衣领平面图。从N.P到前襟止位画领立2.5cm。领边是披散状的，故将衣领整体进行尺寸分散。

● 密度调整的推算

❶ 计算接领侧和外领围尺寸的差值。

接领侧——后领7.3cm+前领13cm=20.3cm

外领围尺寸——前后合计27cm

27cm−20.3cm=6.7cm

❷ 计算上述尺寸差6.7cm相当于基准尺寸（衣领连接尺寸20.3cm）的百分比例。

（6.7cm÷20.3cm）×100=33%

❸ 计算将密度调整33%后，需要更换的针号，因此33%÷5.5%=6个针号。

👆2　❹ 根据以上计算从衣领连接处到衣领外围需要更换6个针号进行编织，重点是确定基本针号8号针的使用位置。

假设接领侧使用8号针→外领围就是14号针

假设外领围用8号针→接领侧就是2号针

这两种都不是非常理想的编织方案，正确的方法是将基本针号放在中间使用，使整个密度不疏不密，这样才会看起来比较美观。如图所示衣领连接处使用4号针，披肩领围处使用10号针，针号逐个更换比较困难，可以每2个针号进行一次变更。

❺ 计算衣领针数。以衣领和身片连接处的尺寸为基准进行计算，4号针比8号针要小4个针号，因此针数需要增加（5.5%×4）=22%。

衣领整体——（1.85针×40.6cm）+22%=91.6→92针

衣领花样——10针的倍数+右边6针+左边7针=93针

后领针数——（1.85针×14.6cm）+22%=32.9→33针

前领针数——（93针−33针）÷2=30针

❻ 计算衣领行数。领高2.5cm用4号针，将8号针的密度增加22%，即（2.5行×2.5cm）+22%=7.62→8行

领宽7cm分别使用6号、8号、10号3种针号，以中间的8号针（平均针号）进行计算，即2.5行×7cm=17.5→18行，再加上翻折部分的厚度，增加2行。

❼ 计算领高2.5cm，8行的引返编织针法，30针分为8行（每2行往返一次共4次）编织，

$$30针÷4=\begin{cases}8针-2次\\7针-2次\end{cases}\rightarrow\begin{cases}2行平针\\2行-8针-2次\\2行-7针-1次\\（7针）\end{cases}$$

❽ 衣领和身片连接处增加4行，缝制窝边，进行连接。

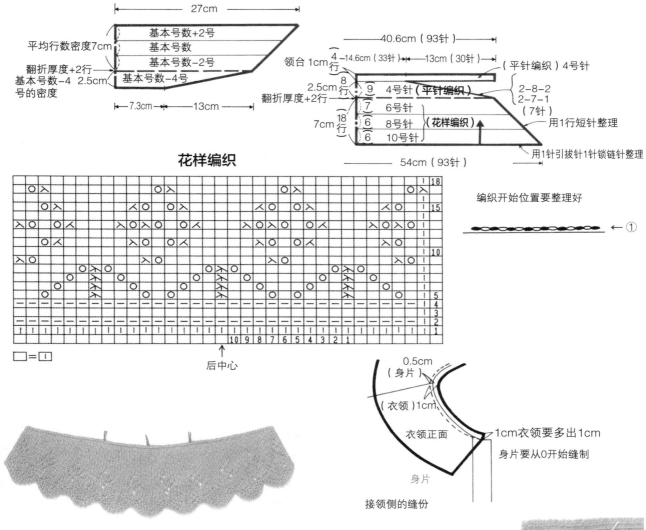

花样编织

□=□

后中心

编织开始位置要整理好

←①

密度调整的披肩领编织完成

编织方法和整理方法

　　衣领从外围向里编织时，披肩领花样的表现效果会更加好。

❶别线锁针起针，从外侧的起伏针开始编织。起针用10号针，顺次换用8号针、6号针。

❷领立采用每2行留针的引返编织。两侧留针，最后剩下中间的33针。

❸最后编织4行平针作为上领子的领台，伏针收针。

❹拆开起针锁针，注意披肩领的尺寸，钩针编织1针引拔针、1针锁针，同时在前领端编织1行短针整理。

❺将身片和衣领均正面向上重合，衣领在上，N.P.后面中心分别对齐后插入固定针。身片一侧的窝边前中心为0，身片是0.5cm，用分股线进行半回针缝制。

❻将领台倒向身片里侧，用分股线进行卷针缝合。

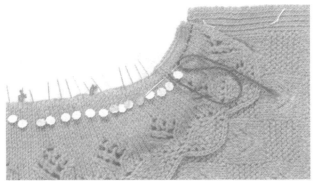

插入固定针后使用半回针缝制

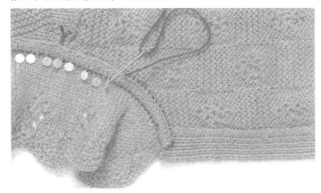

将领台倒向衣片里侧缝合

通过"分散增减比例一览表"确定密度调整的分量的方法

"分散增减比例一览表"的使用方法

这个表格是为了让大家可以更加容易地掌握密度调整和分散增减针法的计算方法而制成的。

只要知道最小尺寸和最大尺寸，参照表格，不用计算就可以确定密度需要调整的数量。

表格的参照方法

在第95页作品3中，将以高翻领为例详细讲述表格的参照方法。使用一览表的话，以最小尺寸21cm（接领侧尺寸）和最大尺寸26.5cm（外领围尺寸）为参考数据。

表格上栏——最小数字21cm ⎫ 2个数值的交叉点
表格右栏——最大数字26.5cm ⎭ 详见表的第7页

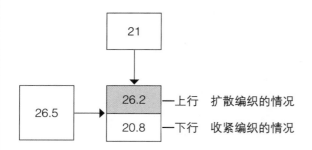

（日文版）

交叉点的数值分为2行，上行为扩散编织的情况，也就是以最小尺寸21cm为基准，扩散编织至26.5cm时采用的百分比。下行为收紧编织的情况，也就是以最大尺寸26.5cm为基准，收紧编织至21cm时采用的百分比。单位是%，因此上行读作26.2%，下行读作20.8%。

上下行使用哪一种都可以，不过通常会选用以最小尺寸为基准的计算比例，这样操作起来会比较容易。本章中1~7篇作品几乎都是采用以最小尺寸为基准的计算方法（即为使用表格的上行数值）。

另外以作品3为例，密度调整的数量为（5.5cm÷21cm）×100=26.1%，和表格中26.2%的数值稍有偏差。实际上最准确的数值应该是26.19%，表格中是将小数点后两位进行了四舍五入标记而已。

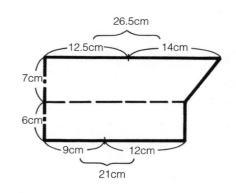

T恤领

和作品1同样是披肩领，但前领在中途即分开，是POLO衫常用的一种领形。

属于很休闲的款式，因此采用双面扭针的罗纹编织，通过调整密度，由内向外铺展开来。

材料与密度

极粗毛线（线40g，长78m）8号棒针（4.5mm）；花样编织为10cm24针26行；前襟扭针单罗纹编织为5号针，3cm为9针（+2针），10cm为27行；衣领双面扭针单罗纹编织为6号针（3.9mm），10cm为30针26行。

操作重点

1 衣领制图使用简易操作方法，直接画平面图。

2 注意衣领密度的计算方法。

3 以衣领和身片连接处的尺寸为基准，计算加针比例。

4 为修饰窝边，接领侧要编织领台。

制图

● 将补正原型S.P提高2cm画肩线，横开领2cm。后片中心线上提0.5cm画后领弧线。

● 前领中心线下降2cm画领围弧线，前襟宽3cm平均分配在中心线左右两侧。前襟高度到B线向下2.5cm的位置，标记上3个纽扣的位置。

● 1 ● 领宽和身片领围弧线尺寸相同，即（后领8.5cm+前领10.5cm+前襟宽/2即1.5cm）=20.5cm。领立2.5cm，领高7cm，以该尺寸画平面图，衣领向外侧扩出5cm。

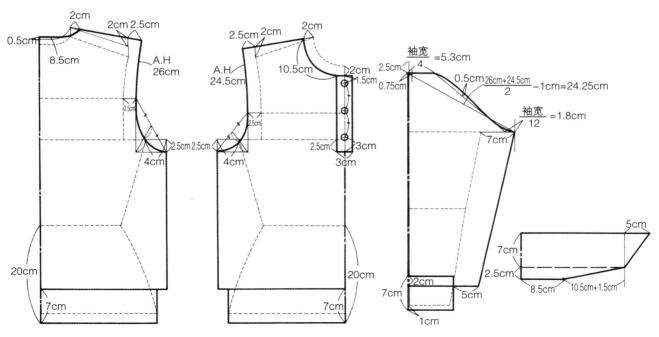

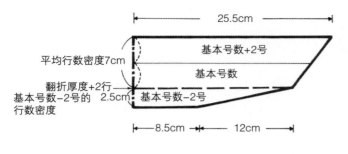

推算

● 衣领密度的计算方法

👆2　衣领两面均为扭针单罗纹编织，无法通过平针编织的密度进行换算，因此采取试编样品计算密度。双面扭针单罗纹编织比通常的罗纹编织针脚要密，因此选用比平针针号小2个号码的6号针进行编织。编织完毕后熨烫平整，让上针看起来是下针的一半大小，计算密度为6号针，10cm为30针26行。

● 衣领密度调整的推算 👆3

❶计算出衣领外围扩散5cm时，相对于基本尺寸（衣领连接尺寸）的百分比，即

8.5cm+10.5cm+1.5cm=20.5cm

（5cm÷20.5cm）×100=24.3%

❷计算出密度调整24.3%时，需要更换的针号。1个针号可以调整5.5%的密度，因此24.3%÷5.5%=4.4→4个针号。

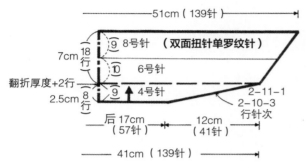

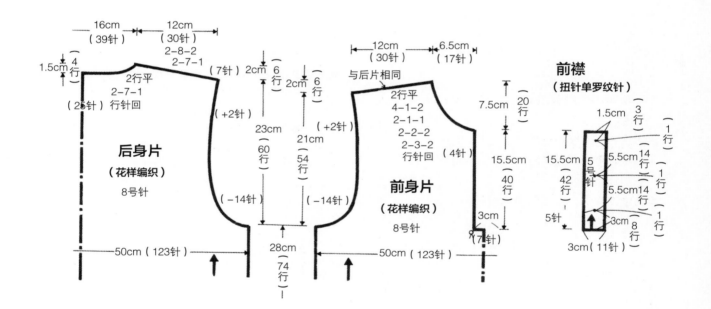

❸衣领的基本针号是6号，因此假设衣领连接处使用6号针→领围处就是10号针，假设披肩领围处使用6号针→衣领连接处就是2号针。这两种都不是非常理想的编织方案，理想的方法是将基本针号6号放在中间使用，衣领连接处小2个号码使用4号针，领围处大2个号码使用8号针。

❹计算衣领的针数。以衣领连接处为基准尺寸进行计算。4号针比基本号针6号针小2个号码，因此需要加针（5.5%×2）=11%，即

衣领整体——（3针×41cm）+11%=136.5→137针，两端各加1针，合计139针

后领——（3针×17cm）+11%=56.6→57针

前领——（139针-57针）÷2=41针

❺计算衣领的行数。领立2.5cm，同样比6号针小2个号码，因此密度行数增加11%，即（2.6行×2.5cm）+11%=7.2→8行

领长7cm用6号针和8号针编织，因此选取中间值7号针进行计算。7号针比基本针号6号大1个号码，因此减5.5%，即（2.6行×7cm）-5.5%=17.1行→18行，加上翻折部分的厚度，再加2行，合计20行。

❻领立8行引返编织的计算。每2行引返1次，8行÷2=4次，从平针起针到引返编织结束的计算如下，

41针÷4={ 11针-1次, 10针-3次 }→{ 2行-11针-1次, 2行-10针-3次 }

花样编织

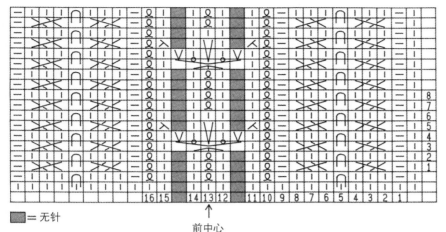

■ = 无针

前中心

双面扭针单罗纹针

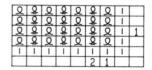

编织方法和最终整理

❶ 身片前襟处中间休7针，两侧用别线各起1针织出缝份。

❷ 前襟试编细长的样片计算密度。最上侧留1针做扣眼标记。

❸ 衣领使用手指挂线起针，编织双面扭针单罗纹针。针号依次增大，最后使用扭针、罗纹针法收针。

❹ 将身片和衣领正面向上对齐插入固定针。衣领缝份为0.5cm，身片依次开始缝制的窝边从0增至0.5cm，使用分股线进行半回针缝制。

❹4 ❺ 从衣领内侧在窝边上编织长针的底针，用熨斗烫平，保持衣领向身片一侧倾倒。

身片的前襟位置上使用别线起针

密度调整的衣领编织完成

从反面编织长针的底针，并倒向身片内侧

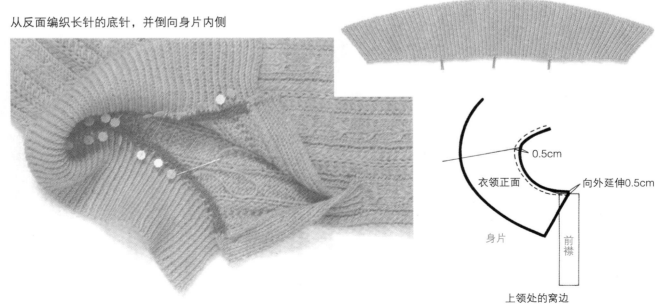

上领处的窝边

3

高翻领

沿颈部高高立起，然后翻折下来，围绕脖颈一圈的领形。
和前面的高翻领属于同一种领形，只是本篇是通过正确的衣领制图，推算调整密度来编织漂亮的高翻领。

材料与密度

极粗毛线（线40g，长78m）8号棒针（4.5mm），花样编
织A为17针5.5cm，B为4针1.75cm，C为8针3cm，A、B、
C均为10cm29行。衣领的花样编织用5号针（3.6mm），
10cm为28针，33行。

 操作重点

1 第78页的高翻领属于比较简单的操作方
  法，而本篇讲述的则从制图到推算等操作
  都是更加复杂的内容，请注意对比其中的
  差异。

2 使用密度调整进行编织时，将衣领绘制平
  面制图，进行推算。

3 高领在编织到中间位置时需要将正反面对
  换，以保证翻折后的花样也同样是正面。

制图

●将补正原型S.P提高1.5cm画肩线，横开领2.5cm，
  后片沿原型领窝画领围线。前领中心下降1cm画领围
  弧线。

●中心线和N.P都在领立直线上方6cm画翻折线。从翻
  折线到领围外侧7cm作为领宽，画领围外侧弧线（外
  围尺寸大约延长1cm）。

●1●2　分别测量衣领连接弧线和衣领外围弧线尺
  寸，画平面图，计算出衣领外围扩散部分的尺寸。
  （注）如果没有绘制衣领简易图纸，则扩散部分在
  此基础上增加4~5cm。

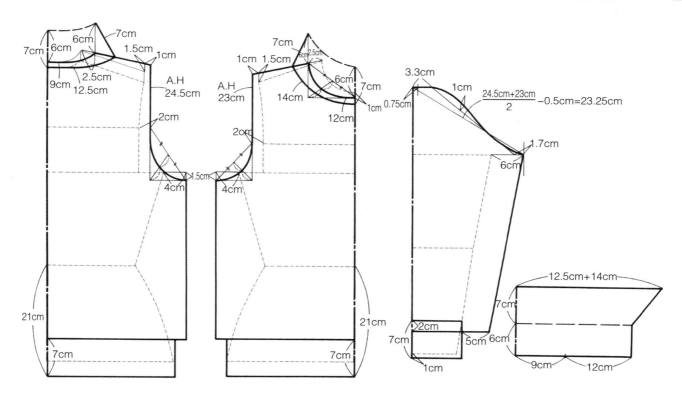

推算

●密度调整的推算

❶ 计算衣领连接部分和衣领外围的尺寸差，得出尺寸差相当于基准尺寸（接领侧）的百分之多少，即

衣领连接尺寸——9cm+12cm=21cm

衣领外围尺寸——12.5cm+14cm=26.5cm

26.5cm−21cm=5.5cm

（5.5cm÷21cm）×100=26.1%

❷ 计算密度调整26.1%的话，需要更换几次针号，1个针号的调整分量为5.5%，即26.1%÷5.5%=4.7→5个针号。

❸ 衣领连接部分使用基本针号（5号），那么最终外围编织需要使用10号针。但逐号变更比较困难，可以每次增加2个针号，即按照5号、7号、9号、10号的顺序使用。

❹ 计算衣领针数。衣领连接部分为5号针，基本密度也以5号针进行推算。

后领——2.8针×18cm=50.4→51针

前领——2.8针×24cm=67.2→69针（整体针数调整为4针的倍数）

❺ 计算衣领行数。领立6cm为5号针，所以可以计算出基本密度为33行。

3.3行×6cm=19.8→20行

外侧7cm用7号、9号、10号3种针号编织，因此需取平均针号9号进行计算。9号针比基本针5号大4个针号，因此需要减针（5.5%×4）=22%，即（3.3行×7cm）−22%=18行，再加上翻折部分的厚度2行，合计20行。

编织方法和整理方法

❶ 从身片的正面进行衣领处的挑针。参考图纸，平均分配行的挑针和针的挑针比例，并且要在针和行的边界处各多挑1针。使用5号针开始挑针，从第2行开始编织花样。

3 **❷** 在编织到领立2/3行数时将花样正反面对调，保证翻折部分的花样可以正面朝外。对调方法有很

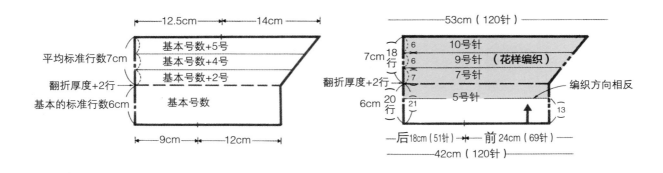

多，最简单的是将编织方向进行对调。具体说来就是将身片里外侧对调，朝相反的方向继续编织，花样不用改变。这样虽然对调部分会出现少许小空洞，但是可以非常简单地将花样正反面进行变换。

❸顺次改变针号大小，最后1行改单罗纹编织，以单罗纹收针。

花样编织

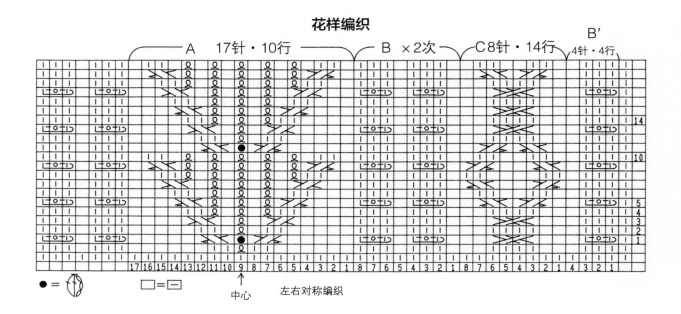

● = （符号） □ = （□-）

中心 左右对称编织

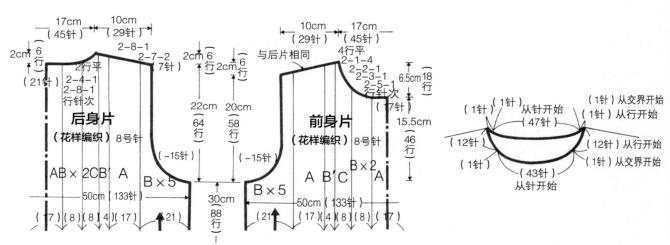

后身片（花样编织）8号针

前身片（花样编织）8号针

衣领的花样编织

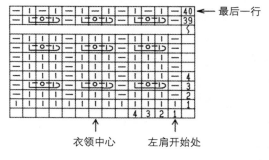

衣领中心 左肩开始处

领立的编织过程中调整正反面

4

卷翻领

卷翻领属于翻领的一种，不过稍微离开脖颈一些，是柔软地翻卷下来的一种领形。
和上篇作品相比较，更加柔和美观。编织花样和身片相同，通过调整密度进行操作。

 操作重点

1 将衣领制图进行平面展开，推算密度的调
　整方式。
2 身片和衣领编织相同花样时，编织衣领最显
　著的部分（外围花边）需要使用基本针号。
3 编织领立中间位置时进行正反对调，保证
　翻折部分的花样美观。

材料与密度

极粗毛线（线40g，长78m）8号针（4.5mm），花样编
织——10cm为22.5针，28行。

制图

●将补正原型的S.P提高1.5cm画肩线，横开领4cm，
　后领中心线下降0.5cm，前领下降2cm画领围弧线。
●领立4cm直接向上画翻折线，外侧领宽为5cm，平行
　翻折线画衣领外围弧线。

 ●测量衣领连接弧线和外领围弧线的尺寸，画平
　面图。
衣领连接尺寸——10.5cm+13.5cm=24cm
衣领外围尺寸——13cm+15.5cm=28.5cm

花样编织

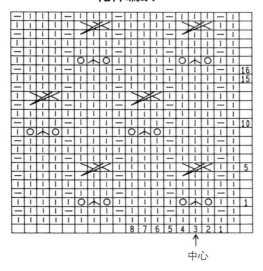

中心

衣领的花样编织

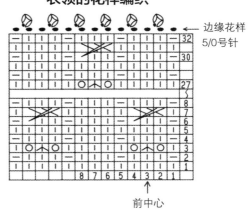

← 边缘花样
5/0号针

前中心

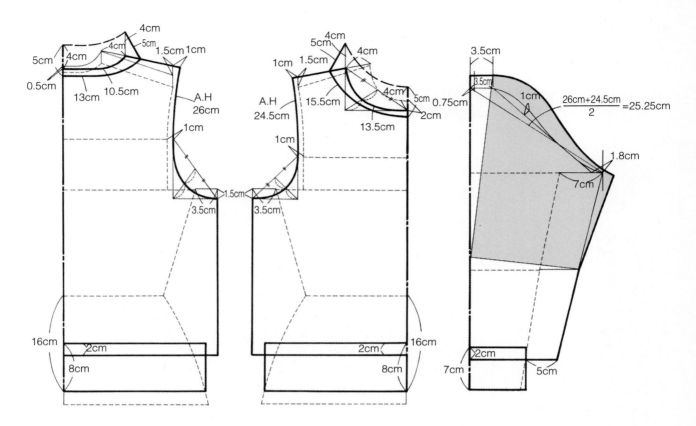

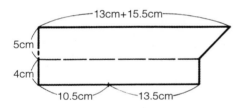

推算

●密度调整的推算

❶计算衣领连接部分和衣领外围的尺寸差，得出尺寸差相当于基准尺寸（衣领连接尺寸）的百分比，即

28.5cm−24cm=4.5cm

（4.5cm÷24cm）×100=18.75%

❷计算调整18.75%的密度需要更换的针号，1个针号的调整比例是5.5%，那么18.75%÷5.5%=3.4→3个针号

❸领外围是整个衣领最显著的部分。衣领最好可以和身片保持呼应吻合感，因此基本针号选为8号针。那么衣领连接处小3个号使用5号针，中间逐次使用6号和7号。

❹计算衣领的针数。从衣领连接处开始计算，比基本针号8号小3个号的话，针数要增加（5.5%×3）=16.5%

后领——（2.25针×21cm）+16.5%=55针

前领——（2.25针×27cm）+16.5%=70.7→73针

（整体针数要调整为8针的倍数）

❺计算衣领的行数。领立4cm为5号针，比8号针的密度要增加16.5%，即

（2.8行×4cm）+16.5%=13→14行

外侧领高5cm，使用6号、7号、8号针，以中间针号7号针为基准计算，比基本针号8号小1个号码，需要增加5.5%，即（2.8行×5cm）+5.5%=14.7→16行，再加上翻折厚度2行，合计18行。

编织方法和完成处理

❸从身片衣领弧线开始挑针缝合。领立编织到10行位置时将编织方向对调继续编织。折返线编织完毕后，顺次加大针号，编织翻领外围部分。最后使用钩针编织边缘花样，收针结束。

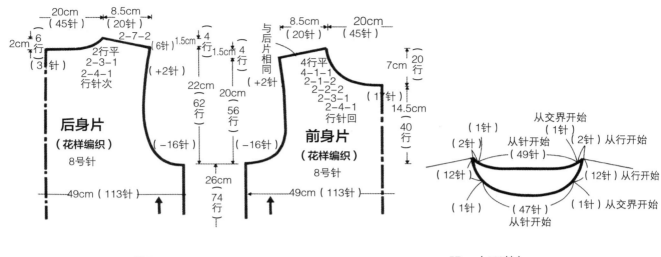

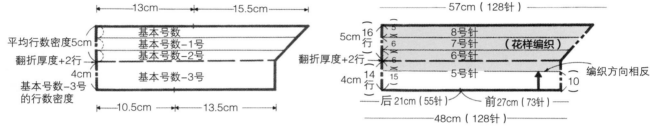

→ 上接59页作品2-A、2-B

罗纹针花样

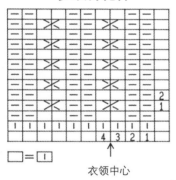

□ = □

衣领中心

测量试编的横宽形样片

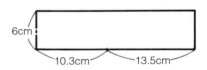

衣领 （罗纹针编织花样）

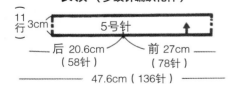

衣领 （罗纹针编织花样）

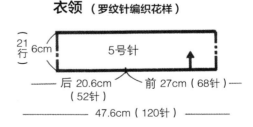

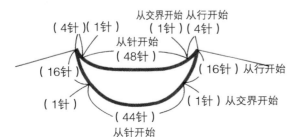

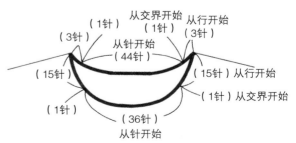

立领

围绕颈部直立的领形，统称为立领。由于衣领连接处和领围处尺寸相差很少，所以用密度调整的方法来编织是最适当的了。双层领的构造，穿着时不会走样，始终保持挺拔的领形。

材料与密度

极粗毛线（线40g，长78m）8号针（4.5mm）。花样编织A——22针为7.5cm，10cm为27行。花样编织B——10cm为23针，27行。平针编织——8号针（4.5mm），10cm为19针，27行。

 操作重点

1 衣领外围尺寸可以根据个人喜好，在中间N的基础上加上适当的松分。
2 双层领的构造，里侧编织稍加收紧，因此针号整体比外侧小1个针号。
3 正面加上窝边部分尺寸，里侧则相反将窝边部分收紧编织。
4 外侧为花样编织，里侧为平针编织，注意密度增减的具体位置和操作。

制图

● 将补正原型S.P提高1.5cm画肩线，横开领2cm，后片沿原型领画领围线，前片中心线下降1.5cm，画领围弧线。
● 计算身片领围弧线的尺寸，后片8.5cm，前片11.5cm。
● 领长和身片领围弧线尺寸相同，即（后面8.5cm+前面11.5cm+前襟宽/2为1.5cm）=21.5cm，领高4.5cm，领外侧尺寸为（中间N+松分）/2，暂定为（33cm+6cm）/2=19.5cm。

1 （注意）中间颈围是指从脖子根部向上3～4cm处一圈的尺寸，标准尺寸32～33cm，衣领松分一般会设定在4～6cm之间。

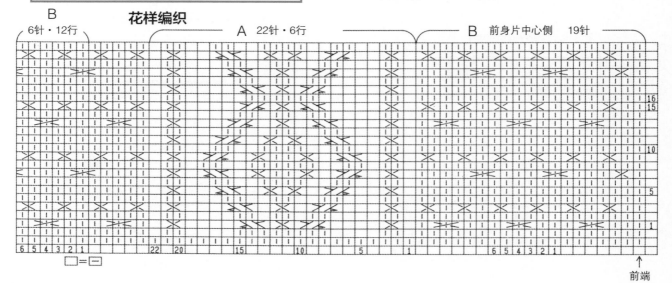

花样编织

B 6针·12行　　A 22针·6行　　B 前身片中心侧 19针

□=□

↑前端

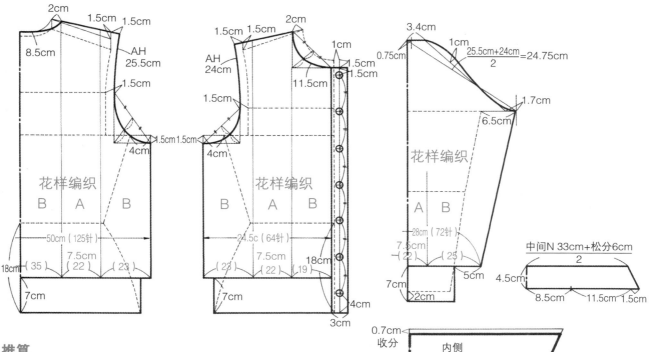

推算

●密度调整的推算

❶ 计算衣领内外侧的尺寸差，得出尺寸差相当于
基准尺寸（衣领连接尺寸）的百分比，即
21.5cm－19.5cm＝2cm
（2cm÷21.5cm）×100＝9.3%

❷ 计算调整9.3%的密度需要更换几个针
号，1个针号的调整密度在5.5%，那么
9.3%÷5.5%＝1.69→2个针号。

❸ 衣领密度和身片B相同，因此基本针号都是8号
针，那么衣领连接部分使用8号针的话，衣领
外围编织就是6号针，中间使用7号针。

❹ 衣领为双层领构造，里侧编织稍加收紧，因此
针号整体比外侧小1个针号。

❺ 计算衣领的针数。衣领连接部分为8号针，因
此按照8号针的基本密度进行计算即可。
后领——2.3针×17cm＝39→41针
前领——2.3针×13cm＝29.9→32针（针数为
6针的倍数＋右侧4针＋左侧5针＝整体
105针）

❻ 衣领里侧为平针编织。按照平针密度
（8号针19针）计算针数。1.9针×整体尺寸
43cm＝81.7→82针，再加上边缘2针，合计84
针。

❼ 计算衣领的行数。表面4.5cm依次使用8号、
7号、6号针，以中间针号7号进行计算，比
基本针号8号小1个号码，因此密度要增加
5.5%，即（2.7行×4.5cm）＋5.5%＝12.8→14
行，再加上翻折厚度2行，合计16行。

❽ 在衣领外侧加2行窝边，相反在里
侧收2行编织。从翻折线到里侧第3行改为平
针编织，减掉花样和平针的针数差。

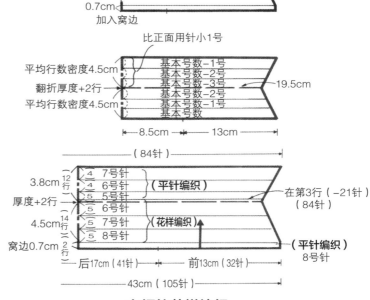

衣领的花样编织

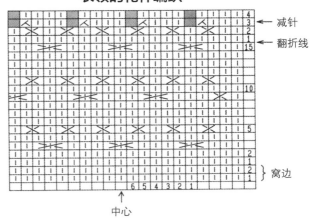

编织方法和完成处理

❶衣领编织以别线锁针起针（或者是
手指挂线起针法），窝边2行进行平
针编织。然后开始进行花样编织，
顺次减小针号编织15行。翻折线上2
行继续编织相同针数的花样。

❷从翻折线到里侧的第3行，平均减掉
和平针密度相差的21针，剩下的行
进行平针编织。最后伏针收针，两
侧挑针接合。

❸将身片和衣领表面对齐，插入固定
针。衣领的窝边在2行左右，身片为
0.5cm。但是缝制前襟时窝边为零，
用分股线进行半回针缝制。

❹用熨斗烫平窝边，再将里领斜针缝
在表领的窝边上。

密度调整的立领编织完成

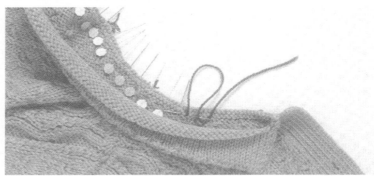

将身片与衣领的正面相对固定，用半回针缝合

将衣领里侧正面在反面缝合

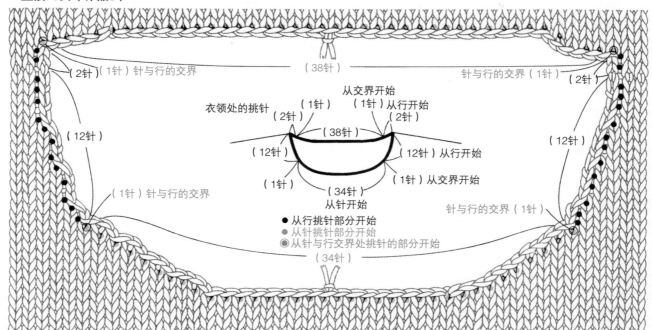

→ 上接79页（作品8）

（2针）（1针）针与行的交界 （38针） 针与行的交界（1针）（2针）

（12针） （12针）

衣领处的挑针 （1针） 从交界开始
（2针） （1针）从行开始
（2针）
（38针）
（12针） （12针）从行开始
（1针）从交界开始
（1针） （1针）从交界开始
（34针）
从针开始

● 从行挑针部分开始
● 从针挑针部分开始
◉ 从针与行交界处挑针的部分开始

（34针）

单层立领

和上一篇作品制图相同，区别在于衣领为单层，
领圈边缘用短针点缀，比双层的立领操作起来更加简单。

衣领密度——8号针　10cm为23针27行

操作重点

1 截取领围到边缘花样编织的部分，进行
密度调整的计算。

2 在衣领连接处，作为窝边再加2行编织。

推算

● 密度调整的推算

1 ❶衣领边缘的缘边部分为2行0.7cm，在领围和
前襟边缘截取0.7cm。

衣领连接部分——8.5cm+12.3cm=20.8cm

衣领外围部分——18.8cm

❷计算衣领内外侧尺寸差相当于基准尺寸（衣领连接
部分）的百分比。

20.8cm−18.8cm=2cm

（2cm÷20.8cm）×100=9.6%

调整9.6%的密度，需要更换9.6%÷5.5%=1.7→2个针
号

❸这样的话，操作方法和作品5完全相同，衣领连接处
使用基本针号8号针，衣领外围使用6号针。

❹计算衣领的针数。

后领——2.3针×17cm=39针→41针

前领——2.3针×12.3cm=28.2→29针

衣领全体=41针+（29针×2）=99针——6针的倍数+
右侧3针

❺计算衣领的行数。平均针号为7号针，因此比基本针
号的密度增加5.5%，即（2.7行×3.8cm）+5.5%=
10.8→12行

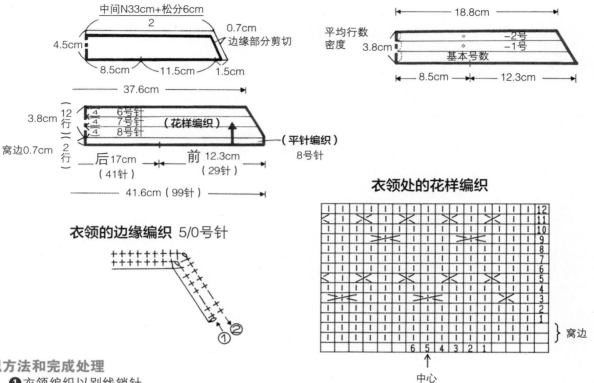

中间N33cm+松分6cm

2

0.7cm

4.5cm

边缘部分剪切

8.5cm 11.5cm 1.5cm

18.8cm

平均行数
密度

3.8cm

－2号
－1号
基本号数

8.5cm 12.3cm

37.6cm

3.8cm

（12行）

4 6号针
4 7号针
4 8号针

（花样编织）

（平针编织）

窝边0.7cm

（2行）

8号针

后17cm

（41针）

前12.3cm

（29针）

41.6cm（99针）

衣领的边缘编织 5/0号针

衣领处的花样编织

窝边

6 5 4 3 2 1

中心

编织方法和完成处理

2 ❶衣领编织以别线锁针
起针（或者是手指挂线起针
法），起针时多编2行作为
窝边。

❷开始编织花样，顺次使用8
号、7号、6号针，最后做伏
针收针。

❸领围边缘花样编织2行短
针，注意拐角处不要太圆
滑，一针放3针编织。

❹将身片和衣领表面进行里外
对齐，插入固定针。衣领
的窝边在2行左右，身片为
0.5cm。但是缝制前襟时窝
边为0，用分股线进行半回
针缝。

❺从反面将窝边分开，用熨斗
熨烫平整。

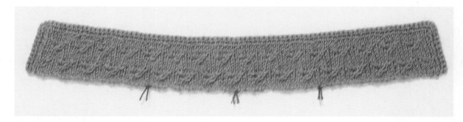

密度调整的衣领编织完毕

将窝边分开用熨斗烫平

青果领

前襟拉长，外形酷似青果，通称青果领。编织时注意领尖的圆弧形状，同时密度调整进行操作。本篇作品中前襟和衣领都是横向的双罗纹编织。

材料与密度

极粗毛线（线40g，长78m）8号针（4.5mm），花样编织——10cm为23针，32行，前襟和衣领为双罗纹编织——4号针（3.3mm），10cm为32针，32.5行。

 操作重点

1. 从前襟延续的衣领制图平面展开，计算密度的调整。
2. 领尖弧形为2行引返编织，属于比较显著的位置，因此边缘的针脚要特别注意。
3. 罗纹收针在前襟的内侧操作。将下摆的2针向里折返，由平针缝合转为罗纹收针。

制图

● 将补正原型的S.P提高1.5cm画肩线，横开领1cm，后领中心上提1cm画领围，领立3cm，后领领高7cm，画后片图。

● 前片移动中心线，开领1cm，领立3cm，领口止位下降14cm，连接领立画翻折线，一直延伸到前立外侧。将开领处和前襟内侧连接，画领围弧线，在肩部取7cm作为领高，画衣领外围弧线，最后画领尖弧线。

● 将翻折线复制到衣领图上，朝相反方向展开，将后领和前领肩线连接起来。

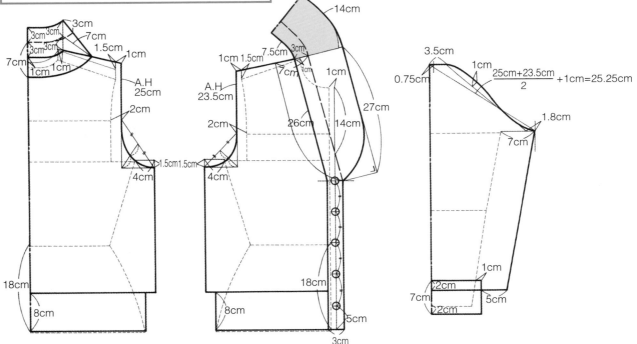

推算

●衣领的展开图

1 将连接前襟的衣领展开为直线形的平面图。在领立的延长线上绘制衣领连接部分尺寸（后领7.5cm+前领26cm），领围尺寸（14cm+27cm）以前立边

缘为基准，向中心线方向绘制，领尖弧线用复写纸转抄过来。

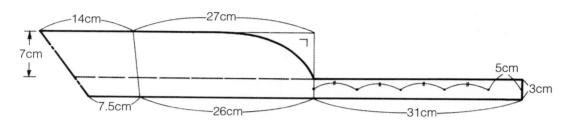

●密度调整的推算

❶计算衣领内外侧尺寸差，得出尺寸差相当于基准尺寸（衣领连接部分）的百分比。

衣领连接尺寸——后领7.5cm+前领26cm=33.5cm

衣领外围尺寸——后领14cm+前领27cm=41cm

41cm−33.5cm=7.5cm

（7.5cm÷33.5cm）×100=22.3%

❷计算密度调整22.3%需要更换几个针号，1个针号的调整分量为5.5%，22.3%÷5.5%=4.05→4个针号

❸罗纹编织的基本针号是4号针，前襟3cm和领立使用4号针开始编织，领围使用8号针，中间部分使用6号针。

❹计算前立和衣领的针数。以基本针号4号的密度进行推算。

前立——3.2针×31cm=99.2→100针（4针的倍数）

下摆向里翻折加2针，调整针数，保证和衣领的交界在表面收针。

后领——3.2针×15cm=48针

前领——3.2针×26cm=83.2→83针

衣领整体——48针+（83针×2）=214针（4针的倍数+2针）

❺计算前襟和衣领的行数。

前襟——3.25行×3cm=9.75→10行（以4号针密度为基准）。衣领编织使用6号针和8号针，因此平均针号为7号。以4号针密度为基准，因此需要减掉（5.5%×3）=16.5%，即（3.25行×7cm）−16.5%=18.9→20行，再加上翻折厚度2行，合计22行。

❻计算领尖弧度的针数。使用密度尺和密度本，计算每隔2行的弧度。

❼在上针处留出纽扣的位置。

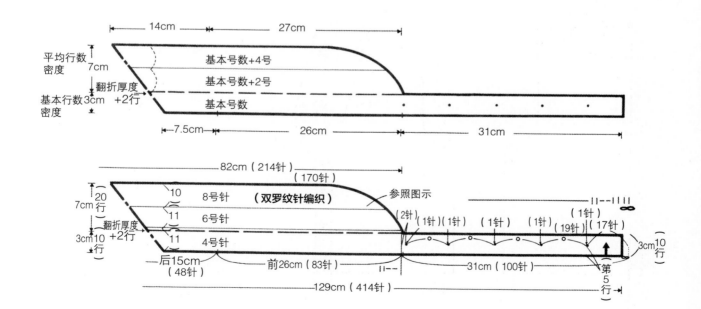

编织方法和最终完成

❶ 前襟和衣领使用4号针进行挑针。首先从别线锁针的里山上挑2针（针脚向里折返），然后开始挑针编织前襟和衣领。相反一侧的边缘也从别线锁针上挑2针。

❷ 从第2行开始进行双罗纹编织（下摆处连续4针下针），右前襟第5行留出纽扣位置。

❸ ❸前襟行数为10行，编织完第9行时，将毛线剪断（第10行留作衣领交界处消行编织使用）。然后重新从衣领边正面接线，继续编织。衣领采取引返编织，左右错开1行，在编织完毕一侧留针。交界处使用挂针和滑针，注意将滑针出现在衣领反面里侧（前襟外侧）。

衣领从第3行开始更换针号，继续编织到11行时再次更换针号。

（注）衣领最后的引返编织针数左右不同，主要目的是将引返编织行数错位，防止右侧出现平针编行。

❹ 衣领引返编织结束后，将毛线暂时剪断。为了方便剩余的前襟第10行和正面继续进行消行编织，在右端标记别线。前面的针号逐次更换编织。

❺ 从前襟的反面（也就是衣领的正面）开始进行罗纹收针。下摆的2针向手前翻折，进行平针缝合。后面的进行双罗纹收针，注意保持领尖的圆弧形状。

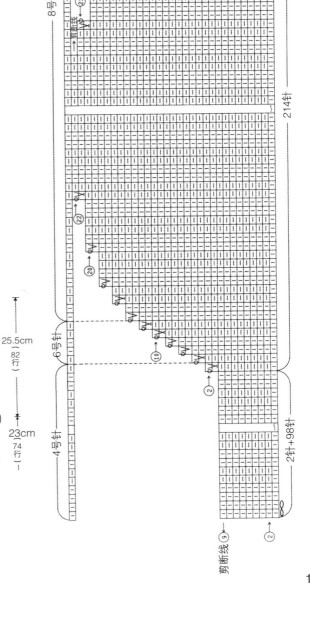

后身片
（花样编织）
8号针

前身片
（花样编织）
8号针

14cm（33针） 11.5cm（27针）
1.5cm（19针） 6行
2行平 2-3-1 2-4-1 行针次
2-6-2 2-5-2 5针） 2.5cm
22cm（70行）（-15针）
20cm（64行）（-15针）
2.5cm 8行 8行

11.5cm（27针） 6.5cm（16针）
6行平 6-1-1 4-1-1 6-1-1 行针次
与后片相同
25.5cm（82行）

50cm（117针）
26cm（84行）
24.5cm（58针）
23cm（74行）（1针）

前襟和衣领的挑针

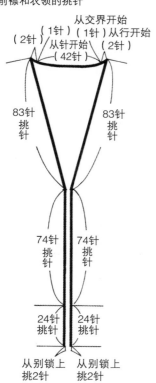

从交界开始
（2针）（1针）（1针）从行开始
从针开始（2针）
（42针）

83针
挑针

83针
挑针

74针
挑针

74针
挑针

24针
挑针

24针
挑针

从别锁上
挑2针

从别锁上
挑2针

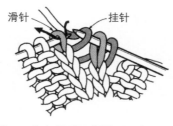

衣摆处的翻折要从别线锁针上挑2针

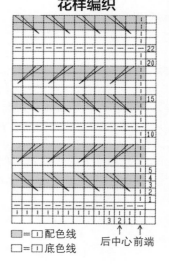

22
20
15
10
5
4
3
2
1

3 2 1
后中心 前端

□=□ 配色线
□=□ 底色线

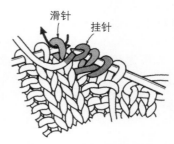

滑针   挂针

滑针   挂针

左侧——在衣领反面留针下一行
的滑针从外侧拉线

右侧——在衣领正面留针下一
行的滑针从内侧拉线

前襟处的双罗纹收针（下前侧）

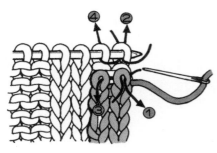

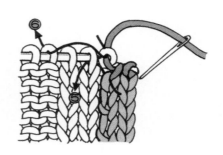

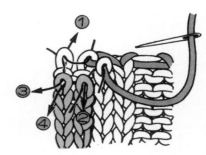

①将最边上的2针向里折，按照❶❷❸❹的顺序走针，进行平针缝合。

②平针缝合使用双罗纹收针，❺是从针目正面走针的路线，❻是从针目背面走针的路线。

③左边也同样将最边上的2针向里折，按照❶❷❸❹的顺序走针，进行平针缝合。

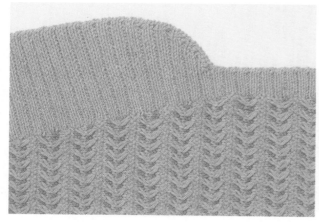

领尖弧线的内侧

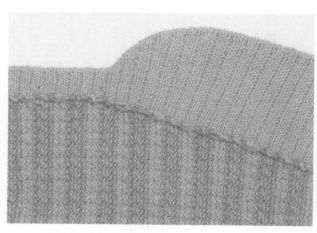

领尖弧线　完成时正面的样子

肩翼领

由于领形像鸟的翅膀一样展开，所以这类领形称作肩翼领。衣领比较有华贵感，使用密度调整进行编织，领围边缘用钩针进行修饰编织。

材料与密度

极粗毛线（线40g，长78m），8号针；花样编织——10cm为22针34.5行；边缘的短针——5/0号钩针，10cm为18针，4行为1.5cm，2行为1cm。

操作重点

1 将衣领的制图展开为平面图，以衣领外围为基准尺寸。

2 前襟上部的衣领连接线如图所示编织成三角形。

3 衣领没有窝边，最后编织长针的领台固定。

制图

● 将补正原型S.P提高1.5cm画肩线，横开领1cm。后领中心线提高1cm画领围弧线，领立2.5cm，领高7cm，画后领。

● 前片移动中心线，前襟扩宽1.5cm，领口向下开至

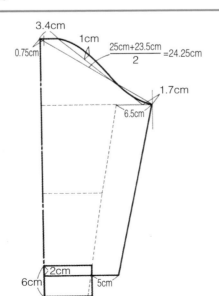

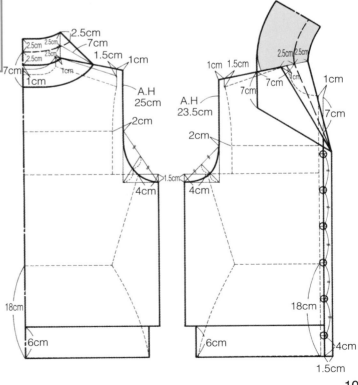

7cm处，连接领立画翻折线。在肩部取领高7cm，画外领围。从翻折线开始领腰延长2.5cm，领肩线与后领相接。

推算
●衣领的展开图

1 将衣领制图复制下来，后中心线垂直粘贴上去。测量衣领外围尺寸，以相同尺寸进行水平标记。后领连接尺寸也进行水平标记，朝着与前领尖相同尺寸的垂直辅助线标注前领连接尺寸。去掉衣领外围和前领缘边1cm后，分别测量各部位尺寸。

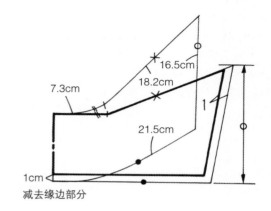

减去缘边部分

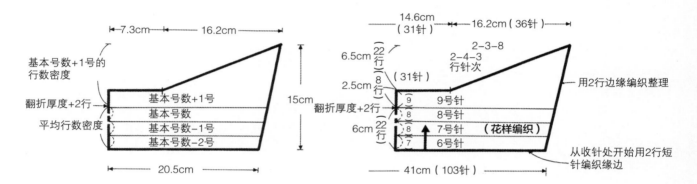

●密度调整的推算

❶计算衣领外围和连接部分的尺寸差，得出相当于基准尺寸（外围尺寸）的百分比。
衣领外围尺寸——20.5cm
衣领连接部分——7.3cm+16.2cm=23.5cm
23.5cm−20.5cm=3cm
（3cm÷20.5cm）×100=14.6%

❷计算调整14.6%密度需要更换几个针号，1个针号的调整量为5.5%，14.6%÷5.5%=2.6→3个针号。

❸假设衣领外围处使用8号针→衣领连接处就是11号针
假设衣领连接处使用8号针→衣领外围处就是5号针
这两种都不是非常理想的编织方案，正确的方法是将基本针号8号放在中间使用，如图所示从衣领外围顺次增加为6号、7号、8号、9号。

❹计算衣领的针数。以衣领外围为基准进行计算，6号针比基准针号8号针小2个号码，因此需要增加（5.5%×2）=11%密度的行数，即
（2.2针×41）+11%=100→103针（奇数针+2针）

❺确定衣领连接部分的N.P位置（后领窝针数）。衣领连接部分使用9号针，比基准针号8号针大1个号码，

所以要减掉 1个针号5.5%的针数，用别线做标记。
（2.2针×14.6cm）−5.5%=30.3→31针（奇数针）

❻计算衣领的行数。领宽6cm顺次使用6号、7号、8号针，要以平均针号7号进行计算。比基准针号8号小1个号码，因此要增加5.5%的行数，即
（3.45行×6cm）+5.5%=21.8→22行
领立2.5cm使用9号针，比基准针号8号大1个号码，因此要减掉5.5%的行数，即
（3.45行×2.5cm）−5.5%=8.1→8行
再加上翻折部分的厚度，额外再加2行。
前领的往复编织也使用9号，因此按照同样方法计算，
（3.45行×6.5cm）−5.5%=21.1→22行
另引返编织的计算是以2行为单位，因此按照（22行÷2=11次）36针÷11来计算。

编织方法和完成处理

🧶2 ❶身片前襟使用短针编织的边缘。从身片处均匀进行挑针，衣领连接位置的上部进行减针，编织出斜线。前襟上部在第1行留出扣眼的位置。

❷衣领用别锁起针，从外围开始向里编织。针号从6号开始依次增加。编织到衣领连接处时，将剩余部分进行引返编织，最后进行收针。

❸编织衣领的边缘花样，注意边缘挑针时分配均匀，

领尖保持尖角形状，不要变圆。

❹将身片和衣领正面向上对齐，插入固定针。衣领和身片的窝边均为0.5cm，但是缝制前襟时最初没有窝边，用分股线进行半回针缝制。

🧶3 ❺调换正反面将里面翻出来，在衣领窝边处编织长针的领台。除了前襟部分，其余都从反面编织。最后用熨斗轻烫平整，保持衣领倒向身片一侧。

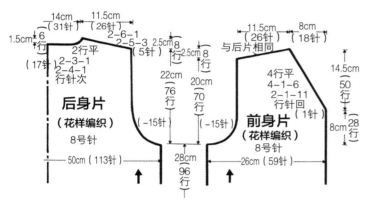

花样编织

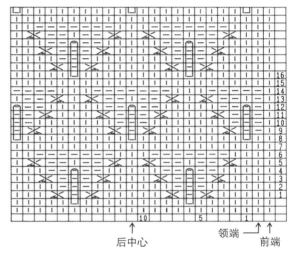

后中心　　　领端　前端

前襟（短针） 5/0号针

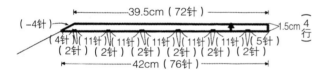

衣领的边缘编织 5/0号针

前襟（短针）5/0号针

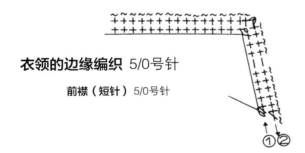

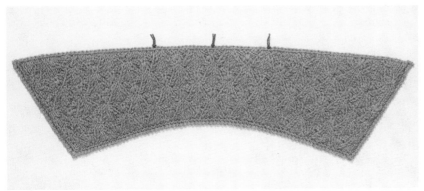

密度调整的肩翼领编织完成

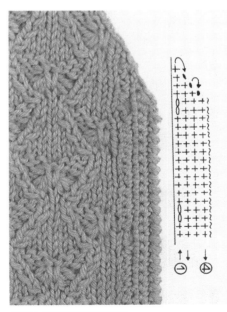

前襟上部沿领窝编织斜线

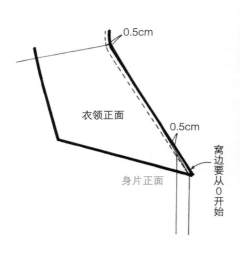

0.5cm

衣领正面

0.5cm

身片正面

窝边要从0开始

在衣领的窝边上编织长针的领台

→ 上接62页（作品3）

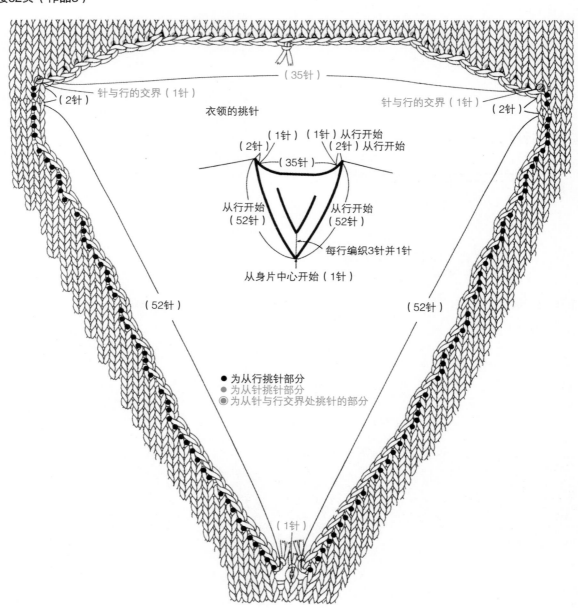

（35针）

（2针） 针与行的交界（1针） 针与行的交界（1针） （2针）

衣领的挑针

（2针）（1针）（1针）从行开始
（2针）从行开始

（35针）

从行开始 从行开始
（52针） （52针）

每行编织3针并1针

从身片中心开始（1针）

（52针） （52针）

● 为从行挑针部分
● 为从针挑针部分
◎ 为从针与行交界处挑针的部分

（1针）

4

分散加减针

分散加减针是通过改变花样本身大小来改变织片尺寸的方法。根据花样的形状和种类，调整可以进行分散的针数和行数，因此首先要了解分散调整的频率，以此做出推算，然后才可以进行操作。

保持花样的形状不变，按照一定的频率将花样分散开来的技巧以及如何嵌入编织物的整体布局中，可以说是编织衣物特有的乐趣所在。

分散加减针的含义

所谓分散加减针是指针号不变,通过改变花样的大小来调整尺寸的方法。按照一定的比例调整花样的大小,并且保证花样的整体形状不被破坏,可以说是编织衣物技巧中较高难度的操作了,同时也是学习编织的学员们都渴望熟练掌握的技巧。

仔细说来,关于调整花样大小有以下3种操作方法。

改变花样大小的方法

A型——调整花样间隔距离法

是最基本也是最简单的操作方法。一般用于花样纵向间隔清晰的纵向花样编织物。花样编织部分从始至终没有任何变化,间隔的下针或者上针以1针为单位进行加减针操作。可以根据编织的需要随意加减针,但是注意间隔不要过大,否则花样整体会有被拉长的感觉。这种操作方法一般适用于轮廓鲜明的作品。

B型——调整花样本身尺寸法

是通过改变花样本身的针数进行调整的操作方法。通常花样都是左右对称编织,因此一次最少可以进行2针的加减针。操作重点是避免花样过大或者过小,并且不要偏离最初的形状。另外,同一件编织物上最小花样和最大花样相差过大的话也不能算是完美的作品。能够准确把握调整的比例就可以编织出漂亮的作品。

关于调整花样针数有以下3种方法:

❶2针2行进行调整(常用于2行花样,上下不对称的样式)

❷2针4行进行调整(常用于菱形花样)

❸2针1行进行调整(常用于单行花样)

C型——同时调整花样和间距尺寸法

是A和B的混合使用方法。也就是说花样按照上述①②③的方法进行调整的同时,花样间隔的上针或者下针也进行加减操作。这种情况通常是由于花样自身的分散针数不足,通过调整间隔针数进行补充,这样就可以编织出非常漂亮的作品。

A型花样调整举例

两种花样均为纵向花纹,花样以上针作为间隔。每个花样中有2处上针,因此将加针均匀分配在这两个地方进行操作,注意加针位置错开,不要重叠。

左边样片花样的上针只有1针,因此无法再进行减针操作了。每个花样的最少针数是12针。右边样片可以将间距的上针定为1针,每个花样8针进行编织。最终花样较大的情况下,建议从小于基本花样的针数开始编织,避免最后针数过多也是非常重要的。

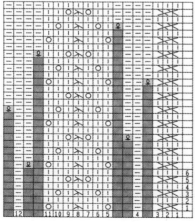

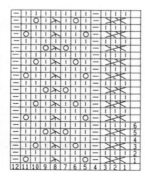

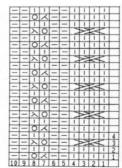

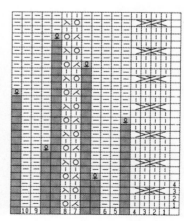

B型花样调整举例

B-❶　2针、2行进行调整

　　由于是左右对称的花样，因此加针数最少是2针。每个花样增加2针的话，每个花样的行数也相应增加2行。

　　加针的位置原则上是在每个花样的最后1行（通常在反面编织行），距离花样中心位置左右对称离开3～5针的地方。这个位置正好可以错开花样交错编织的位置，进行扭加针操作。

　　此种类型的加减针仅限于调整花样本身，不改变花样间隔中的上针或者下针。

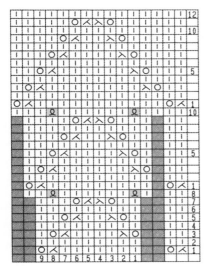

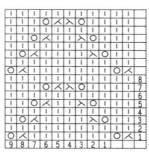

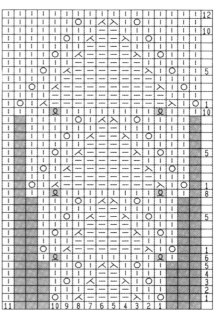

B-❷　2针、4行进行调整

　　由于花样左右对称，因此和B-❶同样可以1次增加2针，不过每个花样的行数增加为4行。这种类型的代表作品是菱形花纹，针数增加2针的话，行数需要增加2倍，因此不太适合宽度方向加针较多的作品。此种类型的加减针对于花样间隔中的上针也不做任何调整。

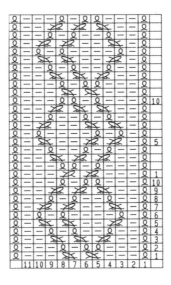

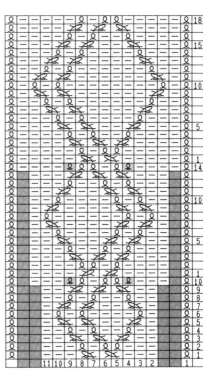

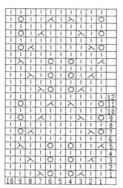

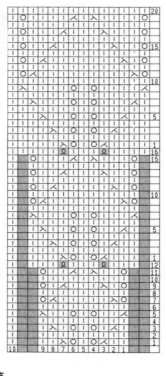

B-❷　2针、4行调整的活用篇

　　也可用于交互组合的花样调整。每个花样与相邻花样错开一半的行数。虽然分散的频率是2针4行，但是如果1个花样的针数是9针的话，分散比例为9针12行，11针16行，13针20行（如图A）。如果是18针的话，分散比例为18针12行，20针16行，22针20行（如图B），可以有两种分散方法。A和B的加针数不同，因此在行数一定的前提下，注意选择最适合自己作品的方法。

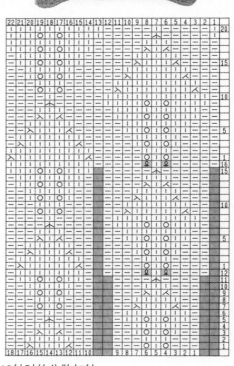

B　1个花样为18针时的分散加针

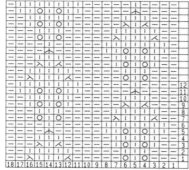

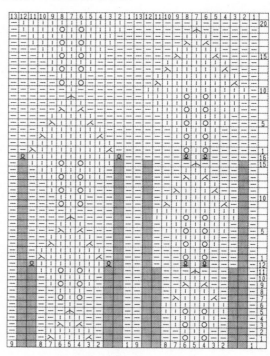

A　1个花样为9针时的分散加针

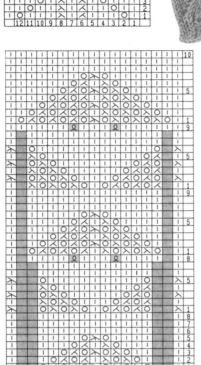

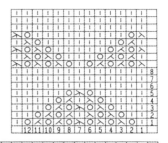

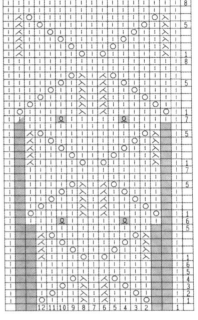

B-❸ 2针、1行进行调整

用于单行花样的作品。由于是左右对称的花样，因此虽然1次增加2针，行数只增加1行，即花样为2针1行。这种类型的花样和B-❷正相反，宽度方向的针数容易伸展，因此加针较多的话，花样容易走形，注意把握。

C型花样调整举例

花样自身进行加针操作，同时花样间隔的上针也进行加针操作的方法。花样自身的加针为左边2针2行，右边2针4行。花样自身加针不足时，通过增加花样间隔的针数进行补充。因此这种方法既可以保证花样调整不超出限度，又可以使加针数达到理想的数值。

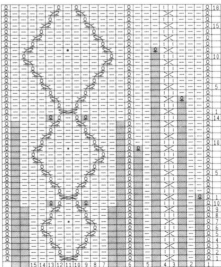

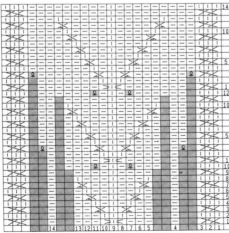

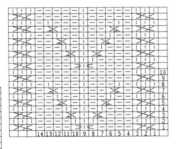

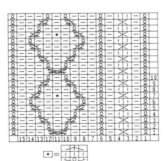

钩针的分散加减针

钩针编织（长针、细针、锁针等）由于其形状和大小各不相同，因此很难确定以针数为单位的加减针数，也没有增加2针尺寸增加多少密度的具体数据。另外花样符号增加的话，所有数据就得重新计算，操作难度太大，因此单独编写了一目了然的钩针花样顺次增大操作内容之"一目了然分散加减针"的表格，可以按照花样符号迅速推算加减针数。

分散加减针表格的参照方法

在分散加减针的表格中，按照花样由小到大的顺序分别标有花样符号，在符号的位置标有增加分量的百分比（增加比例）。最大增加分量为原来尺寸（基本花样）的100%，即原来花样的2倍大小。

书中表格描绘的是在编织过程中加针的状态，相反如果要将花样从大到小减针编织的话，就参考表格左侧从上到下的减针比例数值，确定相应的减针位置。

另外，加针比例和减针比例一般是通过计算得出数值的，但如果参考"分散加减针比例对照表"的话，可以直接得出数字，则无须进行计算，非常方便。

关于分散加减针比例对照表的使用方法已经在第90页的密度调整中进行了说明，分散加减针比例的对照方法和密度调整完全一样，参照前述说明使用就可以了。

如果使用上述对照表的话，钩针的分散加减针就更加容易操作了。

钩针编织专用分散加减针的花样表格

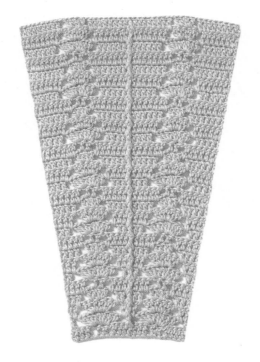

花样变化一目了然的对照表格
右侧数字——加针比例（尺寸从小到大调整）
左侧数字——减针比例（尺寸从大到小调整）

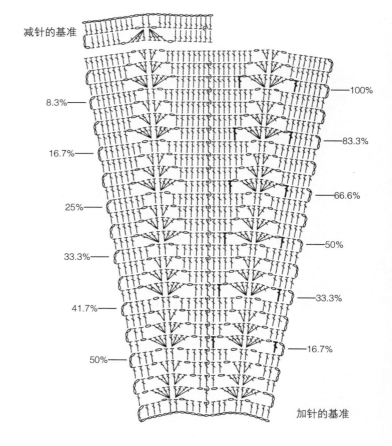

减针的基准

8.3%

16.7%

25%

33.3%

41.7%

50%

100%

83.3%

66.6%

50%

33.3%

16.7%

加针的基准

阿富汗针的分散加减针

阿富汗针的花样一般是小花纹的打底图案，因此很少会用到需要鲜明突出轮廓的分散加减针操作。经常会用到的是A型，纵向调整对上针进行加减针。

和棒针的不同之处在于阿富汗针往返一次构成1行，调整花样自身的针数时，也采取通常花样的2针1行调整方法。

另外菱形花样，一般采取2针2行的调整比例。

加针的位置不同于棒针，必须严守规则在第一块花样的最后一行进行调整，只要保证花样形状完整，在向前编织的行上加针即可。

不同花样的分散加减操作

配色花样或者加入镂空花样时，在前面1行加针即可。

另外A型的样片中，1个花样的针数较少，可以把2个花样作为1个单位，变换加针的位置进行操作。

A型——调整花样间隔距离法

B型——调整花样尺寸法
（2针1行调整）

B型——调整花样尺寸法
（2针2行调整）

□ =底色线　□ =a色

披肩领

从衣领连接处向外扩散出去的圆领，使用调整花样大小的分散方法，
编织出披肩领的华丽衣感。衣领分散采用一部分身片的花样。

材料与密度

身片为极粗毛线（线40g，长78m）8号针（4.5mm）。花
样A——12针为6cm，花样B——6针为2.5cm，花样C——
9针为4cm，A、B、C均为10cm26行。衣领为中粗的夏服
毛线（线长40g-86m）6号针（3.9mm）。花样——1个花
样14针为7cm（10cm为20针），10cm为21.5行。

操作重点

1 使用分散加减法进行推算时，要将衣领
  制图展开为平面图。后领的领立在S.P处
  进行调整使弧线自然过渡。
2 从衣领外围开始编织的话，扇形花样更加
  完整漂亮。因此将外围尺寸定为基准尺
  寸，算出分散加减针比例后，进行花样缩
  小编织。
3 注意收针和边缘花样的编织，保持衣领
  外围的平整。

制图

●将补正原型S.P提高1.5cm画肩线，横开领1.5cm。
  后领中心提高1cm，画后领围弧线。
●前片移动中心线，前领中心下降5cm画前领围弧线。
●衣领领立2.5cm，领高7cm。前片从移动的中心线开
  始画开领线6.5cm，取前领高7cm画衣领外围弧线。
●为了保证前领弧线和衣领连接部分尺寸相同，延长不
  足部分，画衣领肩线，将前后领进行连接。

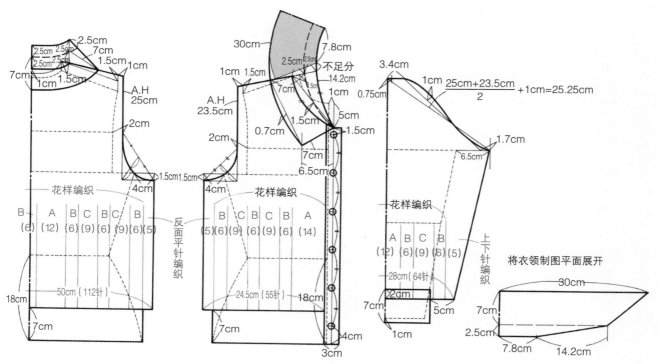

将衣领制图平面展开

花样编织

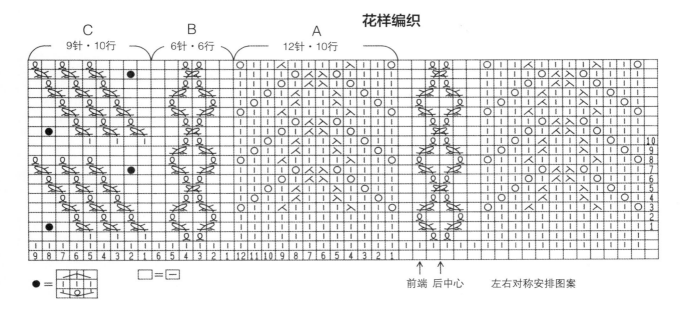

● = │││
□ = ─

前端 后中心　　左右对称安排图案

推算

●衣领的展开图

👆1 测量衣领连接部分和外围部分尺寸，将衣领外围部分水平展开，画平面图。领立2.5cm向前N.P开领止位自然消掉。领尖的扩散分量分散到整个衣领中。

●分散加减针的推算　👆2

❶计算衣领连接部分和外围的尺寸差。

衣领连接部分——后面7.8cm+前面14.2cm=22cm

衣领外围尺寸——前后合计30cm

30cm－22cm=8cm

❷从衣领外围开始编织，因此以外围尺寸为计算基

准。计算尺寸差8cm相当于基准尺寸的百分比。

（8cm÷30cm）×100=26.6%（减针比例）。

❸衣领外围1个花样为14针，如果减掉26.6%的话，计算每个花样需要减掉的针数，即14针－26.6%=10.2→10针，那么衣领连接部分的花样为每个10针。

❹计算衣领针数。1个花样14针为7cm，60cm÷7cm=8.57→9个花样

衣领外围部分——（14针×9个花样）+端头2针=128针

衣领连接部分——（10针×9个花样）+端头2针=92针

❺计算衣领高度。

领高——2.15行×7cm=15行

领立——2.15行×2.5cm=5.3→5行

再加上翻折部分厚度2行，衣领连接部分窝边与领台的部分为4行。

❻进行花样分散。

由于是每行编织花样，因为分散的比例为2针1行。第1次为14针6行，第2次为12针5行，第3次为10针4行，正好织完领宽全部15行。领立的部分保持10针的花样，往返编织2次。

❼计算领立的引返编织针法。以2行为单位的计算方式。

2行平针

30针÷（6行÷2）=10针－3回→2行－10针－2回

（10针）

衣领的边缘编织 4/0号针

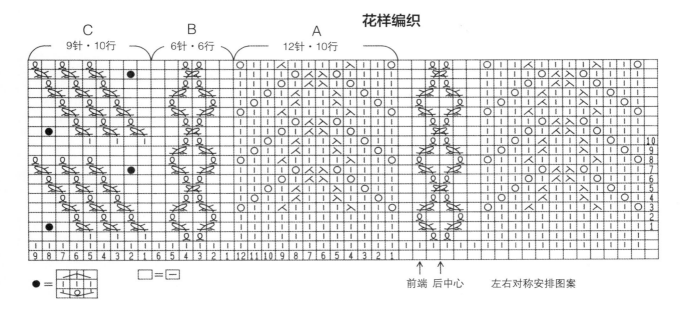 ←①

编织方法和最终完成

✋3 ❶领围要编织扇形花边，因此端头的起针要注意留出余量。一般使用比正常规格粗2个号的钩针进行别线起针。

❷窝边和缝合部分使用平针编织4行，最后收针注意松缓一些（保证领片翻向身片一侧时有伸展感）。特别是使用夏季纱线时，毛线伸缩性差，收针时一定要留意。

❸在领围边缘使用钩针进行边缘编织。将最初的别线拆开，采用引拔收针后，编织狗牙针。注意保持原来的扇形样，仔细编入装饰小点。

❹将身片和衣领正面向上重合，衣领在上，采用半回针进行缝合。缝合完毕后向身片一侧翻折衣领（衣领缝合技巧请参考第89页）。

分散减针的衣领编织完成

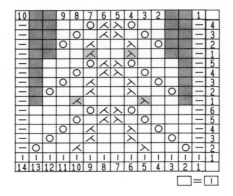

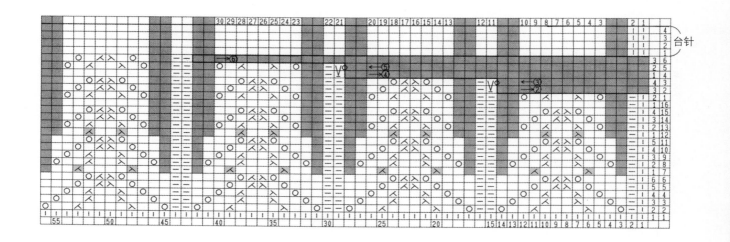

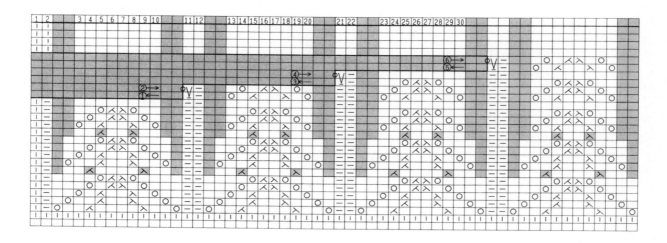

棒针分散编织的披肩领

斜镂空的漂亮衣领。3针并1针纵列的花样从编织开始形成扇形，
这样最适合衣领等的领围样式。制图尺寸和作品1相同。

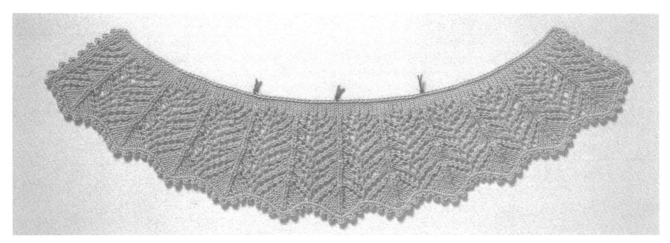

材料与密度

混合型夏季纱线（线40g，长109m）。衣领编织花样——
4号针，1个花样14针为5.5cm，10cm为34行。

推算

●分散加减针的推算

1 ❶衣领外围和连接部分相差8cm，相当于外围尺
寸30cm的26.6%（参考作品1内容）。衣领外围1个
花样为14针，计算减掉26.6%相对应的针数。

14针−26.6%=10.2→10针

即衣领连接部分1个花样为10针。

❷计算衣领针数。

60cm÷1个花样5.5cm=10.9→11个花样
（11个花样×14针）+5针=159针

为了保持左右对称加1针，端头各加2针。领高为3.4
行×7cm=24行。

❸进行花样分散。本篇花样为2针2行调整，因此开始
部分为14针10行，第2次为12针8行，第3次为10针6
行，行数合计为24行。

领立部分的8行按照第3次的花样进行编织。

最后编织4行为窝边和缝份。

❹领立的引返编织按照37针÷4次进行计算。

编织方法和最终完成

❶别线起针开始编织。花样为扇形图案，注意起针整
齐，使用粗2个号左右的针编织锁针。

2 ❷织3针并1针时注意收紧，针脚不要发生松弛，
否则3针并1针纵列的形状就会扭曲。

编织完毕后，横向轻搓3针并1针纵列的两侧，使中
间的针脚排列整齐。

操作重点

1 为了让起针行形成漂亮的扇形花样，以
衣领外围为基准尺寸，计算分散加减针
数。

2 如果3针并1针纵列并排编织，针脚容易发
生弯曲。注意针脚不要过于松弛。将曲线
拉直，用熨斗烫平。

❸编织针脚整理好后熨烫平整。

❹在外围边缘编织狗牙针。

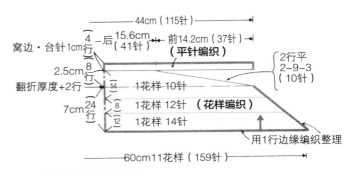

衣领的边缘编织

3/0号针

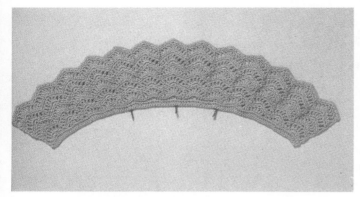

钩针分散编织的披肩领①

从"一目了然分散加减针"的花样编织表格中选择花样，进行披肩领编织。将山形花样用于衣领外围，效果非常漂亮。

材料与密度

中粗型夏季纱线（线40g，长109m）。衣领花样——2/0号钩针，1个花样为横向3.4cm，纵向（3行）1.7cm。

推算

●分散加减针的推算

选取一目了然分散加减针 No.24"花苞"花样进行编织。用2/0号钩针，不进行任何加减针，试编花样编织表格中最小的花样（基准尺寸），以此来测算密度。

12 ❶计算衣领连接部分22cm和外围尺寸30cm的差值8cm相当于衣领连接尺寸的百分比，得出加针比例。

（8cm÷22cm）×100=36%——加针比例

3 ❷在花样编织表格右侧的加针比例中寻找36%，25%的下一个比例为50%，因此选取较为接近的25%，即分散加针比例为25%。36%–25%=11%，差值11%可以用密度进行补充。钩针1个针号的密度分量为5%，因此11%的话，需要将针号增加2个。

❸将以上的推算结果进行编图整理。领立部分用2/0号钩针编织基本花样，从翻折线到外侧编织25%的花样，针号顺次从3/0号钩针变更为4/0号钩针。

❹计算针数和行数。以衣领连接部分为基准针数。
后领——15.6cm÷3.4cm=4.5个花样
前领——14.2cm÷3.4cm=4.17→4.25（4$\frac{1}{4}$）花样
衣领整体为13个花样
衣领行数以2/0钩针的密度为计算基准
9.5cm÷1.7cm=5.5→5个花样和2行
针号增加2个加粗的部分正好和翻折厚度的针数相抵消。

❺领立2.5cm，将5行的引返编织分配在花样编织表格中。

操作重点

1 钩针的花样分散，最简单的方法是从最小的花样开始编织，逐渐扩散出去（因为可以参照《一目了然分散加减针》的表格）。因此本篇作品也是以衣领连接部分为基准尺寸，按照加针比例，逐渐向外扩展编织。

2 即使是相同尺寸的衣领，由于基准尺寸不同，加针和减针的比例也是完全不同的。

3 按照制图算出的加针比例，如果无法在花样编织表格上找到吻合的数值，差值部分通过密度进行调整。

4 领围是山形花样，编织到衣领连接部分的时候，注意调整引返针脚，保证连成直线，做好收针标记。

编织方法和完成处理

4 ❶起针行呈山形。和底边使用同样针号编织锁针的话，稍微有点松垮感觉。但是前领已经排出直线形状，这一部分和底边使用同样针号也是没有问题的。这样的结果是起针锁针前领42针用2/0号钩针编织，后领37针改用5/0号钩针进行编织。

❷衣领连接部分不包括窝边和领台，因此衣领编织完毕后，在连接处编织1行长针，将衣领和长针编织的领台进行缝合。注意保持长针领台倒向身片一侧。

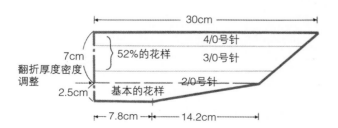

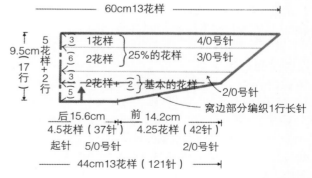

→ 接131页

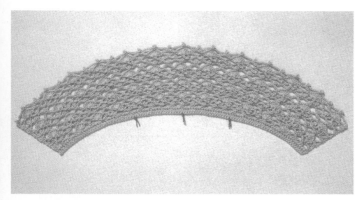

钩针分散编织的
披肩领②

网状基础编织的简易披肩领。网格的锁针顺次增加的分散加针编织，因此还是以衣领连接部分为基准尺寸进行推算比较好。

操作重点

1 网格的锁针数量顺次进行增加。衣领连接部分和外围部分的密度不同，因此尽量不要使用过细的毛线。

2 花样编织时如果使用编织表格，以衣领连接部分为基准尺寸可以直接算出加针比例。

材料与密度

中粗型夏季纱线（线40g，长109m）。衣领花样——3/0号钩针，10cm为6山，16行。

推算

●分散加减针的推算

使用一目了然分散加减针No.18"羽毛"花样。如果要进行密度计算的样片试编，可以使用编织表格中最小的花样。

❷ ❶将衣领连接部分22cm作为基准尺寸。加针比例和1-B作品相同为36%，因此在花样表格的右侧，加针比例中寻找接近36%的数值，为33.3%。

❷36%和33.3%的差值为2.7%，小于密度调整的1个针号，因此直接忽略不计。

❸计算针数和行数。

后领——0.6山×15.6cm=9.3→9山
前领——0.6山×14.2cm=8.5山
衣领整体为9山+（8.5山X2）=26山
衣领行数——1.6行×9.5cm=15.2→17行
因为在衣领外围的最后1行要编入狗牙针，因此增加为17行。

❹将领高17行分3个层次，编织基本花样，16.7%的花样，33.3%的花样，标记各自行数。

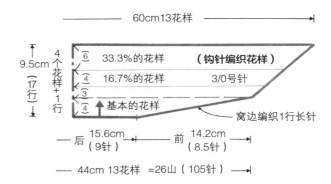

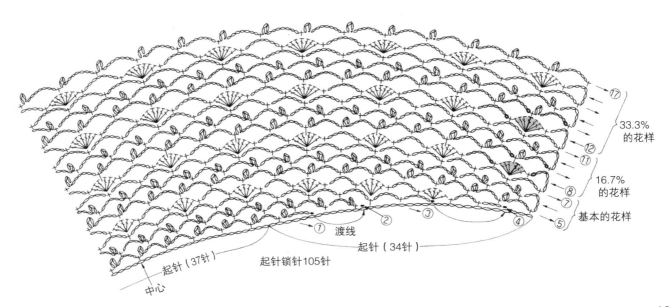

青果领

前领一泻而下，轮廓圆润的青果领也是非常适合用分散加减技巧编织的领形。
从衣领连接处向外围扩展，在花样间距中进行分散加减针。

材料与密度

极粗毛线（线40g，长78m）8号针（4.5mm），10cm为24针29行。前襟和领边为中细型夏季纱线，5/0号钩针，前襟为10cm25针，5行为2cm。领边——2/0号钩针，10cm为27针，2行为0.5cm。

操作重点

1 将制图进行平面展开，如127页图所示，有A和B两种方法，分散加减法的计算可以参考B的展开图。领尖弧线可以采纳制图相同尺寸。

2 以衣领连接部分为基准推算分散加减的针数。领尖弧线使用编织表格进行推算。

3 衣领连接部分不包括领台部分，因此最后要编织长针的领台。

制图

● 使用补正原型，将S.P提高1.5cm画肩线。横开领1.5cm，后领中心线提高0.5cm，画后领弧线。后领领立3cm，领宽8cm。

● 前片中心线移动1cm，前襟增加2cm。开领止位下降15cm画翻折线，在肩部取8cm为领高，画自然弧线连接领尖。延长领腰3cm，画衣领连接线。

● 复制后领尺寸，和前领连接在一起，将领围稍加修改为圆润的弧线。

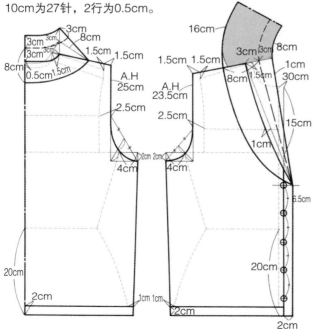

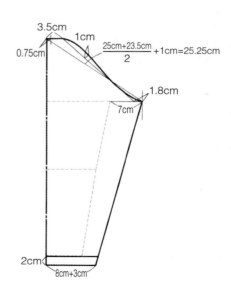

$$\frac{25cm+23.5cm}{2}+1cm=25.25cm$$

推算

●衣领的展开图 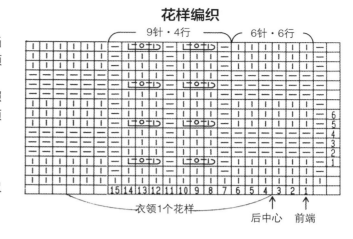 1

测量前后领的衣领连接部分和外围部分尺寸，画平面图。但是前领外围尺寸不是弧线的长度，而是从领尖拉一条垂直线的长度。

平面展开图有A和B两种绘制方法，A主要是按照衣领的形状绘制，B更适合于推算分散加减的针数。领围到领边编织减掉0.5cm。

●分散加减针的推算 2

❶计算衣领连接部分和外围部分尺寸差相当于基准尺寸(衣领连接部分)的百分比，从而得出加针比例。

46cm–（8cm+29.5cm）=8.5cm

（8.5cm÷37.5cm）×100=22.6%——加针比例

❷衣领连接部分的花样为1个15针。计算增加22.6%相当于每个花样需要增加多少针。

15针+22.6%=18.3→18针　那么最终每个花样为18针。

❸计算衣领针数。

后领连接部分——2.4针×16cm=38针

前领连接部分——2.4针×29.5cm=70.8→72针

38针+（72针×2）=182针

确认一下整体针数是否为15的倍数+2针。

❹计算领高。

领立——2.9行×3cm=8.7→8行

领高——2.9行×7.5cm=21.7行→22行

另外翻折厚度加上2行。

❺进行花样分散。在花样的间距中分散着A型花样。每个花样的上针列有3个位置，每个位置加1针，15针就变成了18针的花样。注意加针位置不要重叠，将行数错开。

❻推算领尖弧线。在密度本中画40针22行的基本线，每隔两行将弧线进行区分。

❼领尖的2个花样，由于行数较少，很难进行加针操作。另外有的地方需要调整一下加针位置，总之注意按照实际情况随时调整分散加减针的位置。

❽计算领立的引返编针数。2行作为1个单位，因此分成4次。

72针÷4次=18针　　2行–18针–4次

从编织完毕的地方继续往下编织，因此左右错开1行。

花样编织

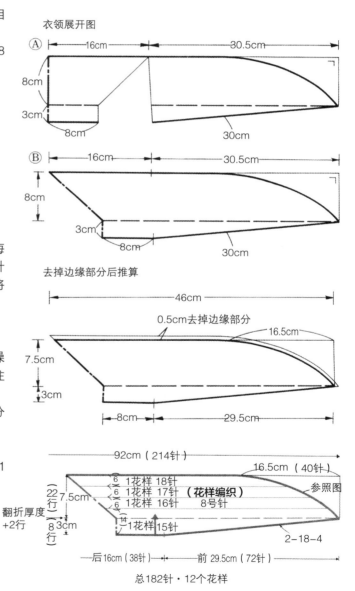

衣领展开图

去掉边缘部分后推算

总182针·12个花样

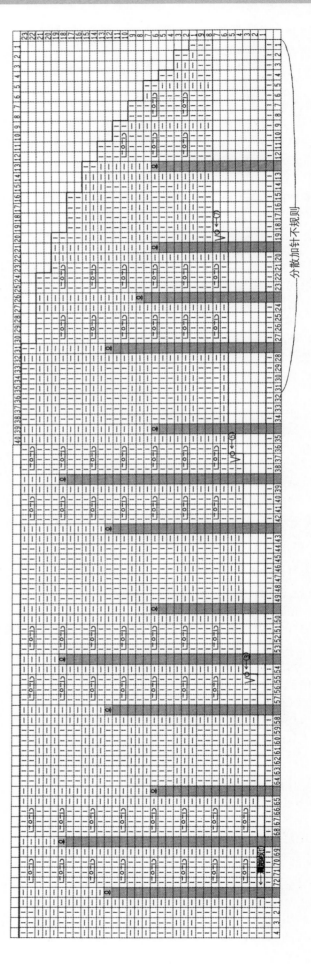

衣领1个花样的分散加针　领立的行数上不加针

编织方法和完成处理

❶ 别线全针数起针，编织完1行后将线剪断。重新回到
引返的位置接线编织。

❷ 领尖弧线用减针和伏针进行编织。最后一行使用伏
针收针。

❸ 将别线拆开后，伏针编织领围的边缘。

❹ 将身片和衣领正面向上对齐插入固定针，身片和衣
领窝边均为0.5cm，身片（前襟）从0的位置开始进
行缝合。

❺ 将衣领翻过来，在衣领里面编织长针的领台，从前
襟的内侧开始编织。注意将长针的领台倒向身片一
侧。

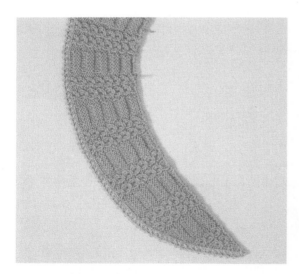

分散加减针的衣领编织完成

衣领的边缘编织 2/0号针　　**前襟（条纹针）** 5/0号针

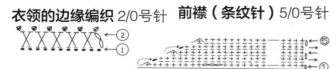

3

荷叶开衫

从腰部往下裙摆像荷叶一样展开的开衫称作荷叶开衫。
为了将荷叶裙摆的效果表现得更好，在W.L进行替换，改变花样，进行分散调整。

操作重点

1 荷叶开衫的裙摆宽度为W的1.5倍。因此花样尺寸也要增加1.5倍。
2 分散加针的位置选定要充分利用花样的空针，因此加针的频率也会随时有所调整。
3 以W.L为界限，上下分开编织。荷叶下摆裙线是起伏针，顺次编织即可。

材料与密度

粗型夏季纱线（线40g，长86m）6号针（3.9mm）。身片花样——10cm为18针29行，荷叶裙摆花样——12针为1个花样5cm，10cm为31。前襟花样——4/0钩针，10cm为23针，2cm为6行。

制图

● 展开补正原型。移动前中心线，将前襟宽度2cm左右均匀分配。
● W.L提高1.5cm，侧缝线内进2cm，测量W宽度，为22.5cm。
● 荷叶裙摆长度16cm。裙摆宽度为W宽度×1.5（22.5cm×1.5）=33.75→33.8cm。前后尺寸相同。

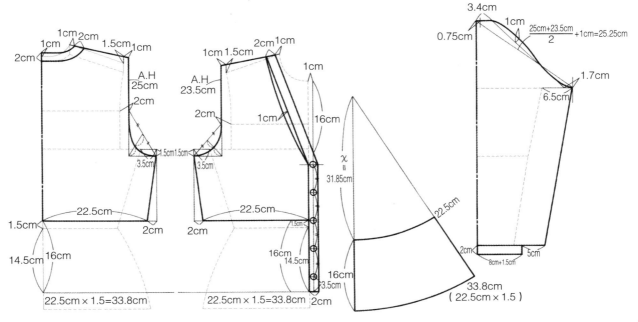

● 荷叶开衫使用分散技巧编织时，按照平面制图操作也没有问题。如果使用原型制图的话，需要计算到圆规中心点的X长度。（22.5cm×16cm）÷（33.8cm-22.5cm）=31.85cm

W宽度和裙摆宽度都要沿弧线的长度测量。

身片的花样编织

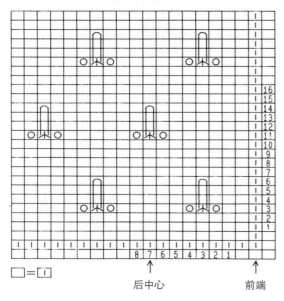

□ = □

后中心　　　　前端

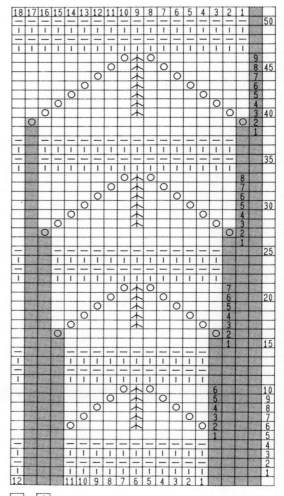

□ = □

荷叶裙摆1个花样的分散加针

推算

● 分散加减针的推算

1 ❶荷叶裙宽为制图W尺寸22.5cm的1.5倍。扩大比例为50%，因此每个花样的尺寸也要增加50%。花样起始针数为1个12针，12针+50%=18针——裙摆花样的针数

❷计算行数。3.1行×16cm=49.6→50行

2 ❸进行花样分散。每行花样左右对称因此加针比例为2针1行。不过要注意每个花样编织完毕后要插入4行起伏针编织。另外加针的位置可以充分利用花样的数量，增至第2行。花样会根据实际情况调整，因此要仔细参考记号图，注意每个花样针数和行数

的变化。

❹计算荷叶裙摆的针数。

前身片——22.5cm÷1个花样5cm=4.5个花样

后身片——45cm÷5cm=9个花样

裙摆花样前后片连续编织。

（4.5个花样×2）+9个花样=18个花样

12针×18个花样+3针=219针

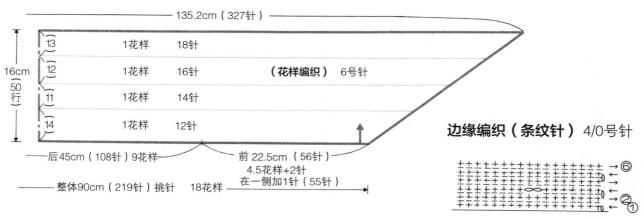

135.2cm（327针）

13	1花样	18针	
12	1花样	16针	（花样编织） 6号针
11	1花样	14针	
14	1花样	12针	

16cm（50行）

后45cm（108针）9花样　　　前22.5cm（56针）
4.5花样+2针
在一侧加1针（55针）

整体90cm（219针）挑针　　18花样

边缘编织（条纹针）4/0号针

荷叶裙摆的花样编织

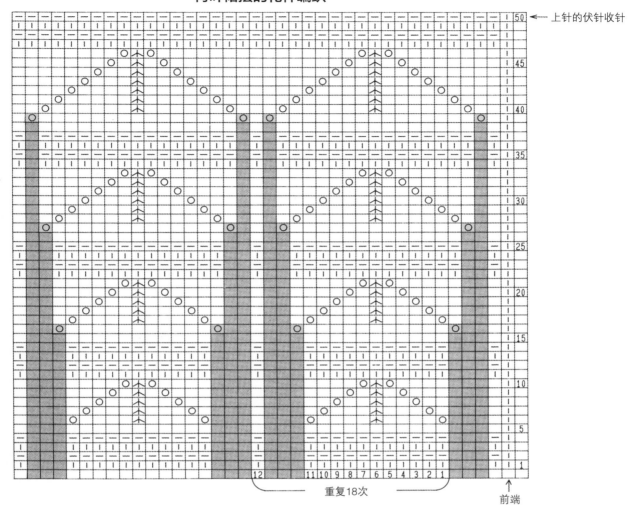

上针的伏针收针 ←

50

45

40

35

30

25

20

15

10

5

1

重复18次

前端

编织方法和完成处理

3 ❶以身片W.L处作为起针位置，用别线起针开始
编织。前后身片分别编织，胁下接合后，朝相反方
向进行裙摆挑针。由于身片和裙摆密度不同，注意
平均加针后进行挑针，前后裙摆连续编织。

❷将花样间隔的起伏针直接编织为荷叶裙摆的边缘。
最后从反面进行伏针收针。

❸前襟边缘为条纹针编织，整体连续编织。

→ 124页　作品1–B

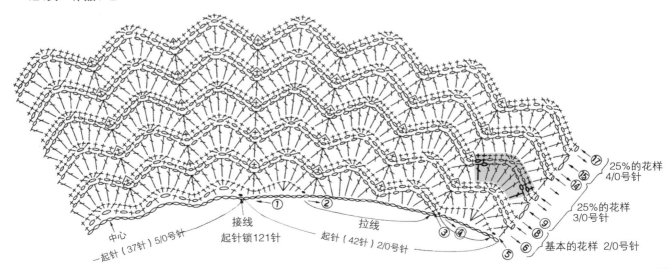

中心
一起针（37针）5/0号针

接线
起针锁121针

拉线
起针（42针）2/0号针

25%的花样
4/0号针

25%的花样
3/0号针

基本的花样 2/0号针

钩针编织的荷叶开衫①

和作品3相同也是荷叶开衫，只不过采取的是钩针分散编织。
钩针的分散编织花样明快，可以清晰地展现每个花样的纹路，身片的材料以及花样和作品3相同。

材料与密度

混合型夏季纱线（线40g，长109m）3/0号针，1个花样（以16.7%的花样为基准进行密度计算）为3.2cm，10cm12行。

制图

●分散加减针的推算 1

❶W宽到裙宽的加针比例为50%。对照表格找到《一目了然分散加减针》No.8花样的右侧减针比例50%的位置。

❷不过由于基本花样规格太小，花样形状难以分辨，因此选用第2号大小的花样（16.7%的花样）。

❸从16.7%开始编织，加针比例为50%，16.7%+50%=66.7%，在加针比例的数值中寻找66.7%，最接近的数值为66.6%，因此花样编织可以增加至66.6%的位置。

❹计算裙摆花样数和行数。
后身片——45cm÷3.2cm=14个花样
前身片——22.5cm÷3.2cm=7个花样
裙摆整体——14个花样+（7个花样×2）=28个花样

❺计算行数，进行花样分散。
1.2行×16cm=19.2→19行
在19行中分配16.7%，33.3%，50%，66.6%4种花样的编织。

$$19行÷4= \begin{matrix} 5-3 \\ 4-1 \end{matrix} \rightarrow \begin{matrix} 5行-3回 \\ 4行-1回 \end{matrix}$$

操作重点

1 选取《一目了然分散加减针》No.8花样。花样编织表格的基本花样规格太小，难以分辨，因此选用第2号花样（16.7%的位置）开始编织，注意分散加减针的推算。

2 从身片的起针行平均挑出钩针的花样。伏针的锁针挑2股，注意不要留空洞。

编织方法和最终完成

❶身片用别线起针，之后拆掉别线编织伏针收针。

2 ❷腋下进行挑针接合，裙摆前后连接编织。从身片起针处挑2针开始编织，注意不要留出空洞。前身片的裙摆为41针。

前身片的挑针方法——41针÷7个花样=
$$\begin{matrix} 6针-6个花样 \\ 5针-1个花样 \end{matrix}$$

从身片6针6次挑出1个花样，从身片5针1次挑出1个花样。
同样计算后身片81针÷14个花样，平均挑针编织后裙摆。

❸顺次加针使裙摆的花样逐渐变大，一直编织到19行。下摆随意散开，编织前襟后整体结束。

图示：

- 135.2cm（28花样）
- 16cm / 19行
  - 5 | 66.6%的花样
  - 5 | 50%的花样 （钩针编织花样）3/0号针
  - 5 | 33.3%的花样
  - 4 | 基本=16.7%的花样
- 后45cm（14花样） | 前22.5cm（7花样）
- 90cm（28花样）

边缘编织（条纹针）3/0号针

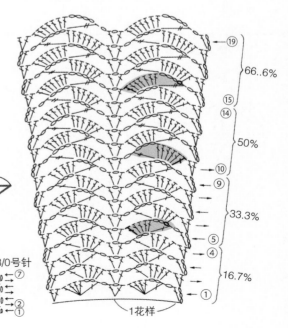

右侧标注：⑲ 66.6% ⑮ ⑭ 50% ⑩ ⑨ 33.3% ⑤ ④ 16.7% ①
1花样

钩针编织的荷叶开衫②

身片和裙摆都采取钩针编织，并且上下花样相同。花样尺寸较小，
整体为纵向花样群，腰部上下分开编织，裙摆进行分散加针编织。

材料与密度

中粗型夏季纱线（线40g，长109m）3/0号针，1个花样
（基本的3针松编）为3.1cm，10cm为14.5行。

推算

●分散加减针的推算

1 ❶选取《一目了然分散加减针》No.21花样。身片
推算的花样编织表格在第69页，裙摆分散推算的花样
编织表格在第72页。制图和作品3相同，裙摆的加针
比例为50%。

❷计算裙摆的花样数和行数。

后身片——45cm÷3.1cm=14.5→15个花样

前身片——22.5cm÷3.1cm=7.2→7.5个花样

裙摆整体——15个花样+（7.5个花样×2）=30个花样

行数——1.45行×16cm=23行

2 ❸花样编织表格右侧的加针比例为50%，因此要
将花样编织到50%的位置。选取的花样基本构成为
3针（奇数针）松编，以此类推下面的花样应该为5
针，7针。但是这样的话，针数扩展过大，容易出现
缝隙，因此在中间穿插4针和6针的偶数花样。这样
有1行编织偶数花样（花样2列交叉编织，因此各分1
行），然后再过渡到5针松编。5针编织的行数多一点
也没有关系。参考分散推算表格，确认分割行数。

操作重点

1 整体花样相同，身片进行外围推算，裙
摆进行分散加减推算。《一目了然分散
加减针》中汇合了这两种花样编织表
格，只要从中找出准确的花样，就很容
易进行推算。

2 特别注意花样在加针过程中行数的分
配。基本松编3针为奇数针花样，因此针
数扩大应该按照3针、5针、7针的规律。
因此在中间穿插只有一行的4针、6针。

编织方法和最终完成

❶先编织身片，反向挑针开始编织裙摆。挑取身片
时，挑半针和里山2股线，剩余半针留给裙摆。编织
时注意不要出现空洞，起针要密实。

❷花样为松编2列穿插样式，注意身片和裙摆交界处的
松编不要重合，穿插编织。

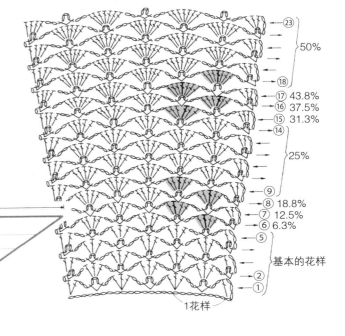

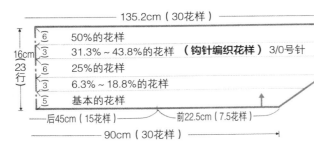

女式罩衣

腰身合体的一种毛衫。编织方法为从臀部到腰部进行分散减针，
然后再分散加针回到身宽的尺寸。每个花样的行数要保持不变，因此选择A型花样。

材料与密度

粗型夏季纱线（线40g，长86m）6号针（3.9mm）。花
样编织——10cm为27针，27行。边缘编织的钩针编织花
样——4/0号针，10cm为23针，3cm为5行。

操作重点

1 尺寸调整时希望视觉上保持花样不变，
因此选择A型（调整花样间距）花样比较
合适。

2 以裙摆宽度为基准尺寸，计算编织到W
的分散减针比例。从W到身宽再次回
到基准尺寸（裙摆宽度和身宽尺寸相
同）。分散加减针时产生的尺寸差值可
以通过调整密度进行补充。

3 衣领处的钩针编织花样通过分散减针，
编织成浅弧线。

制图

● 将补正原型S.P提高1.5cm画肩线，将肩线延长画袖
山线（和身宽尺寸相同）。

● 身宽和裙摆宽度尺寸相同（花样优先）。将W.L提高
1cm，侧缝线内进4.5cm，在花样中分散4.5cm。

● 下摆，袖口，衣领为3cm。

花样编织

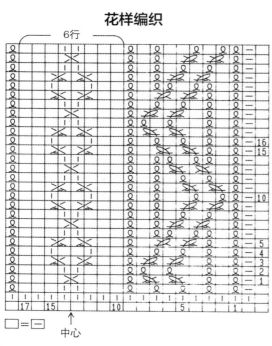

□ = —

中心

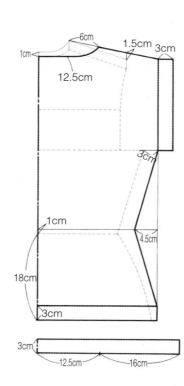

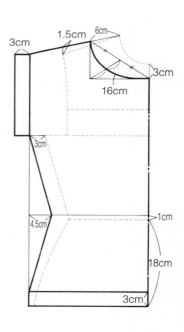

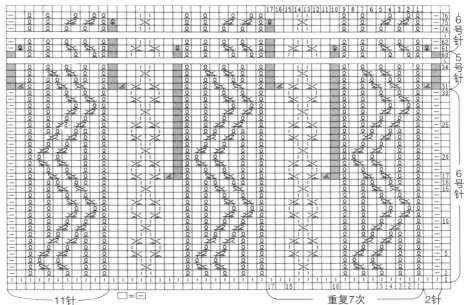

推算

●分散加减针的推算　👆2

❶ 计算W需要减的4.5cm相当于裙摆宽度的百分比，由此得出减针比例。

（4.5cm÷24cm）×100=18.7%

❷ 裙摆基本花样定为17针。求出17针减针18.7%的针数。

17针−18.7%=13.8→14针

所以W应该是14针1个花样。但是这个花样里面只有两处上针，一边减掉1针，另一边减掉2针的话，花样间隔就变得不均等了。因此只能减掉2针（两边各1针），差值用密度调整补充。

（2针÷17针）×100=11.7%　18.7%−11.7%=7%

差值7%用密度进行调整，将针号减小1个号码（5.5%）。

❸ 从身宽往上重新恢复到17针花样。在17针和15针花样中间加入16针花样，制作编图。

❹ 计算整体针数。

2.7针×48cm=129.6→132针　再加上缝份2针。花样为7个花样加上右端2针，左端11针。

❺ 计算行数。W部分小一个针号的行数为44行/3，相对应的加5.5%=1行。

编织方法和完成处理

❶ 别线起针开始编织。W附近同时使用分散减针和密度调整两种编织方法。

❷ 下摆，袖口，衣领使用钩针进行环状编织。下摆拆掉起针线伏针收入针，从收针开始编织。每行更换一下编织方向，按照往返编的方法进行编织。

👆3　❸ 衣领边缘为弧线，第4行和第5行各减1针，缩小尺寸。

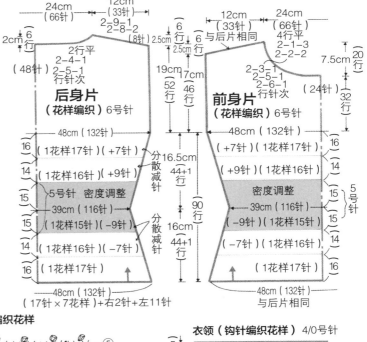

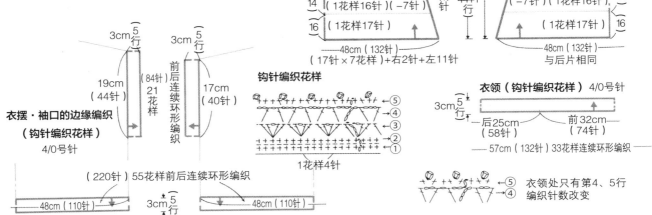

钩针编织花样

衣摆·袖口的边缘编织
（钩针编织花样）
4/0号针

衣领（钩针编织花样）4/0号针

圆形育克的套头毛衣

用分散技巧在船形领周围编织圆形育克的作品。
圆形育克的内外尺寸差较大，因此花样分散时尽量选择可以较多减针的花样。

材料与密度

等粗型夏季纱线（线40g，长86m）6号针（3.9mm）。身片花样——
10cm为24针27行。育克花样——10cm为22针30行（1个花样15针为
6.8cm）。边缘编织的畦形针花样——4/0号针 10cm为20针，1cm为2
行，1.5cm为3行。

制图

● 将补正原型S.P提高2cm画肩线，在延长线上取袖山
长度6cm。
● 背宽和胸宽各外延5cm，B线下降1cm，自然绘制衣
袖弧线。内侧留出1.5cm的缘边。
● 横开领收4cm，前中心线下降1.5cm画领围弧线，内
侧留出1cm的缘边。
● 沿着领围线在内侧平行绘制7cm高的圆形育克线。

推算

● 育克的展开图

分别计算前后育克的外围和内侧长度尺寸，画平
面图。育克宽度为7cm。

● 分散加减针的推算

1 前后育克的减针比例是不同的。
后——21.5cm-12cm=9.5cm
（9.5cm÷21.5cm）×100=44.1%
前——25cm-15cm=10cm（10cm÷25cm）×
100=40%

不过为了保证每个花样的针数统一，计算前后育
克的平均值进行操作。

❶计算育克外围部分和内侧尺寸差相当于基准尺寸
（育克外围部分）的百分比，从而得出减针比例。
育克外围尺寸——后21.5cm+前25cm=46.5cm
育克连接尺寸——后12cm+前15cm=27cm
46.5cm-27cm=19.5cm

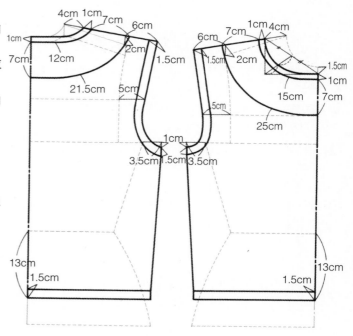

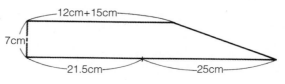

（19.5cm÷46.5cm）×100=41.9→42%（减针比例）

2 ❷减针比例为42%意味着每个花样几乎要减至原来一半的大小。选择花样时就需要考虑到减针比例的问题。如果花样针数较少或者减针间距较少，还有花样自身变小（B型）的都不太适合。本篇选择15针的菱形花样。菱形花样在后半部分的行数时花样逐渐变小，非常适合较多的减针操作。

❸育克外围花样为15针，计算减针42%后的针数。

15针−42%=8.7→9针（奇数针）——领围内侧针数

❹计算育克的针数和行数。

后育克——43cm÷1个花样6.8cm=6.3→6.5个花样

前育克——50cm÷1个花样6.8cm=7.3→7.5个花样

育克整体——6.5个花样+7.5个花样=14个花样

育克高度——3行×7cm=21→22行

在育克的22行中，注意保持花样形状，标记减针位置。

编织方法和完成处理

❶身片育克线2针以上的减针采用伏针编织，1针的减针在端头直接操作。

❷用熨斗整理平整后，肩部进行套针缝合。在育克线上，每5cm做一个线头标记。根据线头标记确定每5cm的挑针数目。

❸前后育克进行环状编织。衣领内侧最后使用引拔针收针，然后编织边缘装饰圆点。

❹在育克的挑针位置上，编织1行引拔针，1行装饰针法。

育克（花样编织）

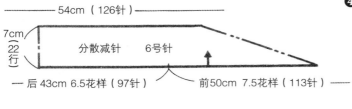

54cm（126针）
7cm（22行）
分散减针　6号针
— 后43cm 6.5花样（97针）　前50cm 7.5花样（113针）—
93cm　14花样（210针）

育克的花样编织

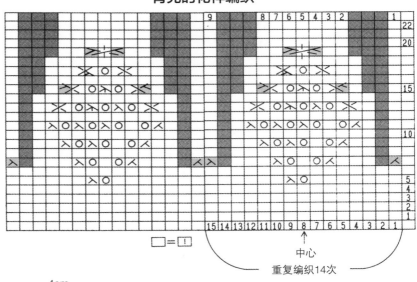

□ = ⊡
中心
重复编织14次

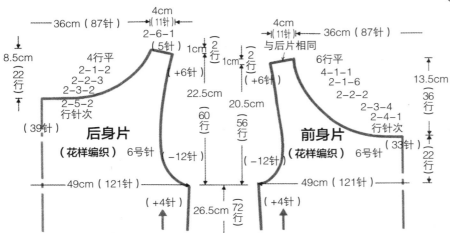

4cm
36cm（87针）　（11针）
2-6-1
（5针）1cm
4行平
2-1-2
2-3-2
2-5-2
行针次
（39针）
后身片
（花样编织）　6号针

22.5cm（60行）
20.5cm（56行）
1cm
（2行）
（+6针）
（2行）
（+6针）

4cm
（11针）　36cm（87针）
与后片相同
6行平
4-1-1
2-1-6
2-2-2
2-3-4
2-4-1
行针次
（33针）
前身片
（花样编织）　6号针

8.5cm（22行）
13.5cm（36行）（22行）
49cm（121针）　49cm（121针）
（−12针）　（−12针）
26.5cm（72行）
（+4针）　（+4针）

花样编织

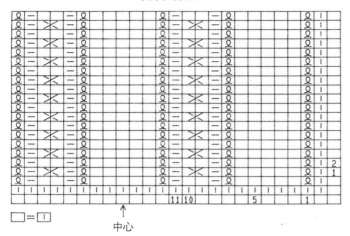

□ = □

↑
中心

11 10　　　5　　　1

育克的边缘编织

← ② 3/0号
← ① 4/0号

袖窿的边缘编织　4/0号针

← ③
→ ②　}衣领
← ①

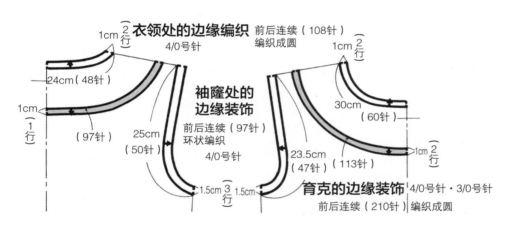

衣领处的边缘编织
4/0号针

1cm (2行)
24cm（48针）
1cm (1行)
（97针）

前后连续（108针）
编织成圆

1cm (2行)
30cm
（60针）
1cm (2行)

袖窿处的边缘装饰
前后连续（97针）
环状编织
4/0号针

25cm
（50针）

23.5cm
（47针）
（113针）

1.5cm (3行) 1.5cm

育克的边缘装饰　4/0号针·3/0号针
前后连续（210针）编织成圆

刺绣的图案

雏菊绣
卷线雏菊绣

→ 123页作品1-A

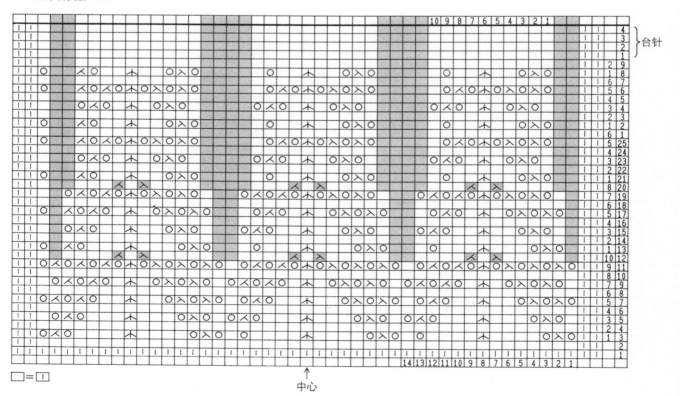

□ = □

↑
中心

6

喇叭裙

采用圆形制图方法编织的喇叭裙。
腰围和裙摆宽度尺寸相差较大，
因此采用C型花样，比较接近制图尺寸。
环状编织。

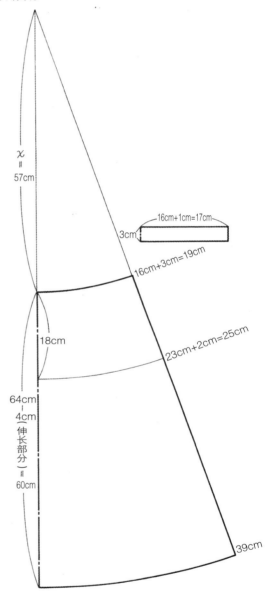

材料与密度

等粗型夏季纱线（线50g，长110m）6号针（3.9mm）。
10cm为26.5针（28针1个花样，10.6cm）30行。平针编
织——6号针　10cm为24针30行。

 操作重点

1 考虑到长度方向的伸展部分，制图尺寸减
掉4cm。密度也适当考虑长度的拉伸进行
计算。

2 制图尺寸主要优先W宽（W/4+3cm）和H
宽（H/4+2cm），裙摆宽度根据这两部分
自然得出。

3 如何在规定的行数内平均分配顺次增加的
花样行数是操作重点。

4 整体进行环状编织。注意避免两侧错位和
松弛。边缘编织时注意体现裙摆的轻盈
感。

制图

● 使用圆形制图法，首先要计算圆规半径×尺寸。
以H宽（H/4+2cm）25cm计算圆规半径
（W宽×H下）÷（H宽－W宽）
（19cm×18cm）÷（25cm－19cm）=57cm

● 喇叭裙比较容易拉伸，因此长度方向再次减掉4cm。
在H宽延长线上，计算长度为60cm时的裙宽为
39cm。

● 腰带长度为（W/4+1cm）=17cm。没有开口也可以
穿着的尺寸规格。

花样编织

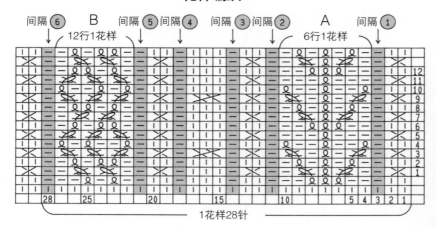

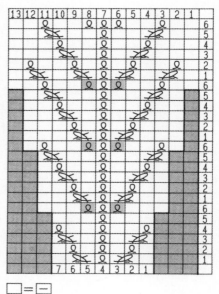

A花样

$\square = \boxed{-}$

B花样

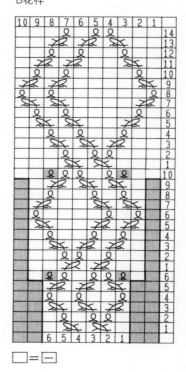

$\square = \boxed{-}$

推算

●分散加减针的推算

❶从W向裙摆方向编织，以W为基准尺寸，计算加针比
例。

39cm－19cm＝20cm （20cm÷19cm）×
100＝105.2%

❷W花样1个为28针。增加105.2%，计算裙摆花样增加
的针数为28针+105.2%＝57.4→56针。裙摆过宽时容
易发生重叠，因此将针数减少为56针。

❸计算整体针数和行数。

W针数——19cm×4＝76cm 76cm÷1个花样
10.6cm＝7个花样 28针×7个花样＝196针（环形编
织，不需要连接针）

裙长——3行×60cm＝180行

❹进行花样分散。C型花样中Ⓐ和Ⓑ花样本身尺寸偏
大，间距上针部分有①～⑥个地方可以进行调整。
因此先确定花样Ⓐ Ⓑ的加针数目，剩余针数在6个地
方进行分配。Ⓑ花样为2针4行，进行两次调整，加4
针。Ⓐ花样也是以2针的比例增加，不过行数6行不
发生变化，进行3次调整，加6针。

裙摆56针－W28针＝28针 28针－（6针+4针）＝18
针 18针÷6个位置＝3针，即上针部分①～⑥各增加
3针。

❺分配花样行数。Ⓑ花样包括6行的基本花样，
10行的花样，14行的花样3种类型。将3种花样平均
分配到180行中，取6行、10行、14行的平均行数10
行为计算依据。

180行÷1个花样10行＝18回

18回÷3种类型花样＝6回

即每个花样各重复编织6回。

Ⓐ花样包括基本花样在内一共有6种类型，不过行数
都是6行。

180行÷6行＝30回 30回÷4类＝ 8回－2类
7回－2类

ⒶⒷ花样整体分割180行，因此要加上起针2行，行
数总共182行。

❻中间各加3针，尽量将位置错开，不要重叠，参考编
织图。

A花样 （6针加）

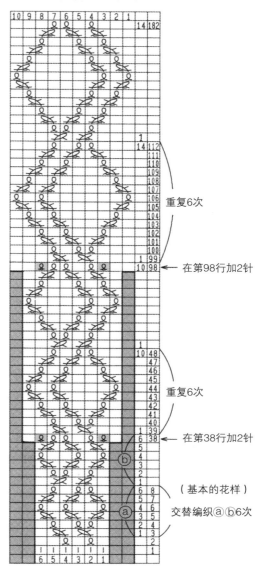

6	182	
1 6	140 139 138 137 136 135	重复8次
6	134	← 在第134行加2针
1 6	98 97 96 95 94 93	重复7次
6	92	← 在第92行加2针
1 6	50 49 48 47 46 45	重复8次
6	44	← 在第44行加2针
1 6 5 4 3 2 1	8 7 6 5 4 3	（基本的花样） 重复编织此6行7次

B花样 （4针加）

14	182	
1 14	112 111 110 109 108 107 106 105 104 103 102 101 100	重复6次
1 10	99 98	← 在第98行加2针
1 10	48 47 46 45 44 43 42 41 40 39	重复6次
1 6	38	← 在第38行加2针
1 6 5 4 3 2 1	8 7 6 5 4 3 2 1	（基本的花样） 交替编织ⓐⓑ6次

腰带（平针编织）

6cm 18行

6号针

68cm（163针）

—76cm 7花样（196针）—

根据W尺寸裁剪松紧带缝合成环状

裙体

（花样编织）6号针

（W・1花样28针）

60cm （182行）

分散加针
A花样 参照图　6针加
B花样 参照图　4针加

| 间隔①②⑤⑥ | 分别 | 46行加1针 91行加1针 136行加1针 | 3针×4处=加12针 |
| 间隔③④ | 分别 | 24行加1针 69行加1针 114行加1针 | 3针×2处=加6针 |

（衣摆・1花样56针）

用2行引拔针整理（反面1行、正面1行）

—156cm 7花样（392针）—

编织方法和完成处理

❶以别线起针从W开始编织。环状编织1行（挑针），从第2行开始编织花样。

❷扭加针方式进行分散加针操作。

❸裙摆最后以伏针收针。

❹腰带部分进行减针操作，以平针进行环状编织。折返部分继续编织，以伏针收针（确保H可以通过的尺寸）。

❺裙摆从反面钩1行引拔针，重合后从正面钩1行引拔针，注意对照宽度尺寸，保持引拔针连续性。

❻对照W尺寸取3cm的松紧带，叠起1cm缝合成环状，注意确保尺寸是H可以穿过的宽度。

6-A

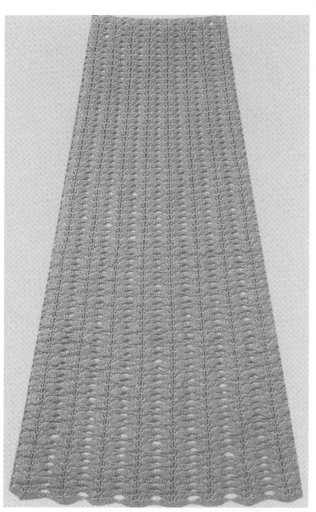

照片为整体尺寸的1/4

钩针编织的喇叭裙

和作品6制图相同，不过本篇中的喇叭裙是以钩针进行花样编织。选取花样为《一目了然分散加减针》中No.12的花样。除了本篇选用花样，其他花样的推算方法也是一样的。

操作重点

1 钩针编织中分散加针比例超过100%时，在花样编织表格中没有记号图（最大为100%）。本篇作品中的加针率为105.2%，差值5.2%用密度进行调整。

2 用钩针进行环状编织时，每织1行将织片翻面，反向编织相同的针脚（钩针进行环状编织时，总向一个方向编织针脚会偏向右侧）。

材料与密度

中细型夏季纱线（线40g，长130m）3/0号钩针，1个花样（基本尺寸）2.4cm，10cm为13行。腰带部分长条——10cm为27针，6cm为8行。

推算

●分散加减针的推算

1 ❶从W向裙摆开始编织。加针比例为105.2%，花样编织表格最大只能到100%，因此花样自身只能调整到100%，剩余5.2%可以加粗1个针号进行调整。花样的种类有基本花样，25%、50%、75%、100%以及100%加粗1个针号合计6种花样。

❷计算花样数和行数。
W的花样数——（19cm×4）÷1个花样2.4cm＝31.6→32个花样
裙长——1.3行×60cm=78行

❸在78行中加入上述6个花样，进行行数分配。
78行÷6=13行，各编织13行。

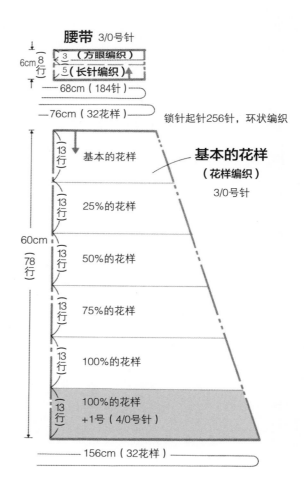

腰带 3/0号针
6cm（8行）
3 （方眼编织）
5 （长针编织）
—68cm（184针）—
—76cm（32花样）—

锁针起针256针，环状编织

基本的花样
（花样编织）
3/0号针

60cm（78行）

13行 基本的花样
13行 25%的花样
13行 50%的花样
13行 75%的花样
13行 100%的花样
13行 100%的花样 +1号（4/0号针）

—156cm（32花样）—

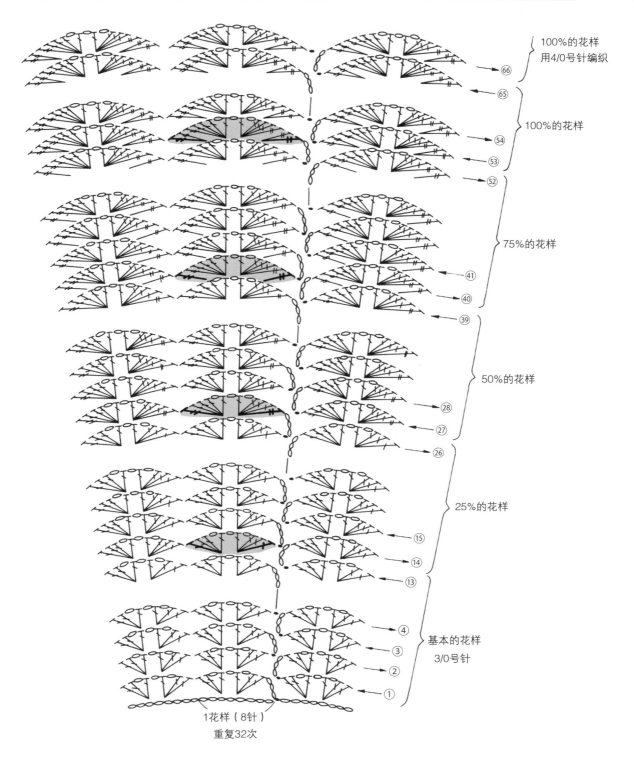

100%的花样
用4/0号针编织

100%的花样

75%的花样

50%的花样

25%的花样

基本的花样
3/0号针

1花样（8针）
重复32次

编织方法和完成处理

❶锁针起针用引拔针连接成环形，从里山开始挑针编织。1行编织完毕后编织引拔针，将方向对调继续编织第2行。

❷编织13行基本花样后加针编织13行25%的花样，然后按照同样方法进行加针编织，最后13行将针号增加1号后编织100%的花样。裙摆为松散的状态。

❸腰带为长针编织。进行均匀减针编织，翻折部分的最后3行进行方眼编织，注意保证中间穿入松紧带的尺寸。

百褶喇叭裙

百褶裙是指裙摆有多层褶皱的裙体，本篇作品在百褶裙的基础上又将下摆扩展为喇叭裙形状，而且上下花样不同，进一步加强了裙体线条的优美感。

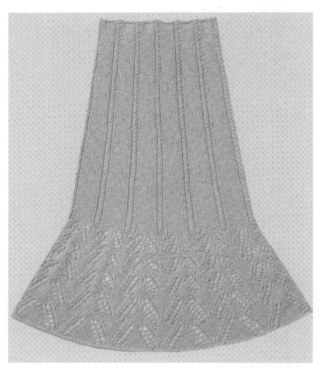

照片为整体尺寸的1/4

材料与密度

等粗型夏季纱线（线40g，长109m）6号针（3.9mm）。
花样编织A——1个花样为13针（平针9针和交叉针4针）4.8cm。花样编织B——基本花样1个为13针5.2cm（10cm为25针），A、B均为10cm26行。平针编织——10cm为22.5针。

 操作重点

1　将上下两部分分别绘制圆形制图。上部分主要目的是绘制W和裙摆尺寸，H宽度不足，然后再进行补充制图。

2　上部分为A型花样，密度不同的交叉花样和平针进行搭配组合，分散加减针只调整平针部分，要特别注意推算方法。裙摆为B型花样（2针2行调整），上下部分都以交界线为基准进行推算。

3　减掉长度方向的伸展部分。注意选择轻盈质感的毛线进行编织。

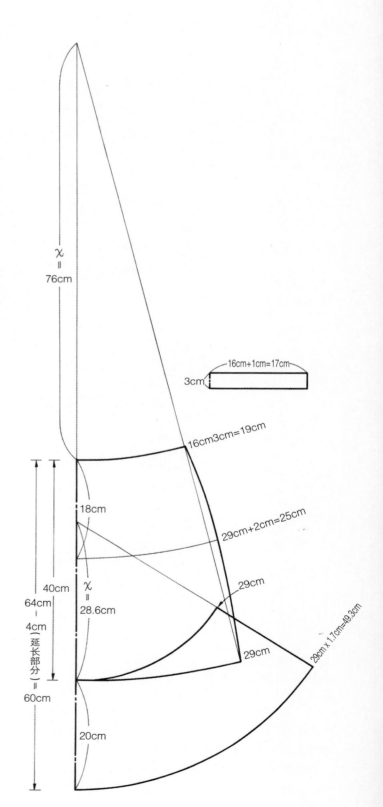

制图

将上下部分分开，计算圆的半径，进行圆形制图。

☝1 ● 上半身希望尺寸为W宽19cm，裙摆宽度29cm，长度40cm。（19cm×40cm）÷（29cm-19cm）=76cm以此为半径画圆弧，连接W宽和裙宽。测量H宽仅为23cm，增加2cm松分，以圆弧画侧缝线。

　●下部分的交界线和上部分相同为29cm，裙宽增加1.7倍（49.3cm）。圆规半径为（29cm×20cm）÷（49.3cm-29cm）=28.57cm。

　●腰带为H/4+1cm=17cm。

推算

●分散加减针的推算 ☝2

❶ 为了保证上下两部分花样数目等同，需要以交界线为基准尺寸，计算上部分的减针比例和下部分的加针比例。不过要注意上部分的减针比例只是针对于每个花样的平针部分。下部分裙摆增加1.7倍，因此加针比例为70%。

❷ 计算上部分交界线上的花样数目。1个花样为13针4.8cm，29cm÷4.8cm=6个花样（整体为6×4=24个花样）。

❸ 计算上部分W的1个花样的针数。每个花样中交叉4针不变，只有平针部分进行减针。交叉4针为0.8cm。

交界线——29cm-（0.8cm×6个花样）=24.2cm（平针部分）

W线——19cm-(0.8cm×6个花样)=14.2cm（平针部分）

24.2cm-14.2cm=10cm

（10cm÷24.2cm）×100=41.3%（减针比例）

9针-41.3%=5.28→6针（W的1个花样的平针针数）

由此得出W的1个花样为交叉花样4针+平针编织6针合计为10针。

❹ 确保H.L的尺寸。H宽为25cm，在平针部分进行减针。

H线——25cm-（0.8cm×6个花样）=20.2cm（平针部分）

24.2cm-20.2cm=4cm

（4cm÷24.2cm）×100=16.5%

9针-16.5%=7.5→8针（H的1个花样的平针数目）

由此得出H.L的1个花样为交叉花样4针+平针编织8针合计为12针。

❺ 计算上部分的行数，确定减针的位置。

2.6行×40cm=104行

在H.L的上下部分参照制图，平均分配行数，加入12针的花样。

❻ 下部分在交界线上也是每个花样13针，不过由于密度不同，1个花样大小为5.2cm。

5.2cm×6个花样=31.2cm，交界线上尺寸为

31.2cm，重新计算到裙摆49.3cm的加针比例。

49.3cm-31.2cm=18.1cm　（18.1cm÷31.2cm）×100=58%　13针+58%=20.5→21针

由此得出每个花样从13针增加到21针。

❼ 计算下部分行数。2.6行×20cm=52行　花样调整为2针2行，因此13针4行的花样顺次加针为15针6行，17针8行，19针10行，21针12行的花样各1个，最后21针12行的花样再织一次，合计为52行。

编织方法和最终完成

❶W以别线起针，进行环状编织。A花样编织完毕后接着编织B花样，最后以伏针收针。

❷腰带部分进行平均减针，以平针进行环状编织。折返部分继续编织，以伏针收针。

❸根据W尺寸截取的松紧带缝合成环形，加入腰带中。

❹裙摆边缘用引拔针编织2行，整理平整。

花样编织A

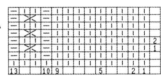

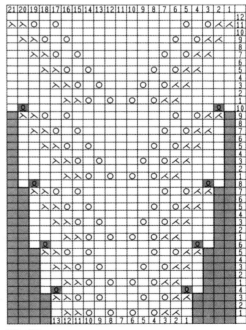

□=☐

花样编织B1的分散加针

花样编织A（3针加针）

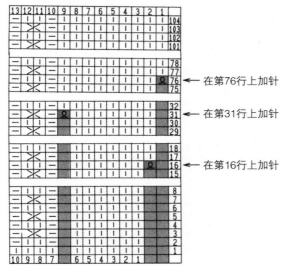

← 在第76行上加针

← 在第31行上加针

← 在第16行上加针

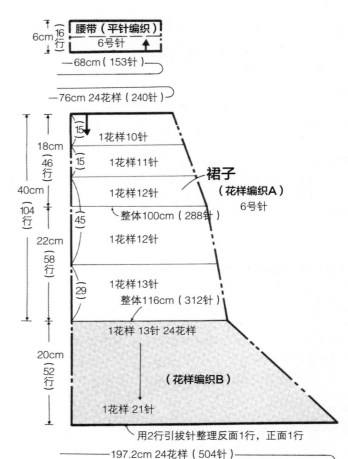

腰带（平针编织）
6号针
6cm 16行

—68cm（153针）—

—76cm 24花样（240针）—

15 · 1花样10针
15 · 1花样11针
1花样12针
整体100cm（288针）
45 · 1花样12针
29 · 1花样13针
整体116cm（312针）

18cm 46行
40cm 104行
22cm 58行

裙子
（花样编织A）
6号针

20cm 52行
1花样13针 24花样
（花样编织B）
1花样21针

用2行引拔针整理反面1行，正面1行
—197.2cm 24花样（504针）—

花样编织B（8针加针）

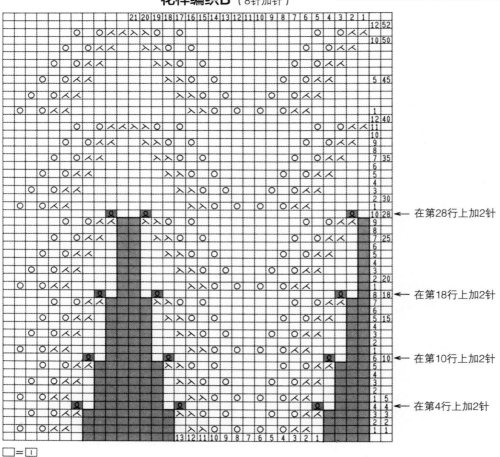

← 在第28行上加2针

← 在第18行上加2针

← 在第10行上加2针

← 在第4行上加2针

□＝ [ ]

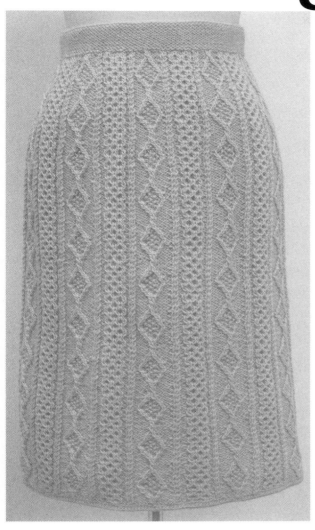

紧身裙

从臀部到裙摆呈直线形的裙型。从臀部到腰围编织使用分散加减技巧，保证花样从上到下的整体感。最适合采用A型花样。

操作重点

1 进行分散减针推算时，注意前后收褶位置保持一致，斜切也要在相同位置进行计算。
2 以H宽度为基准尺寸，计算分散减针比例。由于减针比例较少，所以选用不太明显的A型花样比较合适。

材料与密度

中粗型夏季纱线（线50g，长110m）6号针（3.9mm）。
花样编织——10cm为28针33行。平针编织——10cm为21针35行。

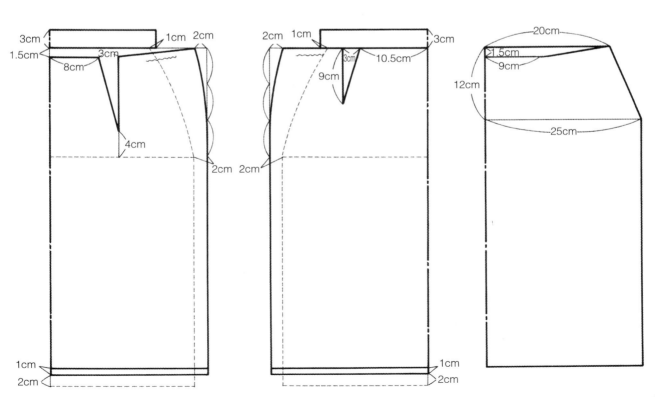

制图

- 从裙子原型展开。H加放2cm，H下部2/3处画出2cm斜切部分。
- 后W中心下降1.5cm。
- 收褶位置后面为W/8=8cm，前面为W/6=10.5cm，长度后面为H.L向上4cm，前面为H下部/2=9cm。

推算

●裙子展开图

✋1　斜切尺寸为H下部18cm×2/3=12cm。W收褶长度使用前后尺寸平均值，因此取斜切相同尺寸12cm。减掉收褶尺寸时的W宽度为20cm，因此画H宽度25cm，W宽度20cm的平面图。后W中心下降和制图相同为1.5cm。

●分散加减针的推算 ✋2

❶以H宽度25cm为基准，计算W宽度为20cm的减针比例。

25cm－20cm=5cm

（5cm÷25cm）×100=20%

❷H的1个花样为28针，计算减针20%后W的1个花样的针数。

28针－20%=22.4→22针

背面有4处地方可以减针，为了使减针数目左右对等，22针的话每处要减6针。

❸计算针数和行数。

H宽度——2.8针×50cm=140针

140针÷1个花样28针=5个花样（加上裆份2针）

W宽度——（22针×5个花样）+2针=112针

分散行数——3.3行×12cm=39.6→40行

❹标记减针的位置。将减针位置错开，尽量避免重合。

❺后W落差进行2行为单位的引返编织。6行引返编织为3个来回。

$$31针÷3=\begin{matrix}10-2\\11-1\end{matrix}\ \rightarrow\ \begin{matrix}2行-10针-2回\\2行-11针-1回\end{matrix}$$

编织方法和完成处理

❶前后片分别编织。从裙摆开始编织，保持1个花样28针编织裙筒。

❷参考制图顺次进行单针减针，后W.L落差部分进行引返编织。

❸斜切部分进行补针编织，平均减针，环状编织腰带部分。最后以起伏针收针，中间穿入松紧带。

❹裙边用引拔针进行收针，编织2行条纹针后整理平整。

花样编织

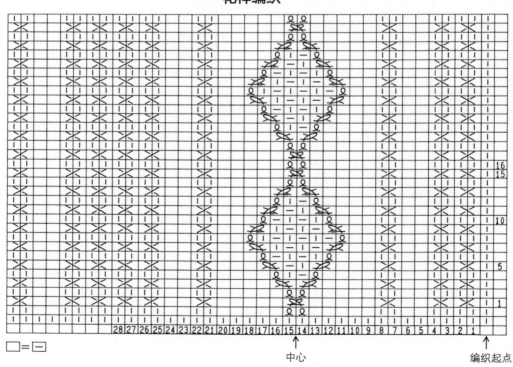

□=─

中心　　编织起点

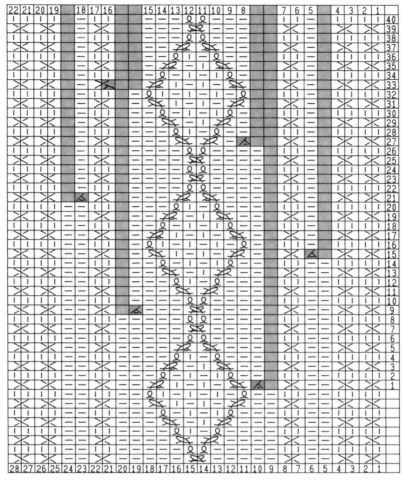

1个花样的分散减针

衣摆的边缘编织（条状编织）3/0号针

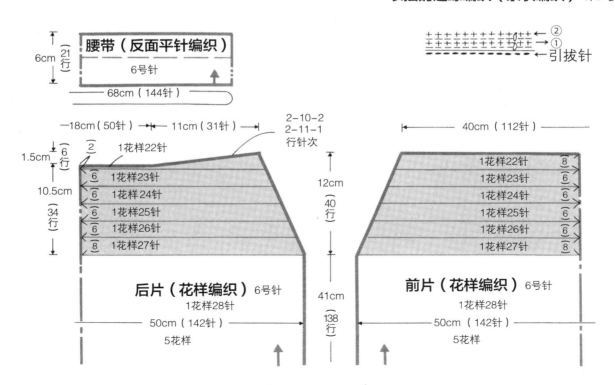

引拔针

腰带（反面平针编织）

6cm（21行）

6号针

68cm（144针）

—18cm（50针）—　—11cm（31针）—

2-10-2
2-11-1
行针次

40cm（112针）

1.5cm（6行）

1花样22针

10.5cm（34行）

1花样23针
1花样24针
1花样25针
1花样26针
1花样27针

12cm（40行）

1花样22针
1花样23针
1花样24针
1花样25针
1花样26针
1花样27针

后片（花样编织）6号针

1花样28针

50cm（142针）

5花样

41cm（138行）

前片（花样编织）6号针

1花样28针

50cm（142针）

5花样

后片的分散减针与往返编织

右侧

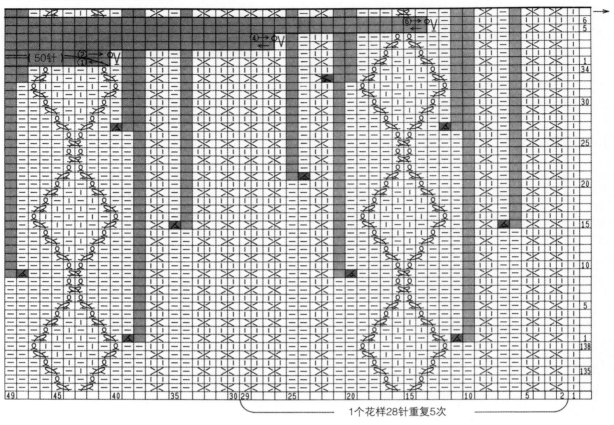

1个花样28针重复5次

左侧

消除行差 →

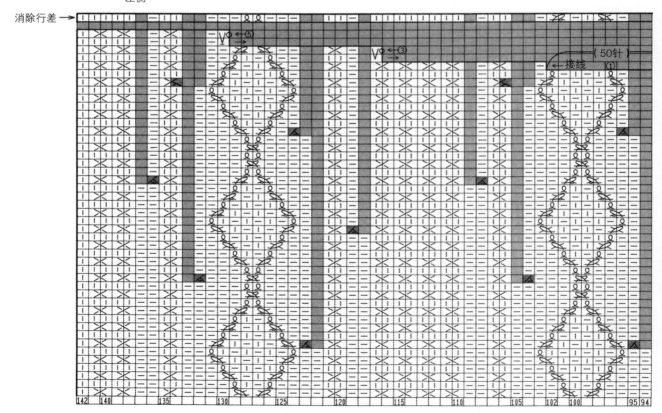

钩针编织的紧身裙

和作品8制图相同，不过本篇作品采用钩针编织。
选取适合紧身裙的花样，使用分散加减针技巧编织漂亮的裙子。

材料与密度

中细型夏季纱线（线40g，长130m）3/0号钩针。花样编织——10cm为27针13行。长针编织——10cm为27针，6cm为8行。

 操作重点

1 花样的选取非常重要。尽量避免镂空花样，选择分散加减针调整比例细微的花样。
2 以花样编织表格中100%的花样为基本花样，推算分散减针比例。

腰带

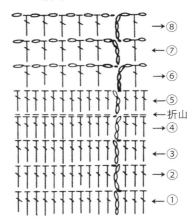

→⑧
←⑦
→⑥
←⑤
折山
→④
←③
→②
←①

腰带 3/0号针

3（方眼编织）
5（长针编织）
6cm（8行）
68cm（184针）

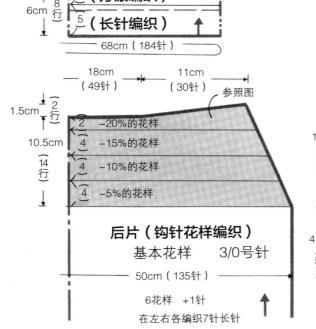

18cm（49针）　11cm（30针）
参照图

1.5cm（2行）
2 −20%的花样
10.5cm
4 −15%的花样
4 −10%的花样
14（行）
4 −5%的花样

后片（钩针花样编织）
基本花样　3/0号针

50cm（135针）

6花样 +1针
在左右各编织7针长针

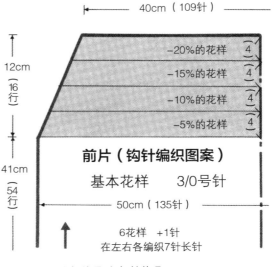

40cm（109针）

4 −20%的花样
4 −15%的花样
4 −10%的花样
4 −5%的花样

12cm（16行）

41cm（54行）

前片（钩针编织图案）
基本花样　3/0号针

50cm（135针）

6花样 +1针
在左右各编织7针长针

※衣摆处用1行短针整理

钩针编织图案　基本花样

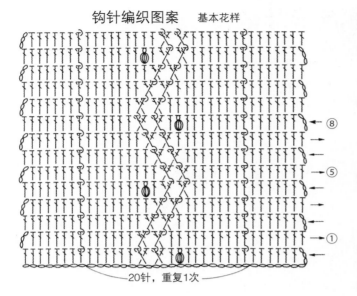

←⑧

→

←⑤

→

→

→①

—20针，重复1次—

推算

●**分散加减针的推算** ☞2

❶H宽度25cm为基准，W宽度为20cm时的减针比例为20%。使用《一目了然分散加减针》中No.2的花样，按照减针比例20%进行编织。

❷计算针数和行数。

H宽——2.7针×50cm=135针（钩针编织不需要挡份）

H下部——1.3行×12cm=15.6→16行

❸花样编织表格减针一侧的基本花样1个为20针。从裙摆到减针位置都编织20针的花样。

135针–（20针×6个花样+1针）=14针

将剩余的14针分开左右各半个花样。

❹分散减针的花样为5%、10%、15%、20%4种，在16行中平均分配4种花样。

❺后W落差用针脚调整进行引返编织。

（注）裙子编织的分散减针记号位于花样编织表格标注部分，以减针的基准为基本花样，编织方向对调后重新进行标记。

编织方法和完成处理

❶前后分别编织。两侧的半花样7针都进行长编。

❷腰带部分进行平均减针编织，折返部分最后3行进行方眼编织。

❸斜切部分进行引拔锁针，注意留出松紧带可以穿过的尺寸。

❹裙边编织1行短针，整理平整。

裙子的分散减针

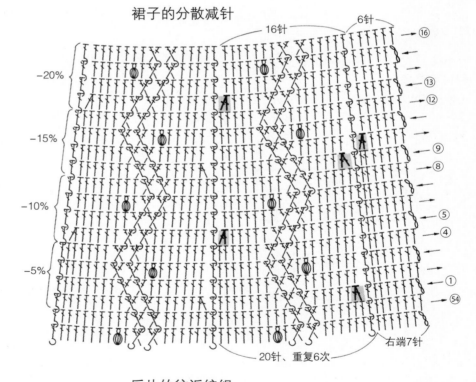

16针　6针

→⑯

→⑬

→⑫

–20%

→⑨

→⑧

–15%

→⑤

→④

–10%

→①

→㊸

–5%

20针、重复6次　右端7针

后片的往返编织

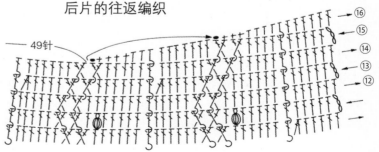

49针

→⑯

←⑮

←⑭

←⑬

←⑫

→

5

衣领

衣领种类各式各样，前面两章已经详细阐述了通过调整密度和使用分散加减针技法来编织各式衣领的技巧，在本章中又加入了外围线的推算及加减针的操作，重点阐述如何编织和制作完全吻合的衣领技巧。

编织衣物中衣领通常是被认为操作难度较大，不易掌握的一个环节，不过结合目前为止掌握的基础知识，充分发挥各种编织技巧的特长，一定可以编织出漂亮的衣领。

花边领

沿着V形领围外侧编织漂亮花边的领形。花边单独编织，最后进行双层衔接编织。

材料与密度

中粗型毛线（线40g，长120m）6号针（3.9mm），花样编织10cm为21.5针30行。花边为中细型夏季纱线（线长40g，长130m）4号针，1个花样为12针4.5cm，5cm为15行。衔接部分——10cm为21针，1cm为5行（含厚度部分）。

 操作重点

1 花边的材质和花样选择非常关键。注意花边分量的确定方法。

2 衔接编织为平针双层编织，横向方向容易拉伸，注意密度的计算方法。

3 花边的衔接编织以及V领尖头的双层编织是非常重要的操作技巧。

制图

● 将补正原型S.P提高1cm画肩线。横开领1.5cm，在后片内侧画1cm的衔接线。

● 前领中心线降下6cm，然后标记V领中心高度（衔接线1cm×1.7）1.7cm，画领围弧线1cm。

● 衔接部分和身片领围弧线尺寸相同（后面9.5cm+前面16cm）。V领领尖画1.7cm斜线。

● 花边大小为衔接尺寸的1.7~1.8倍（按照花样尺寸稍加修正）。

（后面9.5cm+前面16cm）×1.7～1.8=43～46cm

宽度为5cm。

1 （注）如果花边分量较大，且材料太过柔软，就会没有支撑感，花边就容易全部下垂，缺少美感。因此要注意选择轻盈而有质感的毛线，花边分量控制在2倍左右就可以了。

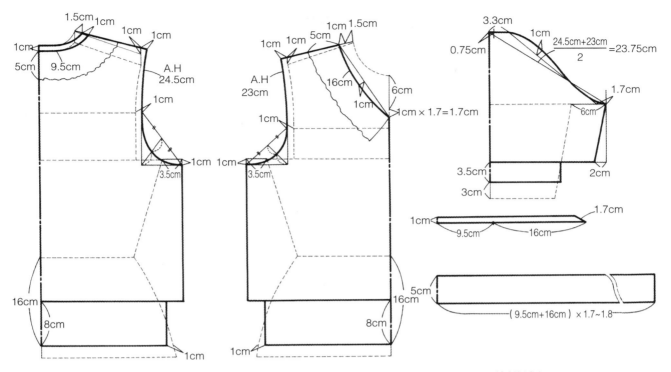

花边编织

花样编织

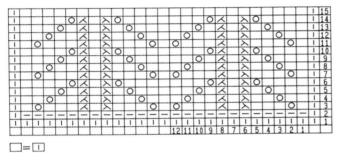

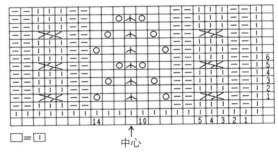

□ = □

□ = □

中心

V领尖的编织方法

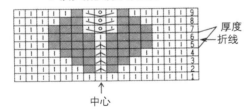

厚度
折线

中心

推算

●花边的花样数

　　1个花样为12针，4.5cm。计算花边整体花样数目。
　　（43cm～46cm）×2=86～92cm
　　1个花样4.5cm×20个花样=90cm

●衔接尺寸

　2　重叠尺寸为1cm。宽度较短，容易横向拉伸，同时花边下垂也容易拉伸，因此要特别注意密度的计算。

　　试编样片使用比身片小2个号的棒针，编织宽15cm、高3cm的平针样片。编织完毕后在中间对折，横向稍微拉伸一下，然后计算1cm的行数和翻折部分的厚度。注意里侧要比外侧少1行。

编织方法和最终完成

❶花边以别线起针开始编织。编织完毕后保留针脚，穿一条线备用。

❷将花边编织片熨烫平整后，从里侧编织引拔针收针。外侧为花边样式，注意不要松散。

❸3　❸衔接部分开始挑针编织。用4号针，从前面最中间1针的右侧针开始挑针，挑针编织1行。第2行首先挑中间3针，然后开始挑花边针脚。将花边的针和衔接部分的针一起进行编织，前领衔接部分33针，和花边6.3个花样进行重叠挑针编织。

51cm：20个花样=16cm：X　X=6.3个花样——前领围部分

20个花样–（6.3个花样×2）=7.4个花样——后领围部分

❹衔接部分的里侧在V领中心进行加针，比外侧多织1行，用起伏针收针。

❺在内侧连接，为了使衔接部分不显眼，需要使用分股线缝合。

花边最后的针休针备用
上花边领之前将花边编
织片熨烫平整

花边和衔接部分第2行
重叠，中间3针并1针
且与相邻针重叠

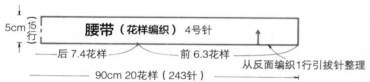

5cm（15行）

腰带（花样编织）　4号针

后7.4花样　　　前6.3花样

从反面编织1行引拔针整理

90cm 20花样（243针）

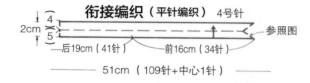

衔接编织（平针编织）　4号针

4行
5行

2cm

参照图

后19cm（41针）　前16cm（34针）

51cm（109针+中心1针）

衔接部分在反面用分股线缝合

从中心左侧的针开始叠上腰带

| | | | ↑ | | | ← 第2行 |
| | | | | | | ← 第1行 |

身片中心的针

从中心右侧的针
开始挑针

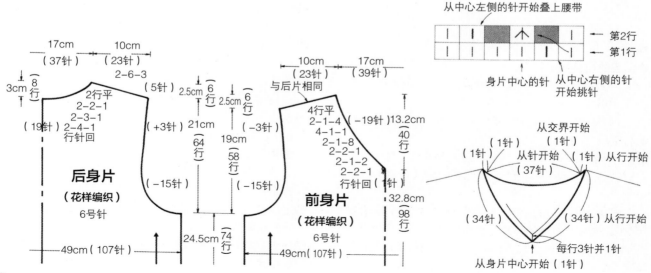

17cm（37针）　10cm（23针）

3cm（8行）

2行平
2-2-1
2-3-1
2-4-1
行针回
（19针）

（5针）

（+3针）

2.5cm（6行）
2.5cm（6行）

21cm（64行）

19cm（58行）

（-3针）

后身片
（花样编织）
6号针

（-15针）

24.5cm（74行）

49cm（107针）

10cm（23针）　17cm（39针）

与后片相同

4行平
2-1-4
4-1-1
2-1-8
2-2-1
2-1-2
2-2-1
行针回
（-19针）

13.2cm（40行）

（1针）

前身片
（花样编织）
6号针

32.8cm（98行）

49cm（107针）

从交界开始

（1针）　（1针）

从针开始（37针）

（1针）从行开始

（34针）　（34针）从行开始

每行3针并1针

从身片中心开始（1针）

2
肩翼领

像鸟的翅膀一样伸展飞舞的华丽领形。在密度调整内容中也以肩翼领为例进行过阐述，
在本篇内容中重点讲解如何按照制图线进行编织，阐述外围推算的方法。

材料与密度

极粗毛线（线50g，长115m）
8号针。花样编织——10cm为
16针26行。边缘编织——5/0
号针，10cm为20针，0.5cm为
2行。

 操作重点

1 为了避免领尖重叠，身片的前中心制图以
　对齐的状态进行绘制。

2 衣领从外围开始编织。以后面中心线作为
　推算的基本线，根据花样不同，前领边线
　的花样也会随之有所调整。注意比较不同
　花样的不同感觉。

3 上拉链的操作技巧也非常重要。

制图

● 将补正原型S.P提高2cm画肩线。横开领1.5cm，
　后领中心线提高1cm画领围的浅弧线。

● 画领立3cm，领高7cm的后领。

1 ● 前领中心线移动1cm，将此定为前端线位置。
　开领止口下降14cm，引出翻折线，绘制前领高度
　为11cm的肩翼领。在肩部延伸领腰3cm画衣领连接
　线。

（注）将前中心线进行对接，领尖也会自然对接，
　注意领尖的最下部不要重合，距离均等分割。

● 复制后领尺寸，和前领肩线进行连接。

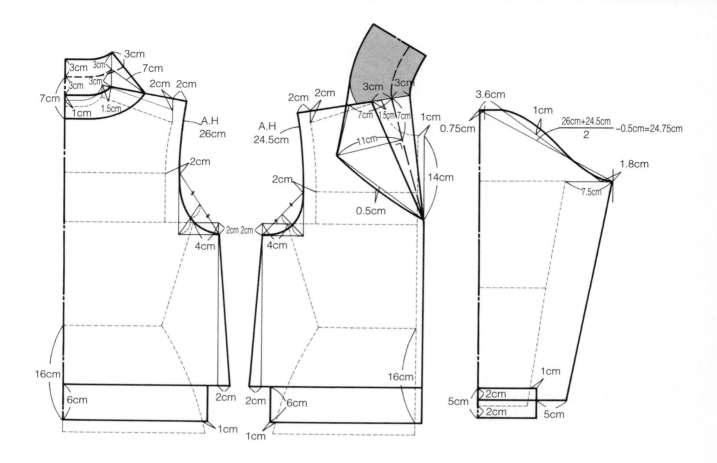

推算

●衣领的推算

❶从领围到领边切掉0.5cm（引拔针1行，后面短针1行）。在衣领连接部分作为缝份加0.5cm。

👆2 ❷将后面中心线作为垂直基本线，从外部领围向内侧连接部分编织，因此要在此方向上进行推算。

由于花样针数从始至终有不规则的变化，计算时不要将加针数目包括在内。衣领外围和连接部分都以2行为单位进行区分，领尖的加针以偶数行进行计算。

衣领外围编织的第1行和衣领连接部分最后编织的消除行差的1行另外进行计算。

花样编织

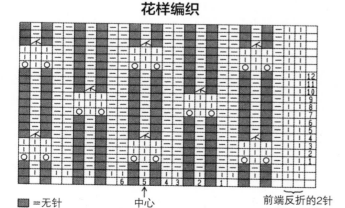

■=无针

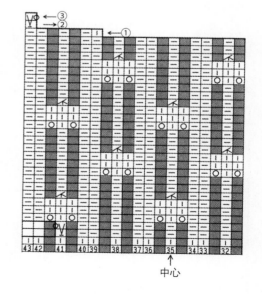

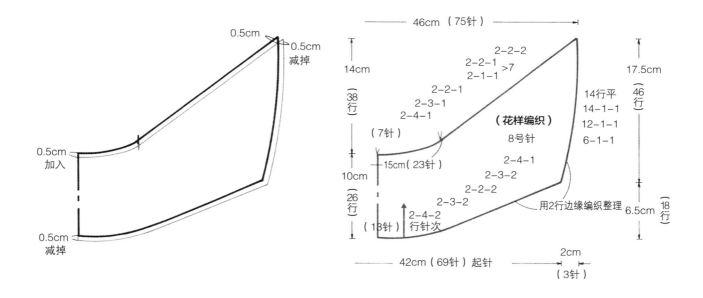

边缘编织 条纹挑针　5/0号针

角的编织方法

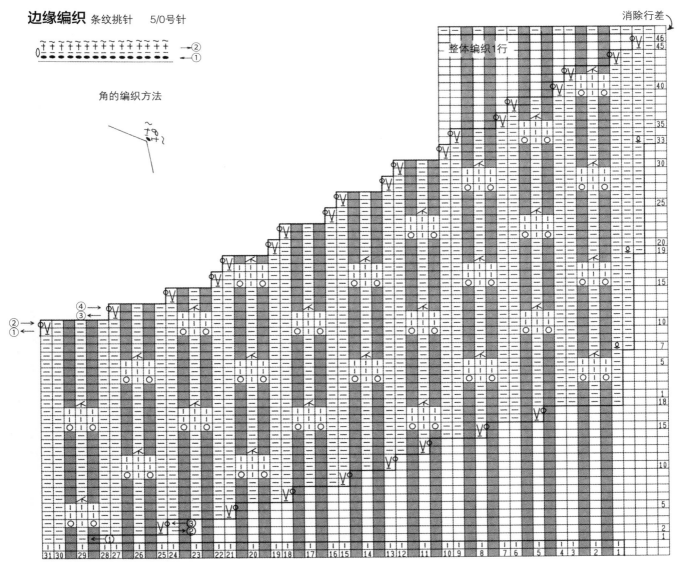

编织方法和完成处理

❶ 从衣领外围别线起针开始编织。全部针目织完一行
后将线切断。从引返编织的第一行接线编织，以2行
为单位开始引返编织，注意左右错开1行。

❷ 前领端在1针内侧进行加针，扭针加针。

❸ 衣领连接部分以2行为单位进行引返编织。左右错开
1行进行操作。继续满针编织，消除行差，以伏针收
针。注意衣领连接部分保持平整，均匀收针。

❹ 按照制图尺寸熨烫平整后，编织领围边缘。为了保
持外围轮廓的平滑线条，首先编织引拔针1行，然后
从引拔针的针脚均匀挑起，编织一行逆短针。

❺ 身片前端向里加入反折2针。反折2针后进行衣领
连接缝合。将身片和衣领正面向上对齐，插入固定
针。两边缝份都是0.5cm，身片的起针位置为制图的
上领止位。

👆3 ❻ 上拉链。最上面反折2针，将拉链的齿轮稍微
让出一点后插入固定针，进行半回钩针缝合。拉链
的里衬用千鸟针进行仔细缝合。

❼ 将衣领的缝合处翻转过来，除去拉链部分，编织长
针领台。编织缝合完毕后熨烫平整，注意将长针领
台倒向身片一侧。

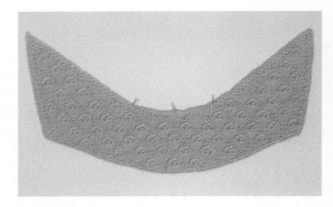

肩翼领编织完毕

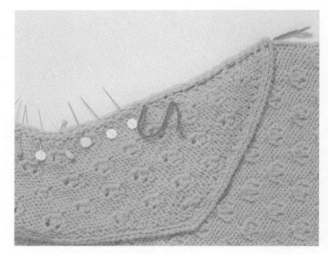

将前面2针折返后在衣领连接部分插入固定针，衣领连接
使用半回针缝制

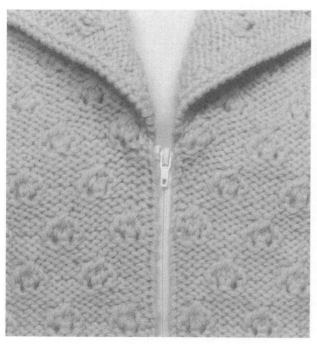

将拉链齿轮稍微让出一点后，进行身片内侧的缝合
拉链里侧用千鸟针缝合

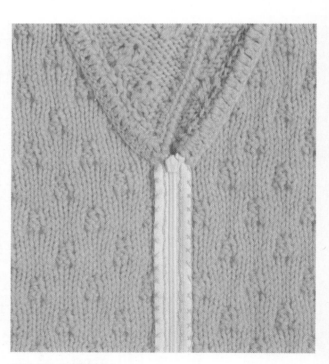

在拉链内侧编织领台

衣领花样变化产生的不同感觉 👐2

衣领单独进行编织时，如果将衣领外围和内侧连接部分的花样进行调整，领尖花样也会发生较大变化。纵向花样和横向花样最终呈现的结果也是完全不同的。

Ⓐ为纵向花样。采用纵向花样时，编织时的花样密度对整体效果影响不大，加减针的调整会更加明显。因此这种花样的衣领，外侧领围和内侧连接部分的引返对花样不会产生影响。另外前领端头的加针数目也很少，对花样影响也不是很大。

Ⓑ为配色的横向花样。花样的流向呈尖角状态，强调刻画领部像翅膀一样的形状。不过衣领外围的引返编织花样会发生走形，引返编织左右行数需要错位1行，这样左右均等配色很难实现。衣领连接部分同样在前领尖的配色也会受到影响。由此可以得出横向条纹受引返编织花样影响较大，相反受加减针调整的影响较小。作品2选取的是滑针提花样，因此弥补了ⒶⒷ花样的缺陷。

（注）单独编织的衣领肯定会发生花样走形，为了避免这个问题的发生，将制图进行平面展开，通过调整密度或者分散加减针进行编织。这样即使形状无法和制图完全相同，最醒目的外围线也可以达到和制图完全一致的效果。

Ⓐ纵向花样的肩翼领

极粗毛线（线50g，长115m）8号针（4.5mm）花样编织——10cm为19针26行

Ⓑ横向花样的肩翼领

极粗毛线（线40g，长80m）8号针（4.5mm）花样编织——10cm为18针32行

花样编织

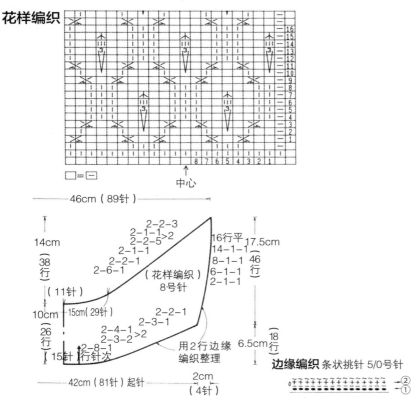

花样编织

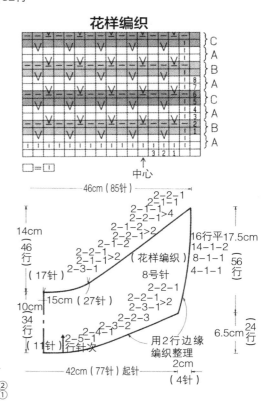

3

披肩领

后面有领立，顺延到前面领立逐渐消掉的衣领，属于最普通的一种领形。

采用钩针编织长短针，制作密实紧凑的衣领。

为了能够完全按照制图编织，将实物尺寸大小的制图切开后进行推算。

操作重点

1 为了保持衣领外围针脚整齐，并且可以准确算出弧线部分的加减针，将实物尺寸大小的图纸剪开，迅速得出准确的推算结果。

2 从衣领连接部分开始编织，进行分散加针。注意理解区分衣领整体进行均等分散加针和只在弧线部分加针的推算技巧的不同之处。

3 钩针编织作品的衣领连接部分采用挑针接合（将2片进行对接缝合）技巧，注意连接部分不要过厚。

材料与密度

中粗混纺夏季纱线（线40g，长105m）3/0号针。细长编织——10cm为24针，2行1个花样为1.3cm（长针1行为0.95cm，短针1行为0.35cm）。

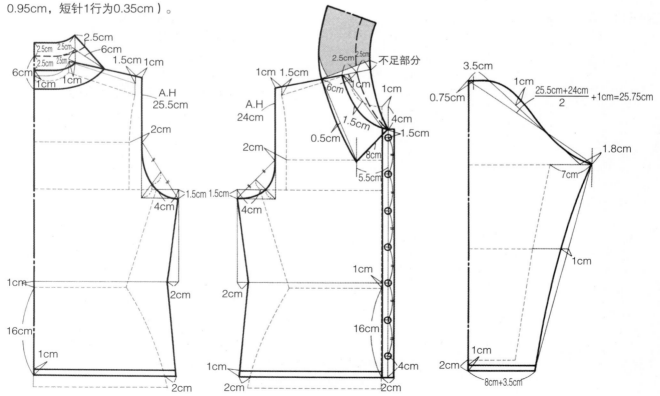

制图

● 将补正原型S.P提高1.5cm画肩线。横开领1cm，后
中心线提高1cm，画浅弧线。画领立2.5cm，领高
6cm的后领。

● 前片移动中心线，中心线下降4cm画领围弧线。在
5.5cm的前襟开分线上取前领高度8cm画前领，在肩
线延长线上取领腰2.5cm画衣领连接线。将衣领连接
线延长至和身片领围线尺寸相同。

● 复制后领制图，连接前领肩线。

推算

● 衣领的推算　👆1

❶ 绘制实物尺寸大小的衣领制图。从领外围处平行切
掉0.5cm作为领边（短针1行，挂线短针1行）。

❷ 制作实物尺寸大小的编织图表。密度为10cm24针，
行数为长针，短针2行合计1.3cm。高度无法准确得
出，不过2行为1.3cm的话，高度分割稍有偏差也不
会影响效果。假设长针0.95cm，短针0.35cm画编织
图表。如图所示从上到下为长针和短针交替编织。
横向用密度尺计算为24针。表格尺寸为横向30cm，
纵向10cm就足够使用了。

❸ 用复写纸将衣领制图复制后水平粘贴在编织图表
上。将后中心线对准表格右侧，领围线对准表格上

侧线。从领围线偏离表格上侧的部分开始剪切。如
果沿着表格的纵线剪切的话，切开的右侧就会是直
线，无法切出半个花样的针脚。

❹ 修正外围线。由于是沿着领围线进行剪切操作的，
所以会有高低不平的线条出现。以后面中心线的长
度为基准，画水平线到N.P，修正外围线。前领连接
部分也用斜线将切开部分进行连接。

❺ 切开的部分就是加针的数目。表格上一个空格就是1
针，被切开一半的空格可以和邻近的空格合并进行
加针。

长短针编织

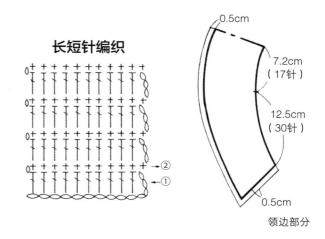

领边部分

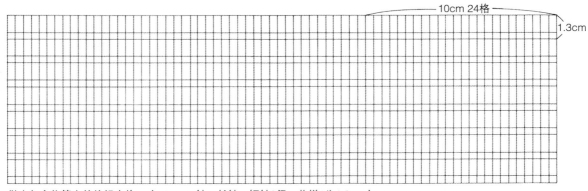

做出与实物等大的编织表格。（10cm24针、长针、短针2行，花样1为1.3cm）

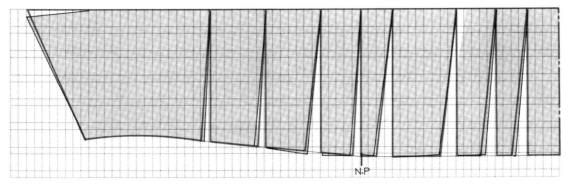

后领中心线与衣领外围对准表格的直角边，将衣领切开，修改成半针的针数。

❻将加针位置用记号标注。不要在同一行进行重复加针，尽量将加针位置错开，在长针行进行加针。领立2.5cm中间不要进行加针。

❼前领尖的加针按照一定比例操作的话会成为一条漂亮的斜线，因此领围尺寸即使稍有变动，也可以按

照相同的加针进行操作。

❽最后确认衣领连接部分的针数（起针处）。重新核实一下制图的长度和针数是否和图表的针数保持一致。

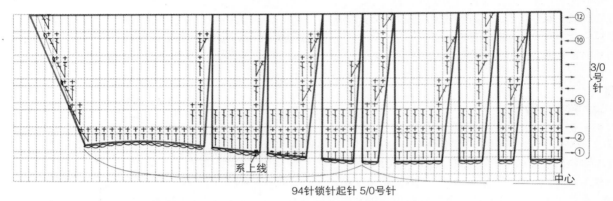

在长针的行上加针　　加针的位置要尽量错开　　不要在衣领立起的部分加针

系上线

94针锁针起针 5/0号针

3/0号针

中心

编织方法和完成处理

❶用5/0号针进行起针，然后换3/0号针从衣领连接部分开始编织。起针的前2行进行针脚调整。

❷由于前领尖为斜线，需要比通常的针脚高度编织得更高一些，注意保持针脚整齐。

❸领边为短针1行，挂线短针1行，2行均从正面开始编织。挂线短针时，在抽出的针脚上，将线从前向后

绕一圈进行编织。

❹3　❹衣领连接部分用挑针接合。将身片正面和衣领反面平铺，相对均等编织连接点。补针缝合时，注意将身片的正面针脚对准衣领反面相同位置的针脚进行缝合，前领围一半的位置在身片的反面对应缝合（错开第1个纽扣的位置，注意隐藏窝边，不要露出）。

前襟（短针）3/0号针

⑥挂线短针
⑤
③
①

挂线短针

边缘编织 3/0号针

①②

挂线后编织短针的操作方法

从身片正面进行接合

衣领反面

从身片反面进行接合

身片正面

上领的正反关系
（前领窝的一半从反面使用挑针接合）

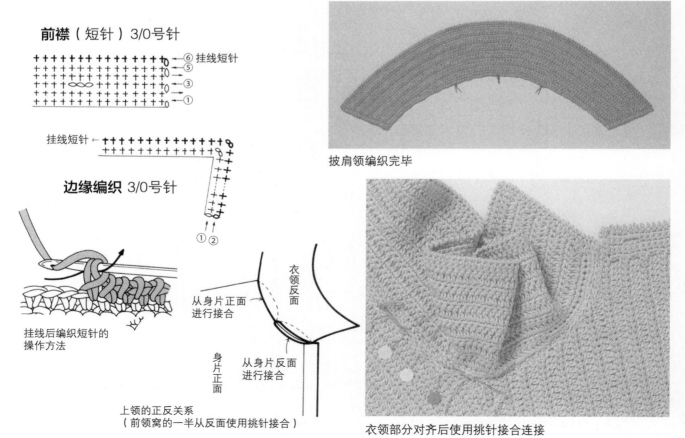

披肩领编织完毕

衣领部分对齐后使用挑针接合连接

4

青果领

从肩部到前中心开襟的弧线流畅,领形优美的青果领。
运用巧妙的编织技巧,身片、前襟、衣领一气呵成,是非常独特的编织作品。

 操作重点

1 身片和前襟以及衣领都是连续编织而成的,因此以领围线为界,翻转织片正反面继续编织,所以要注意选择容易正反对调编织的花样。

2 身片和前襟的行数密度的差值,可以通过引返编织进行调整。

3 衣领连接部分和外围尺寸差值也可以用引返编织进行调整。展开平面制图进行推算。

4 由于身片和前襟使用同号棒针进行编织,因此将针号调小一个号码。

制图

●将补正原型S.P提高1.5cm画肩线。横开领画领围弧线,画领立3cm,领高6.5cm的后领。

●前片移动中心线,前襟宽度3cm。领深为15cm,从开领N.P到领立画翻折线。领围画优美的弧线,身片绘制同样的领围线。

●从翻折线处朝相反方向复制衣领制图。将衣领肩线和后领连接。

推算

●衣领的展开图

3 前身片和前领按照制图编织,后领重新绘制平面图。测量衣领连接部分和领围的尺寸,水平移动后中心线,和外领围相接画直线。肩部的开口就是引返编织的行数。

材料与密度

极粗毛线(线50g,长115m)7号针(4.2mm)。花样编织10cm为20针29行。前襟罗纹针编织——7号针(4.2mm),3cm为11针(含缝份),10cm为23行。下摆罗纹针编织——5号针(3.6mm),10cm为32行。

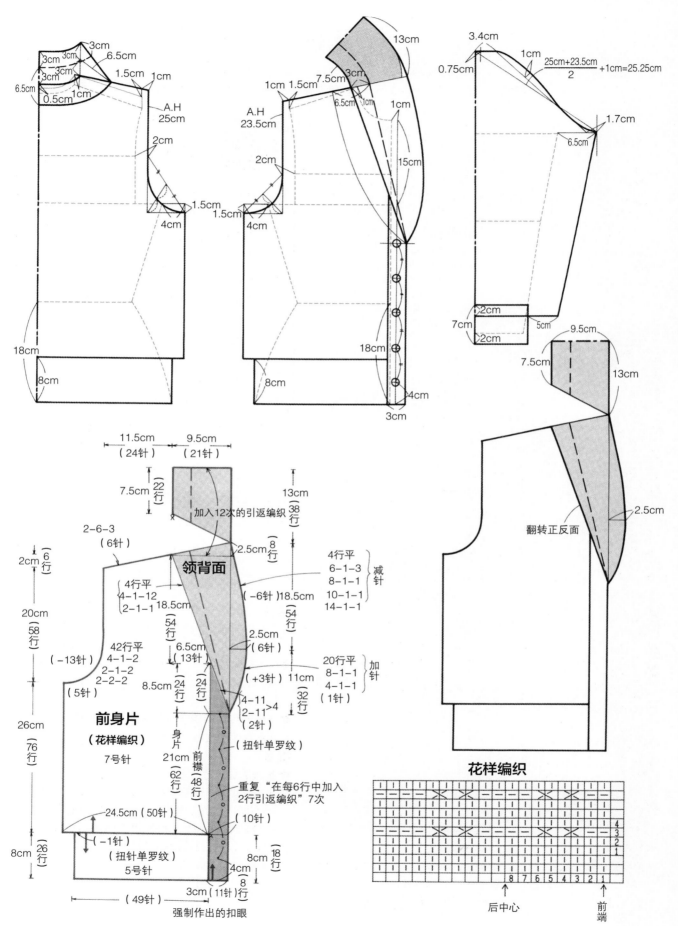

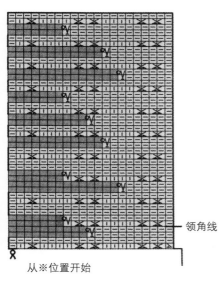

后领接※位置

领角线

从※位置开始

边缘编织 3/0号针

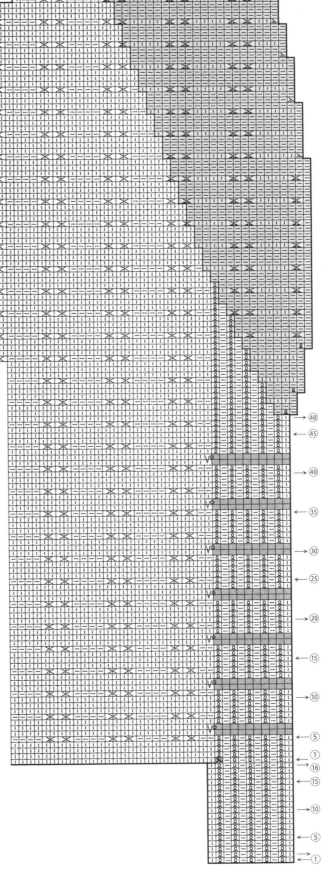

●**身片，衣领的推算**

☝2 ❶前襟和身片连续编织。密度不同造成的行数差异进行以2行为单位的引返编织。

身片62行−前襟48行=14行（引返编织7回）

$$48行÷（7+1）=6-8→\begin{matrix}6行平针\\6行-7回\end{matrix}\quad 每6行$$

身片加入2行引返编作为调整。

❷前领外围弧线为2.5cm，6针（5针+端头1针），由于前襟罗纹编织和衣领密度不同，差值中的3针进行外围线加针。

❸前领后半部分的减针数目如图所示为6针。

☝1 ❹在衣领连接线上将编织片进行里外对调。前襟为10针24行，身片一侧为13针54行的斜线计算。不过最前端一开始加了缩缝1针所以就变成2针了。以此线为界，前襟和身片也被翻到衣领的内侧，花样进行里外对调编织。

☝3 ❺从N.P向上引返编织领围和衣领连接部分的行数差。

衣领外围尺寸——38行+8行=46行

衣领连接部分——22行

（46行−22行）÷2−12回

加入以2行为单位的引返编织12回，避免交叉行，同时在肩部弧度较大的地方多加入几回引返编，参考图示进行操作。

编织方法和最终完成

❶ 从前襟下摆开始编织。单罗纹编织起针,编织18行。

❷ 身片用别线起针,和前襟一起编织。此时注意减少前襟靠近身片一侧的缝份。到领尖为止身片和前襟的行数差用2行为单位的引返编织进行调整。

❸ 领尖向上到衣领连接线为界,将衣领里外对调后继续编织。花样里外对调的记号参考图解记号图进行标注编织。

❹ 后领在衣领连接处留出缝份,剩余部分进行引返编织。

❺ 后领中心进行平针缝合。左右选一侧减掉1行,进行平针缝合。

❻ 缝合肩部,将后身片领围和后领连接处中表对齐,窝边0.5cm进行半倒针缝合。注意身片两侧的窝边要从0开始缝制。

❼ 在衣领窝边处从里侧开始编织长针的台针。

❽ 仔细将领围编织密实。

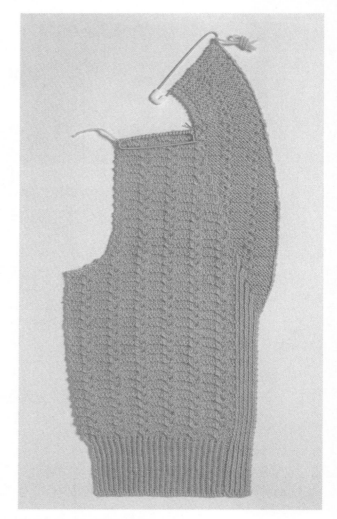

前襟与衣领连续编织的青果领

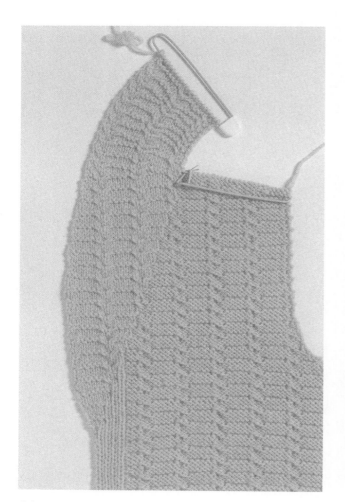

衣领正面

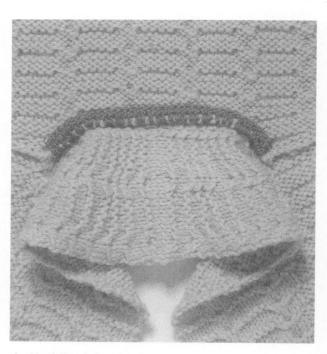

在后领处编织长针的领台

5

三角领

前领为三角形状，后领沿颈部直立的衣领作品。
衣领和身片连续编织，因此采用正反面通用的双面花样。领边用虾编作缘边。

材料与密度

极粗圈线（线50g，长84m）
7号针（4.2mm），花样编
织——10cm为18针27行。

操作重点

1 身片和前领，后领均为连续编织。只有前
  领需要翻折，因此花样注意选择双面通用
  样式。
2 衣领全部用外围线进行推算。后面连接处
  编织时注意加入窝边部分。
3 身片和衣领的边缘处都采用虾编作缘边。
  在领尖和前后领的边界处将虾编进行正反
  对调。

制图

●展开补正原型，S.P提高1.5cm画肩线，横开领
  1.5cm。后片中心线提高1cm，画浅弧度的领围弧
  线。
●前片中心线移动1cm，外延2cm画门襟，衣领开口深
  度为13cm，从开领处到后领宽3cm垂直向上的位置
  画翻折线和前领围。
●后领宽度从前面N.P水平取等同于后领围尺寸的宽
  度，画3cm长的直线。
●从翻折线部分复制衣领的形状，朝相反方向展开制
  图。

推算

☞1 **❶**正反面相同的花样（双面花样）一般多为由上针和下针组合而成的花样，其中最具代表性的是棋盘花样。除此之外还有一些也是上下针组合而成的双面花样，可以随意选择。

☞2 **❷**衣领进行推算时，需要绘制和实物尺寸大小等同的图纸，然后用密度尺进行外围线的推算。注意提前在后领连接线上加2行作为缝份。

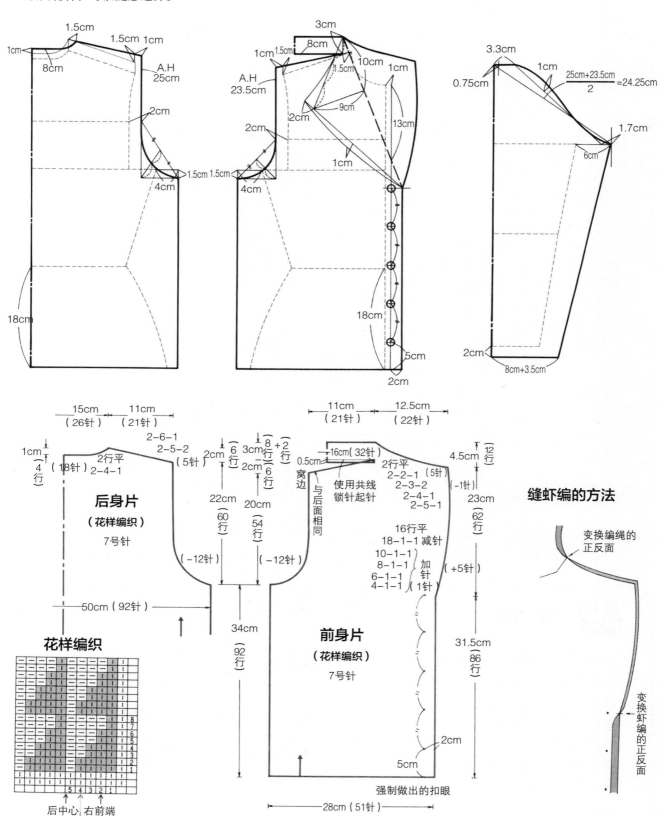

编织方法和最终完成

❶领外围加针时，将端头1针内侧进行扭针加针。2针以上的减针采用伏针。

❷肩线编织完毕后暂作停留。重新用共线编织后领整体起针32针，编入2行窝边后，将前身片左右的空隙夹住，编织为一体。最后用伏针收针。

❸将领围和后领进行正面相对，插入固定针，用半回针进行衣领缝合。分开窝边，最后用熨斗烫平整。

❹虾编用5/0号钩针编织中长针的虾编，宽度为1.3～1.5cm。虾编端头大约留出0.5cm，正面从里侧进行缝合，反面从外侧缝制。

❺3 ❺在领尖和前后领的边界处，将编绳的连接方法进行里外对调。将编绳扭转至里侧，为了编织翻折，编织时略微带点松分便于翻转。注意编绳三角处为直角，翻转完毕后达到鲜明直角的效果。

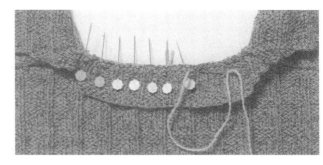

后领处正面相对用半回针缝合

中长针的虾编编织

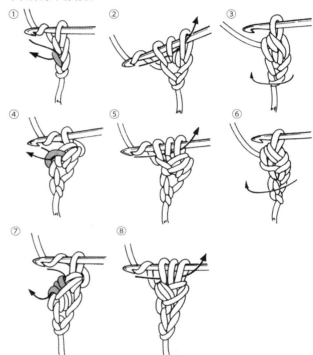

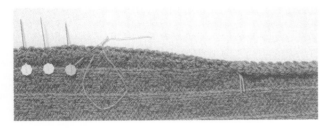

在插入固定针时编绳要比织片边缘向外一些，且从反面缝合

从外侧将虾编的内侧缝合

角的制作方法：将虾编预先折成直角固定待用

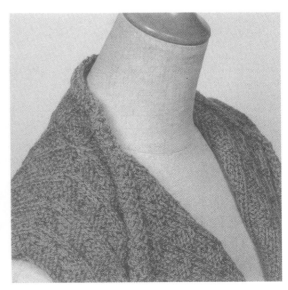

在前后衣领的交界上将虾编内外反折

5-A

正反阿富汗针三角领

制图和作品5相同，使用阿富汗针编织。
使用正反阿富汗针的双面花样，同时加入配色，编织出非常有质感的作品。

 操作重点

1 注意加减针的编织方法。2针以上的减针要同时在左右两边编织引拔针收针。衣领外侧的加针，注意保持回针针脚整齐，往前编织时进行挂针加针。

2 肩线和前领最后的引返收针编织是非常重要的操作环节。每行变换方向进行引拔针收针的环节也要特别注意。

推算

阿富汗针的推算均以1行为单位。后领连接部分加入1行作为缝份。整体针数调整为容易操作的奇数针（无论从表面还是里面开始编织，一定要随时保持两头为下针）。

材料与密度

极粗毛线（线40g，长82m）阿富汗针10号针，10cm为18针，13.5行。

花样编织

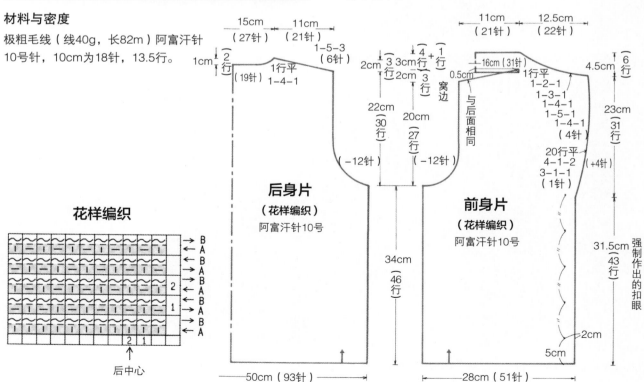

编织方法和完成处理

❶前进方向为A色，返回方向为B色。每编织完1行都要进行正反对调，然后从相反的方向进行编织。

❷袖窿弧线中2针以上的减针要在前进方向进行引拔针收针。如果前进方向编织用线在另一侧时，则用返回方向的线进行收针。1针的减针在返回方向编织时进行操作。

❸领外围的加针在前进方向编织时进行挂针加针操作。

❹在肩线位置的每行进行引返编织的同时，进行引拔收针编织。从正面编织的行在收针时，将前进方向编织的线拉出后编织。从反面编织的行在收针时，要连接上一行返回方向的针脚，先编织下一行的引拔针，然后将编织片对调后再继续编织（参照图解）。

❺肩部的引返针也按照同样要领进行收针。编织完肩线后，后领整体起针31针，然后编织1行缝份，将前身片左右两边进行衔接编织。

❻将肩部正面相对，使用半回针缝合。后领连接部分也使用半回针缝合。

❼使用6/0号钩针编织虾编，按照与作品5相同的操作要领给身片和领围缝制缘边。

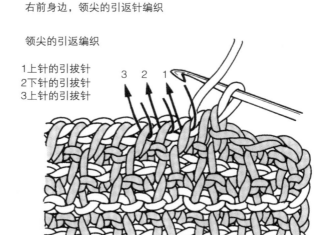

右前身边，领尖的引返针编织

领尖的引返编织

1上针的引拔针
2下针的引拔针
3上针的引拔针

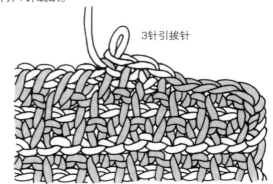

①在第1行的前进方向编织4针引拔针（A色），继续朝前进方向编织。第1行的返回方向使用B色线编织，最后的2针并1针编织。

3针引拔针

②第2行。在第1行返回向编织的B色中，先进行3针引拔针。

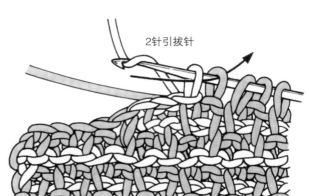

2针引拔针

③第2行的前进方向。将织片正反对调，从相反方向开始编织A色，然后换成B色，往回编织时编织2针并1针。

衣领的加针

（前进方向上使用挂针加针）

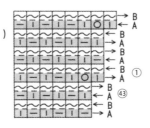

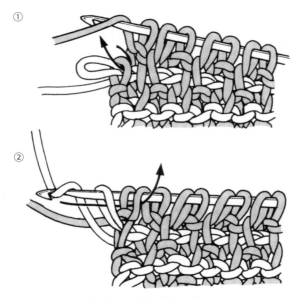

在返回方向的开始位置编织2针并1针

6

尖角领

前后都有领立，非常笔挺的翻折领形。前领尖角度比较锐利，
整体为干练感觉的领形，因此用钩针进行一气呵成的编织，身片前襟部分也是钩针编织。

材料与密度

极粗毛线（线50g，长115m）8号针（4.2mm），花样编织为10cm21针26行。衣领为中细型夏季纱线（线
40g，长130m）3/0号钩针，1个花样横向为1.03cm，纵向（2行）为1.4cm。前襟的变化扭针编织——3/0
号钩针，10cm为27针，2.5cm为8行。

 操作重点

1 前面的领立要注意编织厚度，保证笔挺直立的
衣领效果。适合用钩针进行编织。

2 为了保证衣领外围花样整齐，要沿着衣领外围
线水平绘制展开图，进行推算。

3 钩针编织的衣领需使用挑针接合进行轻盈缝
合。

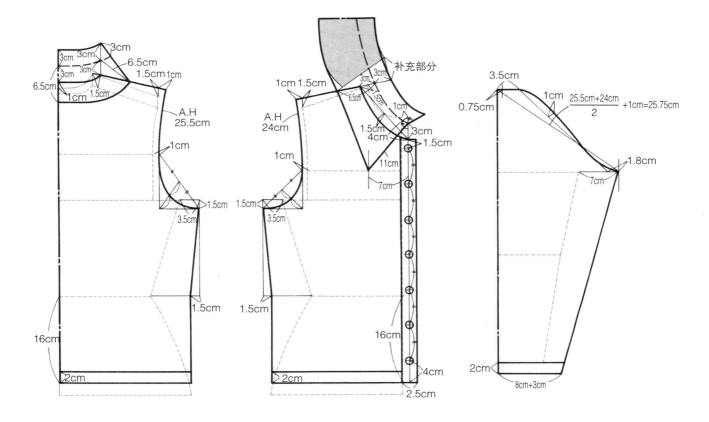

制图

- 将补正原型的S.P提高1.5cm画肩线，横开领1.5cm。后面中心线提高1cm画浅弧线领围，画领立3cm，领高6.5cm的后领。
- 前片将中心线移动1cm，分出前襟宽度2.5cm。衣领向下4cm画领围弧线。从肩延长线与前中心正上方取出3cm画领立，画翻折线与领外围线。测出前中心线与翻折线的角度，在对侧以相同角度画出上领线。
- 延长衣领连接线，使身片领围弧线和衣领连接线尺寸相同，画领肩线，连接后领。

花样编织

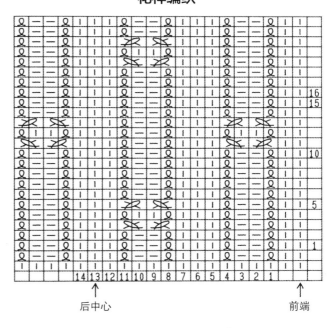

后中心　　　　　　前端

推算

●衣领展开图

2 垂直展开后领中心线，将衣领外围水平展开。展开后，注意保持衣领外围花样整齐，直线排列。领立3cm也是垂直状态，花样呈直线排列。分别测量各自外围线的长度。

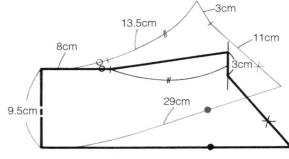

●**衣领的推算**

❶选取钩针编织《一目了然分散加减针》No.20的花样。计算衣领针数（花样数）和行数。

衣领外围尺寸——58cm÷1个花样1.03cm=56.3→56.5个花样

后领连接尺寸——16cm÷1.03cm=15.5个花样

前领连接尺寸——13.5cm÷1.03cm=13.1→13个花样

领高——9.5cm÷1个花样1.4cm=6.7→7个花样（14行）

领立——3cm÷1.4cm=2.1→2.5个花样=5行

❷从衣领连接部分向外编织。在花样编织表格中画出花样数目、行数基本线，将连接外围线的半边记号重新标记为吻合长度的记号。

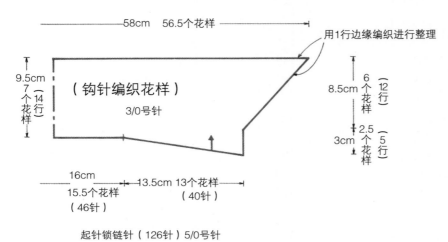

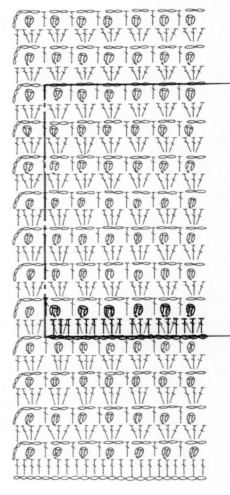

前襟（钩针编织花样）3/0号针

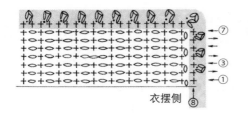

衣领的边缘编织 3/0号针

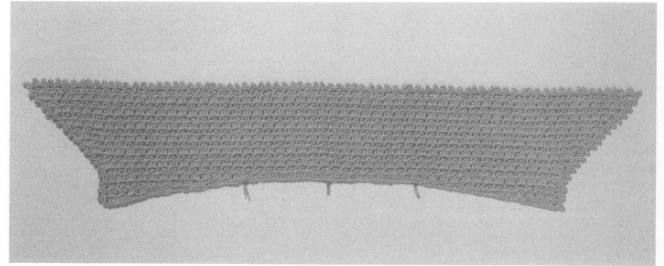

尖角领编织完毕

编织方法和完成处理

❶起针用大两个号（5/0号）的钩针进行编织。从锁针的里山开始挑针，在起针一侧进行3行引返编织。

❷前领立5行进行直线编织，下一行到领尖进行加针操作。注意调整加减针保持斜线长度不发生变化。

❸衣领边缘编织装饰狗牙。

❹身片前襟改用米字编织，同样加入装饰狗牙。

⑩3 ❺将身片正面和衣领反面对齐，缝合连接点。衣领用挑针接合，身片上针的部分按照平针缝合要领，行的部分按照挑针接合要领分别进行操作。注意衣领缝合起始的前立部分，窝边从0开始缝合。

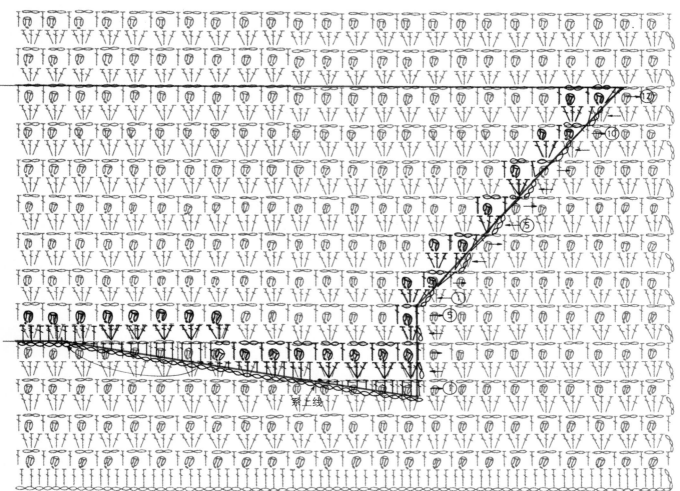

系上线

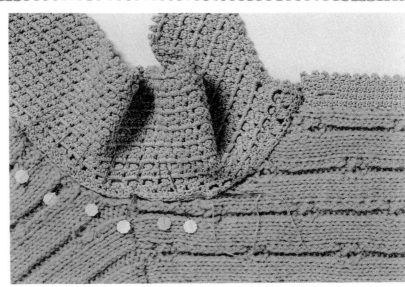

将身片正面与衣领反面相对，用挑针接合上领。（身片针的部分使用平针缝合）

7

前襟连续的西服领

衣服前身从中途插入较宽的前襟，然后在中途将衣领外翻的西服领形。
衣领上部采用分散加减针技巧向领围扩散编织，采用钩针花样，可以编制出非常漂亮的领形。

材料与密度

极粗毛线（线50g，长115m）8号
针（4.2mm），花样编织为10cm21
针26行。前襟和衣领为中细型夏季
纱线（线长40g–130m）3/0号针，
1个花样为2.6cm，10cm为14行。

 操作重点

1 前襟和披肩领的组合式领形。前襟较宽，上部
里侧的尖角正好称为衣领深度。注意制图中翻
折线的绘制方法。

2 前襟在一半的位置进行翻折，形成外翻领。以
翻折线为界，将花样里外对调后继续编织。

3 衣领上部以连接部分为基本线，进行分散加针
操作。

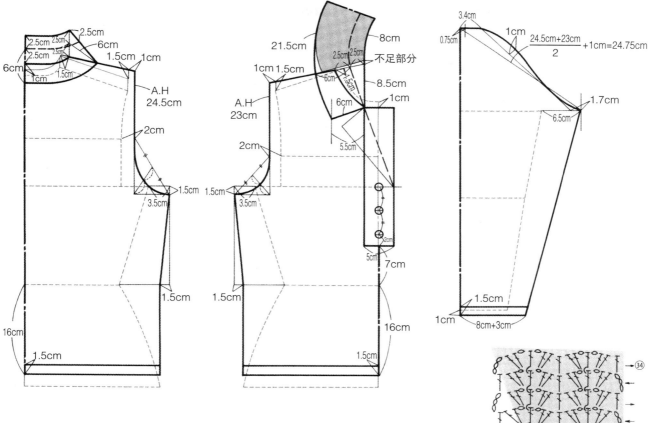

制图

- 将补正原型S.P提高1.5cm画肩线，横开领1.5cm。后中心线提高1cm，画浅弧线。画领立2.5cm，领高6cm的后领。

(1) ● 前领下部下降1cm，将5cm宽的前襟进行左右分割。在肩线延长线上取领立2.5cm，画连接前襟左上角的翻折线和身片领围弧线。在肩线上取6cm领高，从前襟里侧绘制5.5cm的开襟线，得出前领高度为6cm，画衣领外围线。在肩线延长线上取领腰2.5cm，画衣领连接线。

- 将衣领连接线延长至和身片领围弧线相同尺寸，连接领肩线和后领线。

推算

● 前襟的推算

(2) 选取花样《一目了然分散加减针》中No.13的花样。1个花样为2.6cm，横向为2个花样，行数为34行。这个花样使用外部长针编织，因此编织片有正反之分。以第15行为界，编织片倾斜折返的部分开始将外钩长针更换为内钩长针继续编织。参照编织图表进行操作。

前襟要从翻折线开始从外部长针变为内部长针

前襟 3/0号针

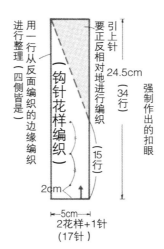

边缘编织 3/0号针

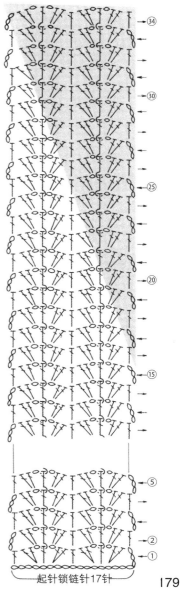

179

● **上衣领分散加减针的推算** ✋3

　　除了"一看就是分散加减针"以外的花样，如果花样排列也是比较规则准确的话，同样可以采用分散加减法进行计算。

❶测量衣领制图尺寸，重新画平面展开图。垂直后中心线，水平绘制衣领外围线。领立2.5cm，从N.P往前逐渐消掉。

❷以衣领连接部分为基准，计算到领围的加针比例。
　　21.5cm－（8cm+8.5cm）=5cm
　　（5cm÷16.5cm）×100=30.3%——加针比例

❸基本花样为1个花样8针（长针和锁针包括在内），计算增加30.3%相对应的数目。
　　8针+30.3%=10.4→10针
　　去掉小数点的话就是8针增加到10针，加针比例为

（2针÷8针）×100=25%。

❹30.3%－25%=5.3%
　　差值5.3%用密度进行补充调整。1个针号的调整比例为5%，因此领围部分需要再加粗1个针号，用4/0号钩针进行编织。

❺计算衣领的针数和行数。
　　后领——16cm÷1个花样2.6cm=6.1→6个花样
　　前领——8.5cm÷2.6cm=3.26→3.5个花样
　　衣领整体——6个花样+（3.5个花样×2）=13个花样
　　领立——1.4行×2.5cm=3.5→4行
　　领高——1.4行×6cm=8.4→9行（含翻折线厚度部分）

❻领立4行用引返编织进行推算。

花样编织

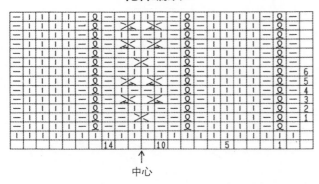

中心

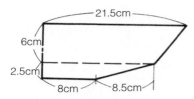

衣领上部的展开图

衣领上部 （钩针编织花样）分散+密度调整

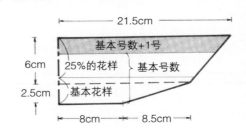

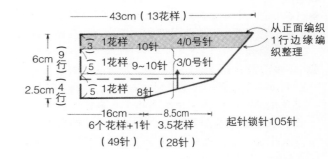

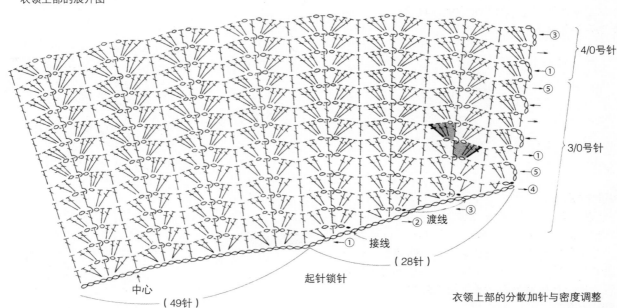

衣领上部的分散加针与密度调整

编织方法和完成处理

❶前身片中间的开口和前襟宽度相同5cm为12针,两端头留缝份,因此编织10针伏针。

❷前襟以翻折线为界,将外翻的部分里外对调进行编织。外钩长针变换内钩长针进行编织。前襟的边缘编织装饰狗牙。

❸衣领从连接部分开始编织,进行分散加针和密度调

整,最后编织边缘花样。

❹身片端头1针和前襟重叠,注意隐藏针脚,编织到里面。

❺衣领连接部分按照挑针接合要领操作。需要注意的是身片领围上的针的部分,要按照平针缝合的要领进行操作。分开窝边整理平整就完成了。

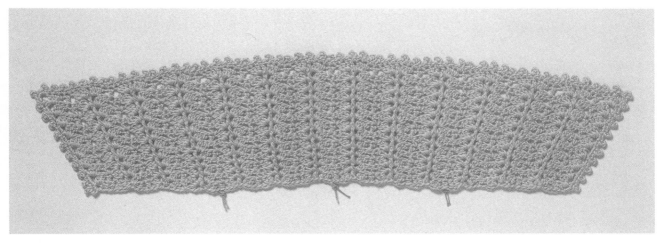

上衣领需要分散加针与密度调整

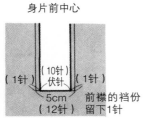

身片的端1针与前襟重合

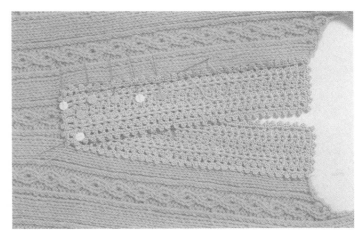

前襟与身片上部重叠后从反面缝合

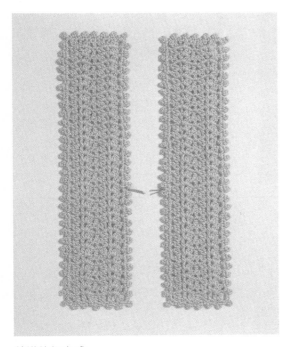

前襟编织完成

上领部的连接使用挑针接合

8

西服领

本篇将要讲述的是编织衣物中难度较大，不易操作的西服领。
为了更加体现衣领切口的飒爽感觉，边缘加入了辫子形的修饰。后领则在1行的编织中通过调整密度来改变针脚尺寸大小。

材料与密度

极粗毛线（线50g，长115m）8号针（4.5mm）花样编织——10cm为19针，25行。

制图

●将补正原型的S.P提高1.5cm画肩线，横开领1.5cm，后中心线提高0.5cm，画领围弧线。画领立3cm，领高8cm的后领。

●前片移动中心线，扩出2cm。领深为21cm，从领立部分引出翻折线，画领围线。

●从翻折线开始复制衣领制图，朝相反方向展开，连接后领。从开领处向领尖画身片领围弧线（衣领连接线），将衣领进行分割。

 操作重点

1 本篇中西服领按照纵向独立进行编织。操作重点是后领弧线的密度调整（在1行中改变针号的方法）的推算方法。

2 要特别注意切口的编织方法。

3 加入辫子形修饰时注意保持衣领切口处漂亮的角度感。以领尖为界，辫子形修饰也要进行里外对调编织。

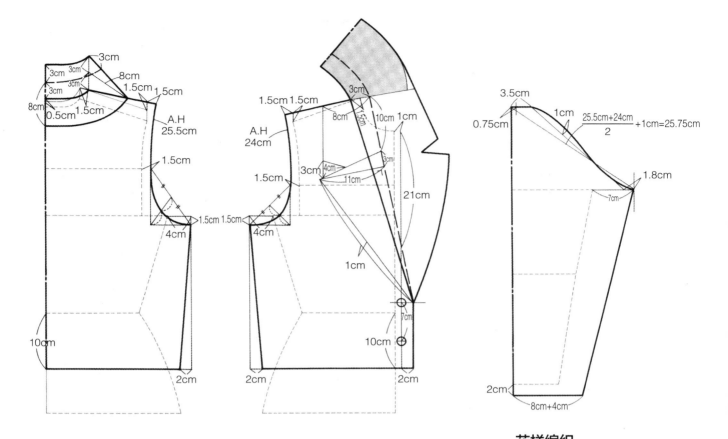

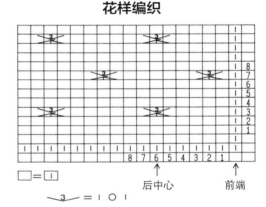

花样编织

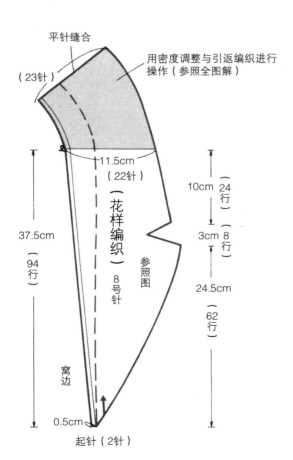

推算

●衣领的推算 👆1

　　为了准确地进行推算，所以要绘制和实际衣领尺寸相同的制图。领围的辫子修饰会缝制在衣领上，因此边缘处不用进行切边。相反要在衣领连接部分加0.5cm缝份。

❶前领是外围线的推算。以翻折线为基本线（笔直通过的线条），用密度尺进行针脚区分，推算外围线的加减针。切口部分以2行单位进行推算。

❷后领内外侧的尺寸差尽量避免使用引返针编织，要通过调整针号进行推算。

◆如图所示将后领分割为①②③④⑤5条线，分别测量各自的长度。

　　①＝8.2cm　　②＝10.5cm　　③＝12.2cm

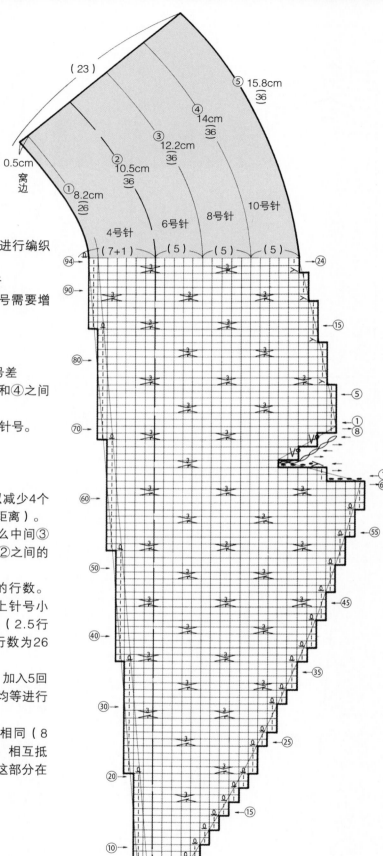

④=14cm　　⑤=15.8cm

◆以④号线为基本线，用8号针（基本针号）进行编织（④和③之间的距离）。

2.5行×14cm=35→36行　④的长度为36行

◆计算以外围线⑤的长度编织36行的话，针号需要增加多少。

15.8cm−14cm=1.8cm

（1.8cm÷14cm）×100=12.8%

12.8%÷1个针号调整量5.5%=2.3→2个针号差

那么⑤的长度需要用10号针进行编织（⑤和④之间的距离）。

◆同样计算编织②的长度，针号需要减少几个针号。

14cm−10.5cm=3.5cm

（3.5cm÷14cm）×100=25%

25%÷5.5%=4.5→4号

一下子调整5个针号操作起来比较难，可以减少4个针号，即用4号针进行编织（②和①之间的距离）。

◆由于④号线用8号针，②号线用4号针，那么中间③号线可以用6号针。行数仍旧为36行（③和②之间的距离）。

◆计算用4号针编织①号线长度8.2cm需要的行数。在基本针号8号针密度的行数基础上，加上针号小4个号码的（5.5%×4）22%的密度，即（2.5行×8.2cm）+22%=25→26行，那么①的行数为26行。

◆②的行数36行和①的行数26行，差值10行，加入5回2行为单位的引返编织。尽量避开花样行，均等进行添加。

❸①~⑤号线各自的针数和前领的肩线针数相同（8号针为基本密度，6号和10号各自相差2号，相互抵消，4号针的部分原本必须加针22%，但是这部分在衣领连接部分的端头进行卷针加针）。

前领使用外围的推算，后领使用密度的推算

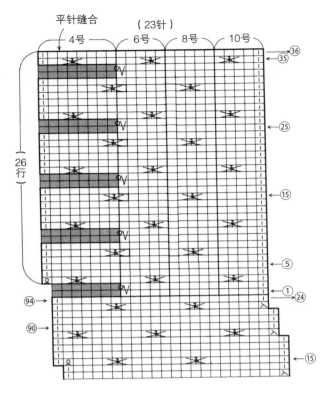

平针缝合　（23针）

4号　6号　8号　10号

26行

在后领立处加入引返编织补足

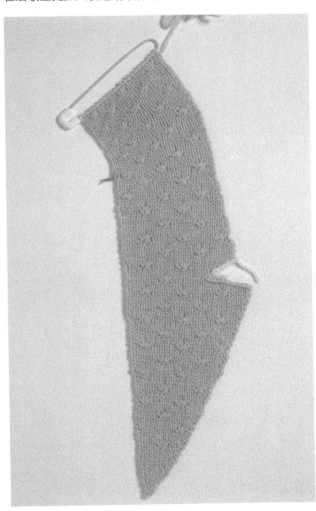

西服领编织完成

编织方法和完成处理

❶从领尖开始编织。2针起针，以翻折线为基本线。注意保持外翻领围形状，进行加针编织。

❷切口编织伏针。第1回和第2回中间不要产生行差，编织滑针的伏针。切口上侧用别线起针，然后编织引返编织（编织到结束部分）。随后将别线拆掉，进行收针。

❸后领开始编织时，在衣领连接侧绕线加1针。后领为23针，从领围处开始用10号针编织5针，然后用8号针编织5针，用6号针编织5针，用4号针编织8针，1行合计使用4个针号。最后再用4号针编织2行引返编织。

❹后领中心进行平针缝合。

❺前身片到抽出部分为止编织相同花样。衣领连接将身片和衣领正面向上重合，留出0.5cm的窝边缝份进行半回针缝合。不过注意身片的缝合开始要从窝边为0开始缝合。

❻将织片里外对调，从里侧在衣领的缩缝处编织长针的领台。注意离开领尖2～3cm，将领台倒向身片一侧。

❼将已经编织好的辫子修饰条沿着身片边线，稍微空出一点距离进行叠加缝合。先从身片的里侧开始缠绕到修饰条的外侧，再从身片的外侧缠绕到修饰条的内侧。

◆在身片和衣领的边界处，修饰条的里外缝合方法进行对调。将修饰条进行扭转，稍微留出一点距离将里外对调进行缝合。

◆缝合修饰条时要注意吻合切口的角度，轻轻固定后再进行缝合。

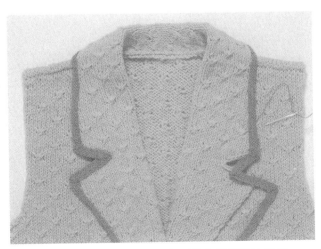

配合切口的角度，预先按照线条形状将辫子装饰叠好

185

钩针编织的西服领

和作品8制图相同，只是花样改为钩针编织的长短针花样。
前领为外围线的加减针操作，后领通过调整针脚编织弧线形状。

材料与密度

粗型的蚕丝混纺夏季纱线（线40g，长
105m）3/0号钩针。长短针编织——
10cm为24针，2行1个花样，为1.3cm
（长针编织1行为0.95cm，短针编织1
行为0.35cm）。

 操作重点

1 从身片和衣领外围切掉修饰边部分。身片和衣
领的分割线在衣领连接收针的边缘内侧绘制。

2 绘制与实物等大的图纸进行推算。后领首先用
针脚调整进行推算，前领以翻折线为基本线，
绘制编织图表，进行外围线的推算。

3 后领的针脚调整是在1行中间顺次改变针脚的
高度进行编织的。后领中心为短针的缝合编
织。

4 切口部分的修饰边编织注意保持角度和线条流
畅。

推算

- 👆1 绘制实物等大的制图。身片和衣领均减掉修饰边2行（短针和逆短针）尺寸为0.8cm。衣领连接部分增加缝份0.5cm。
- 在衣领连接收针处画水平辅助线，以水平辅助线为界，分别切割出身片和衣领尺寸。
- 在水平辅助线的边缘内侧，重新连接开领N.P，以此线作为身片和衣领的分割线。
- 切口内侧和翻折线平行，绘制切口连接位置。
- ❶ 从后领开始进行推算。
- ◆ 后领中心是将从左右两侧编织过来的衣领用短针编织1行进行对接缝合。因此提前绘制短针编织1行的一半为（0.35cm/2）0.175cm的平行线。
- ◆ 以衣领外围为基准密度（行数）开始操作。按照长针0.95cm，短针0.35cm的（2行为1.3cm）顺序进行区分。肩线稍微偏出一些也没有关系。在本篇作品中，长短针1个的花样为11次和长针1次的花样是区分开的。在最后一行画肩线平行线。
- ◆ 测量衣领连接部分的长度。计算中心线切掉（短针/2）的位置到修正后肩线的距离，为8.25cm。
- ◆ 关于针脚调整，调整针脚较长的长针比较容易，针脚较短的短针想要调整为更短的针脚是比较难的事情。因此从衣领连接处开始，确保短针11回的长度，剩余长度在长针12行进行分割。

  8.25cm−（0.35cm×11回）=4.4cm——长针12行长度

  4.4cm÷12行=0.366→0.37cm——长针1行的高度

  1行变成0.37cm，不能进行长针编织，可以编织稍微宽松的短针。
- ◆ 试着在长针1行的针脚调整处标注记号。到翻折线为止，即使针脚逐渐变短，长针也不受任何影响继续编织。过了翻折线之后调整为中长针和短针的编织方法。
- ❷ 从修正的肩线向领尖画编织图表。后领最后为长针，因此图表的行数以短针进行区分。针的部分以翻折线为界，进行左右区分。领尖最后以半行进行结束也没有问题。
- ❸ 将切口的位置移动到区分行的比较好的位置。结合编织效果，移动到最佳位置。
- ❹ 推算前领的外围线。外翻领的加针最好是可以在长针的行上进行加针，不过尽量避免从1针编出3针，这种情况下可以将加针分一些给短针的行。

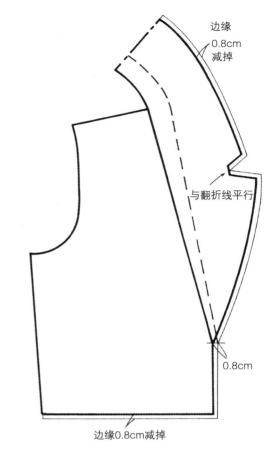

边缘
0.8cm
减掉

与翻折线平行

0.8cm

边缘0.8cm减掉

减去边缘编织的部分，修正身片与衣领的分割线

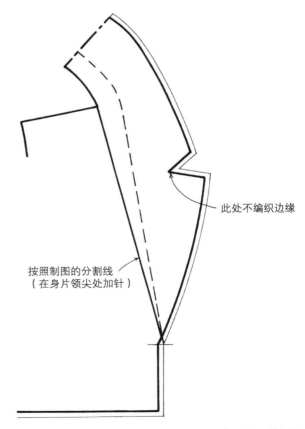

此处不编织边缘

按照制图的分割线
（在身片领尖处加针）

切口的边缘减裁与身片和衣领的分割线设计不恰当的例子

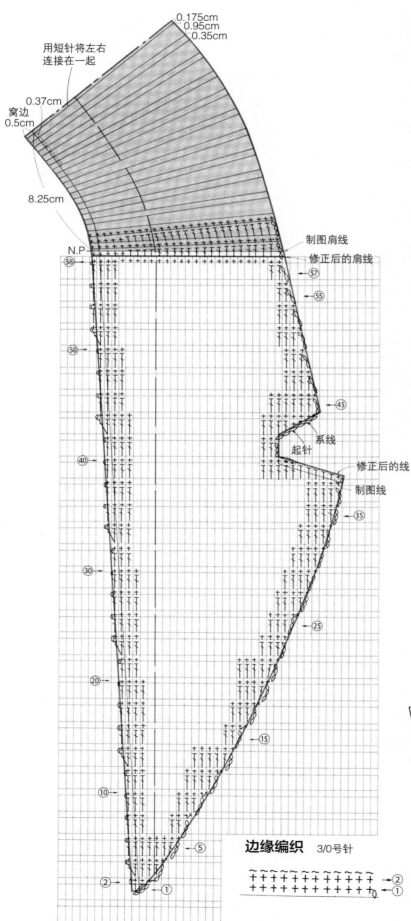

0.175cm
0.95cm
0.35cm

用短针将左右
连接在一起

0.37cm

窝边
0.5cm

8.25cm

N.P

制图肩线

修正后的肩线

系线
起针

修正后的线

制图线

编织方法和完成处理

❶从领尖开始编织。外翻领围一侧比通常的针脚高度要编织得更长一些，注意保持针脚整齐。

❷切口进行针脚调整，编织出线条优美的斜线。切口上侧别线起针挑针编织。

☝3 ❸后领的针脚调整，在1行中顺次调整针脚高度是操作重点。即使是相同的长编记号，不按照顺序改变高度的话，以翻折线为界，编织针脚的线条会变得僵硬。

❹后领中心以长针编织结束，用短针1行进行对接缝合（参考图示）。

❺衣领连接进行半回针缝合。将身片和衣领正面重合，留出窝边0.5cm进行半回针缝合。不过注意身片的起针从窝边为0处开始缝合。朝相反方向对调后，在衣领窝边处编织1行长针的领台，注意倒向身片一侧。领尖留出3cm左右空分，尽量不要露出领台。

❻编织边缘修饰条。身片和衣领正反相对，因此不继续编织，将领尖里外对调另外起针编织。切口和切割部分也单独进行编织。将边缘连接点对齐，用分股线仔细将正反面进行缝合。

边缘编织 3/0号针

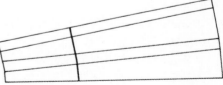

Ⓐ图 优美的针脚调整

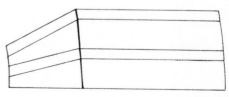

Ⓑ图 如果从翻折线突然改变高度的话，线条会变得僵硬

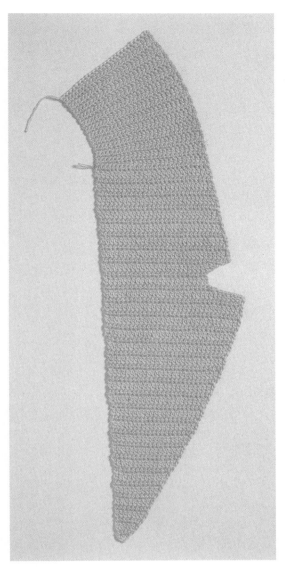

长短针的西服领编织完成

后领的缝合方法

①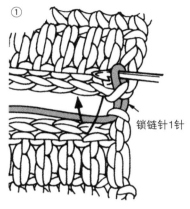

锁链针1针

②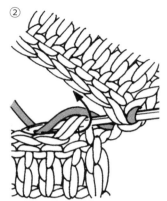

③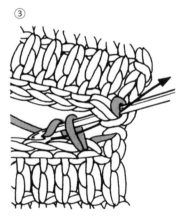

④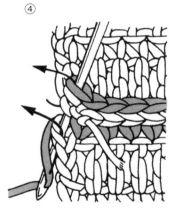

后中心用短针编织连接

切口的边缘另行编织

将边缘对齐，将正反面仔细缝合

9

搭褶领

飘逸着优美褶带的领形。以肩翼领为原型，在前领左右各加入2处褶皱，
形成搭褶领。在编织过程中由于围边部分较厚，操作难度很大，
不过在本篇作品中不编织围边，介绍了编织轻盈搭褶领的技巧和方法。

材料与密度

稍细一些的极粗型蚕丝混纺毛线（线40g，长90m）7号针（4.2mm），平针编织——10cm
为21针30行。

 操作重点

1 褶皱的开口位于前领的2个地方。褶皱分量依
据个人喜好，不过要注意外围线的连接方法。
用较大的纸张绘制和实物尺寸相同的制图，确
定领尖的形状后再开始编织。

2 平滑的搭褶领不太适合选用凹凸立体的花样。
材料也尽量选择柔软轻盈的材质更加适合。

3 领围不加特别修饰，保持自然状态。

制图

- ●将补正原型的S.P提高1.5cm画肩线，横开领1cm。后面中心线提高0.5cm，画领围弧线。画领立2.5cm，领高7.5cm的后领。
- ●前片移动中心线，分割前襟宽度2cm。衣领开口深度为12cm，连接肩线上的领立成为翻折线，前领宽度13cm，画领围弧线。在肩部延长领腰线，画衣领连接线。
- ●复制后领，连接前领肩线。
- 👆1 ●分割衣领的褶皱部分。将领肩线上的领高进行三等分。前领尖也进行三等分，画褶皱分割线。参考制图，中间为8cm，外侧7cm处分割，分割后的领尖一侧形成自然弧线。

  （注）将实物尺寸大小等同的搭褶领用复写纸扫描后和身片对齐，确定褶皱的位置。如果领尖褶皱的边缘过于下垂的话，需重新修正外围弧线。

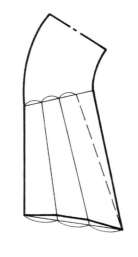

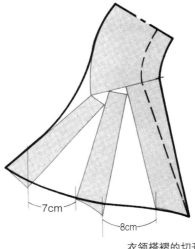

衣领搭褶的切开

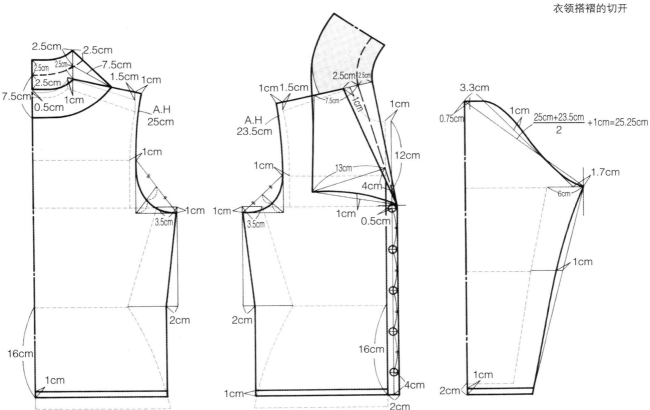

推算

●衣领的推算

因为从后中心线开始编织，因此将此线作为基本线，水平绘制。推算均为外围线上的加减针。衣领外围需要在端头自然翻折，因此都以所需的针数+2针（两端头各1针）进行起针。

编织方法和最终完成

❶从后中心线开始编织。以别线起针，从反面的里山开始挑针编织。减针在端头2针进行操作，加针以扭加针的形式进行操作。

❷前领尖最后进行引返编织，一边编织消行的针一边编织起伏针收针。

❸从起针处向相反方向挑针，编织另外半片衣领。

❹衣领周围均为针脚编织自然状态，不加修饰。

❺身片前襟进行米字编织，前襟上部的衣领连接部分按照制图线标记进行减针，编织三角形。

❻将身片和衣领表面向上重合对齐，留出0.5cm的缩缝进行半回针缝合。不过身片前襟端头起针时没有加缝份，因此从0的位置开始缝合。

❼从前襟的内侧开始在衣领的窝边编织长针的领台，注意倒向身片一侧。

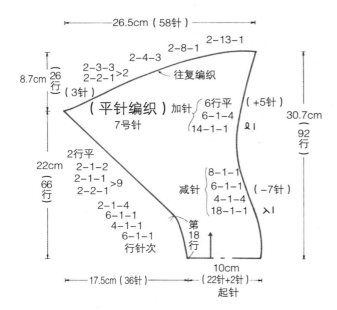

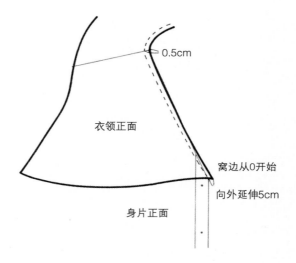

搭褶领编织完成

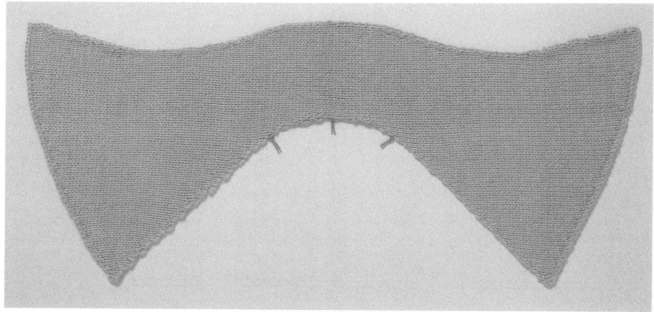

6

圆形育克

　　圆形育克中有圆袖的基本圆形育克、拉克兰袖圆形育克、土尔曼袖圆形育克、四方形圆形育克等各种款式，这些圆形育克编织时都受到袖型的影响，花样形状和大小也会随袖型发生变化。圆形育克包括各种横纹的组合花样，使用分散技巧的纵纹花样，还有横向排列的花样等各式种类。花样的制图、花样的组合搭配、花样的分布以及推算都是非常重要的学习内容。

圆袖的基本圆形育克

育克的长度足够占据整个衣身的肩部，堪称圆形育克的代表作。
本篇作品中的育克花样由几种小提花花样组合而成，按照横向花样进行推算。

操作重点

1 身片的肩头位置留出3针后进行推算，这3针中其中1针为花样的挑针之用，另外2针为缝合衣袖的缝份。

2 育克花样的组合计算是使用密度本，前后育克分别进行推算（因为前后育克的减针比例不同）。

3 在育克上挑针时，注意均匀分配身片上的针的部分和行的部分。

材料与密度

极粗型毛线（线40g，长80m）平针编织——8号针（4.5mm），10cm为19针27行。育克的提花花样编织——9号针（4.8mm）和8号针（4.5mm），10cm为18.5针，11cm为30行。衣领处单罗纹针编织——5号针（3.6mm），10cm为21针32行。

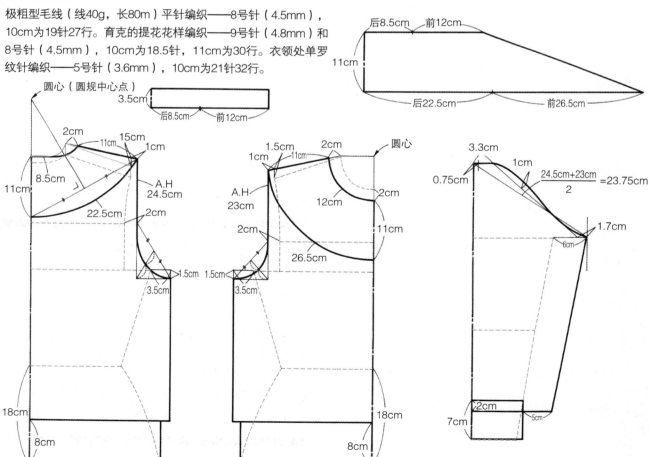

194

制图

- 使用补正原型，将S.P提高1.5cm画肩线，肩宽外延1cm。
- 前开领2cm，领深2cm，画领围弧线。测量肩宽长度（11cm），作为育克的宽度。参考制图，从圆心画以育克长度为直径的大弧线。
- 后面连接原型衣领下部和开领N.P，画领围弧线。在

推算

● 身片的推算 👆1

制图线上，身片S.P和育克线是连接在一起的，因此推算时肩头要留出3针后进行计算。

- 在身宽上加2针缝份，左右肩头各1针。
- 在袖围弧线减针完毕的背宽（或者胸宽）线的端头加1针绕线加针。
- 育克花样减针的最后1针保留。

● 育克横向花纹的推算 👆2

❶计算育克外围和衣领部分的长度，画平面图。计算育克的针数和行数。

后育克外围——1.85针×45cm=83.2→83针
后育克领围——1.85针×17cm=31.4→31针
前育克外围——1.85针×53cm=98针
前育克领围——1.85针×24cm=44.4→44针
育克行数——11cm为30行

❷在密度本取出育克的行数，衣领部分的针数，外围针数，画斜线。

❸在育克宽度的30行中依次加入ⓐ～ⓔ5种花样。ⓐ为

肩线和中心线上分别取育克宽度11cm，将连接两点的斜线进行二等分，从二等分点画直角线，以和中心线延长线相交的点为圆点画弧线。

（注）前片育克为整圆的话，要先找出圆点位置，后片找圆点位置，然后画弧线。

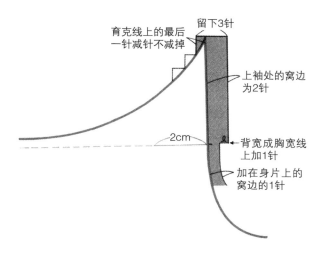

留下3针
育克线上的最后一针减针不减掉
上袖处的窝边为2针
2cm
背宽成胸宽线上加1针
加在身片上的窝边的1针

5行，ⓑ为6行，ⓒ为9行，ⓓ为6行，ⓔ为4行。花样中间不可以进行减针操作，因此在密度本的斜线部分垂直标记ⓐ～ⓔ的行数，在边界处得出和斜线交界的横线即针数。

❹计算花样组合针数。计算ⓐ～ⓔ每个花样的针数。

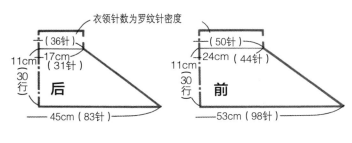

衣领针数为罗纹针密度
（36针）
11cm｜17cm
30行｜（31针）
后
——45cm（83针）

（50针）
11cm｜24cm（44针）
30行｜**前**
——53cm（98针）

配色花样

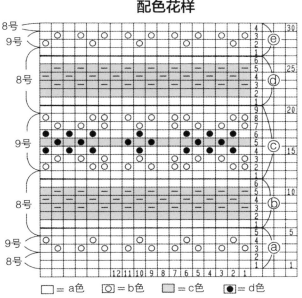

□ = a色 　◎ = b色 　▨ = c色 　● = d色

后育克

ⓐ83针÷1个花样4针=21个花样——少1针
将挑针数调整为84针，编织21个花样。

ⓑ84针-10针=74针
（最初的减针数为9针，由于ⓐ加了1针，所以减针数变为10针）。

74针÷1个花样2针=37个花样

正好可以除尽，所以减针数依旧为10针，针数为74针，编织37个花样。

ⓒ74针－10针＝64针

64针÷1个花样12针＝5个花样——剩余4针，因此将减针数调整为14针，编织5个花样（12针×5个花样）正好60针。

ⓓ60针－12针（16针－4针）＝48针

48针÷1个花样2针＝24个花样

正好可以除尽，所以减针数为12针，针数为48针。

ⓔ48针－10针＝38针

38针÷1个花样4针＝10个花样——少2针

将减针数改为8针，编织10个花样40针。

ⓕ计算衣领的罗纹编织针数。罗纹密度为5号针，10cm21针

2.1针×17cm＝35.7→36针

40针－36针＝4针　减4针后进行编织。

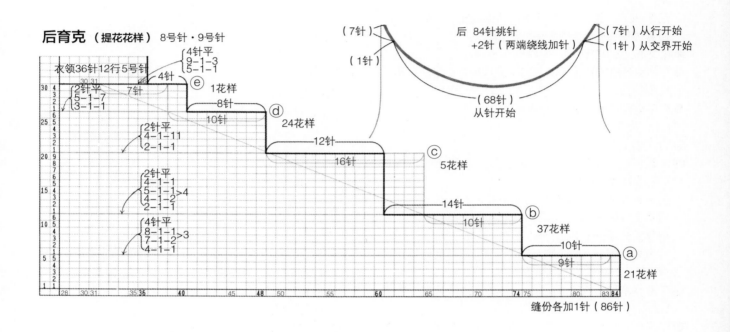

后育克（提花花样）8号针・9号针

衣领36针12行5号针

前育克

ⓐ98针÷1个花样4针＝25个花样——少2针

将挑针数调整为100针，编织25个花样。

ⓑ100针－11针（9针＋2针）＝89针

89针÷1个花样2针＝45个花样——少1针

将减针数调整为10针，编织45个花样（2针×45个花样）90针。

ⓒ90针－12针（11针＋1针）＝78针

78针÷1个花样12针＝6个花样——剩余6针

将减针数调整为18针，编织6个花样（12针×6个花样）72针。

ⓓ72针－10针（16针－6针）＝62针

62针÷1个花样2针＝31个花样

正好除尽，因此减针数为10针，31个花样，编织62针。

ⓔ62针－11针＝51针

51针÷1个花样4针＝13个花样——少1针

将减针数调整为10针，编织13个花样（4针×13个花样）52针。

ⓕ衣领的罗纹编织按照罗纹密度进行计算。

2.1针×24cm＝50.4→50针

52针－50针＝2针　减2针进行罗纹编织。

（注）减针数除了参照图表得出以外，还可以通过计算得出。以后育克后面部分为例，在30行中，减掉52针（83针－31针）的话，计算在第一种花样5行中的减针数方法如下，

ⓐ30行：52针＝5行：×　×＝52X5/30　×＝8.6→9针

ⓑ30行：52针＝6行：×　×＝52X6/30　×＝10.4→10针

ⓒ30针：52针＝9行：×　×＝52X9/30　×＝15.6→16针

以下按照同样方法计算。

育克前面部分的话，按照30行：（98针－44针）＝5行：X方法都可以计算出来。

❺计算各个花样中间的减针数（平均计算）。从平针开始到平针结束，因此在本来的除数上加1针。但是以肩线为界，如果前后平针相连的话，针数会变成2倍，那么除数＝减针数，将两侧的平针数均等分配。后面花样ⓐ和ⓑ之间的减针数——84针－74针＝10针

$$74针 ÷ 10针 = \begin{matrix} 8-4 \\ 7-6 \end{matrix} \rightarrow \begin{matrix} 4针平针 \\ 8-1-1 \\ 7-1-2 \\ 4-1-1 \end{matrix} > 3$$

（注）4-1-1的意思是编织4针减1针重复1次，
7-1-2的意思是编织7针减1针重复2次。在ⓑ的第1
行进行减针。

后面花样ⓑ和ⓒ之间的减针数···74针-60针=14针

$$60针 ÷ 14针 = \begin{matrix} 5-4 \\ 4-10 \end{matrix} \rightarrow \begin{matrix} 2针平针 \\ 4-1-1 \\ 5-1-1 \\ 4-1-2 \\ 2-1-1 \end{matrix} > 4$$

在ⓒ的第1行进行减针。以下按照同样方法计算。

前育克（配色花样）8号针·9号针

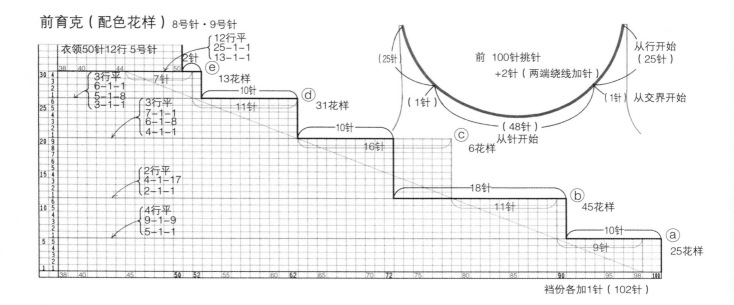

编织方法和完成处理

❶在身片的肩头位置留出3针。参照推算图，在背宽和
胸宽线的端头各绕线加1针，育克线的最后1针保留
不做减针，加上身片两端保留的缝份，合计左右各
保留3针。

❷前后肩部3针进行套针缝合。

👆3 ❸进行育克的挑针。从针的部分和行的部分均等
分配进行挑针，针和行的交界处也进行挑针。育克
推算计算出的针数（后面84针，前面100针）中不包
括缝份针数，因此两端各加1针。（也可以在育克弧
线上每隔5cm设置一个对位记号，在对位记号中间

挑出5cm的针数）
育克的前后要分别进行编织（往复编织）。

❹花样为配色花样和桂花针的组合样式。2种花样密度
的差值通过改变针号来进行调整。育克的减针都在
各个小花样的第1行进行操作。

❺肩部进行挑针接合。衣领前后连接进行环状编织。
使用5号棒针。

❻圆袖的袖体缝合采用肩部附近预留的2针缝份。因此
编织完毕后整个圆形育克是和袖体拼接的状态。

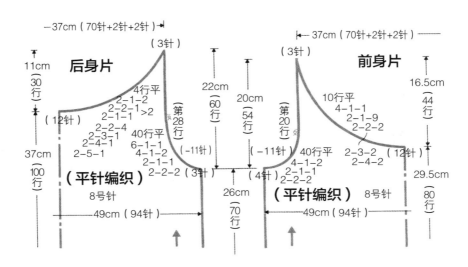

横向编织的基本圆形育克

和作品1同样为圆形育克，但是编织方向改为横向编织，
针法采用引返编织。需要选取不易走形的花样，编织出流畅优美的款式。

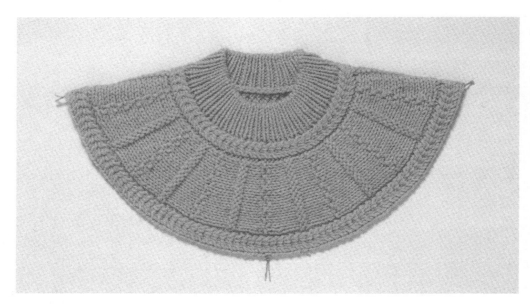

材料与密度

极粗毛线（线40g，长80m）。圆形花样编织——8号针
（4.5mm），23针为11cm（10cm为21针），22行为
8.3cm（10cm为27行）。衣领的单罗纹编织——5号针
（3.6mm），10cm为21针32行。

操作重点

1 为了保证前后圆形花样部分的针数和行数
相同，将前后片进行连续编织，进行平均
尺寸的推算。

2 花样的引返编织为余编和前编交互重叠编
织，注意避免产生倾斜，保持花样形状完
整。

3 在起针和收针的位置，注意花样整齐，仔
细进行缝合。

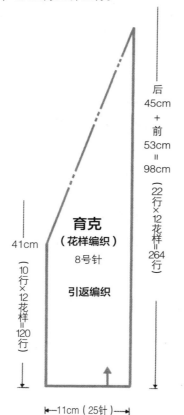

后
45cm
＋
前
53cm
＝
98cm
（22行×12花样＝264行）

育克
（花样编织）
8号针

引返编织

41cm
（10行×12花样＝120行）

←11cm（25针）→

衣领（单罗纹针） 5号针

3.5cm
（12行）

后17cm
（36针）

前24cm
（50针）

从育克的5个花样上
挑针

从育克的7个花样上
挑针

41cm（86针）

推算

●育克横编的推算 👆1

❶连接前后育克的尺寸，画平面展开图。

衣领部分——后面17cm+前面24cm=41cm

外围部分——后面45cm+前面53cm=98cm

育克宽度——11cm

❷以育克外围部分为基准尺寸，编织每个为22行的花样。（也可以分割编织为11行×2个花样的样式）

2.7行×98cm=264.6→264行

264行÷22行=12个花样

❸计算衣领部分加入12个花样的话，每个花样的行数。

2.7行×41cm=110.7→111行

111行÷12个花样=9.25→10行

衣领尺寸为41cm，而育克尺寸要大于衣领尺寸，因此调整为10行。

👆2　❹计算引返编织数。将每个花样分成2部分，分别进行留针引返编织和前进引返编织。编织以2行为单位的引返编织。

（22行–10行）÷2=6回　6回÷2=3回

将引返编的针数分成长短两种，分别编织3次留针和3次前进的引返编织。

同时整体针数加上裆份2针，合计为25针。

❺计算衣领罗纹密度。

后领2.1针×17cm=36针

前领2.1针×24cm=50针

育克的花样编织

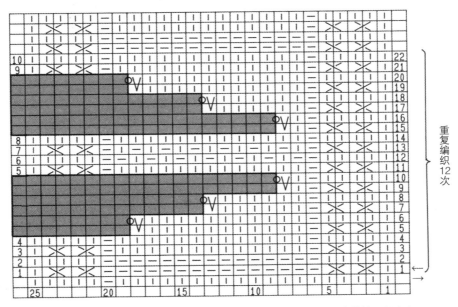

（缝在第12次的第21行上）

编织方法和完成处理

👆3　❶用别线起针编织25针。参照记号图也可以看出，最初的第1行为上针，上针就没有必要进行挑针操作了。重新截取可以编织1行左右长度的毛线（约2.5倍），从正面开始进行挑取下针。第2行（记号图的第1行）从正面开始进行正常编织。

👆3　❷重复留针引返编织3次，前进引返编织3次，一共编织12次每个22行的花样。不过编织到第12次也

就是第20行时，要和平针部分进行对接。对接行在第21行，交叉编织加入花样，注意保持花样整齐。

❸进行衣领处的挑针。育克整体为12个花样，其中前面部分为41cm：12个花样=24cm：X，X=7个花样。也就是前面从7个花样中挑针50针，后面从5个花样中挑针36针。将衣领进行环状编织。

❹将身片的育克线和横编的育克进行对接缝合。

花片连接的圆形育克

沿着圆形育克弧线，编织改自四角花片的梯形针织片点缀编织衣物的作品。
花片上下连续编织，背部开口。和作品1育克宽度相同，只是衣领尺寸改为1.5cm。

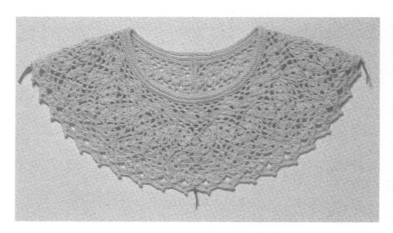

 操作重点

1. 前后育克连续编织，推算出平均编织尺寸。
2. 将四角形花片沿着弧线变化成梯形，使用钩针推算针目的要领进行花片的尺寸推算。使用和钩针编织相同方法，进行针织片的尺寸推算。
3. 钩针编织伸缩性较小，因此在背部开口。

材料与密度

中细型夏季纱线（线40g，长163m）2/0号针。针织片为7cm高的梯形，花样编织A——1个花样为4.2cm，2.5cm为5行。花样编织B——1个花样为2.3cm，1.5cm为3行。衣领编织——10cm为34针，5行为1.5cm。

推算

●**育克钩针编织的推算**

⚙1 ❶计算育克领口尺寸（后面8.5cm+前面12cm）和外围尺寸（后面22.5cm+前面26.5cm），画平面图。然后分别测量花样A.B和花片的宽度，画水平分割线，测算长度。

⚙2 ❷进行花片的推算。针织片下边缘宽度7cm。圆育克上侧为27cm，下侧为45cm。以育克下侧长度为基准尺寸，计算每边可以加入多少个7cm宽的针织片。

育克整体尺寸为45cm×2=90cm

90cm÷7cm=12.85→13片

计算每片针织片上边缘尺寸，（27cm×2）÷13片=4.15→4.2cm

即以下底为7cm上底边为4.2cm的梯形画外围线。

❸进行花样编织A的推算。1个花样起始为4.2cm，编织到领口最后1行时，将花样A缩小为（20.5cm×2）÷13=3.15→3.2cm。

❹进行花样编织B的推算。1个花样为2.3cm，因此需要挑出90cm÷2.3cm=39个花样，也就是每个针织片对应3个B花样。编织到圆形育克最外围时，扩大为（49cm×2）÷39个花样=2.5cm。

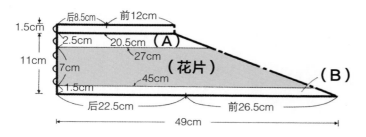

育克的平面图（为推算3种图案进行测量尺寸）

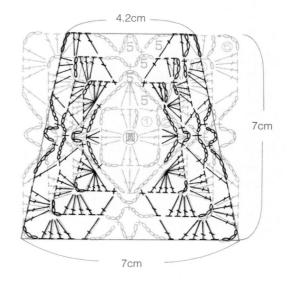

梯形的花片

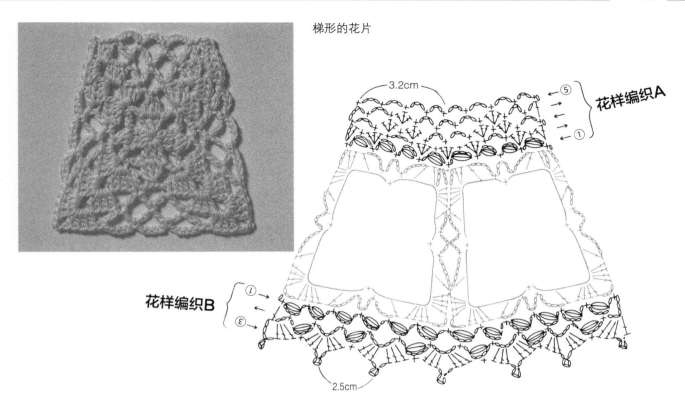

花样编织A

花样编织B

3.2cm

2.5cm

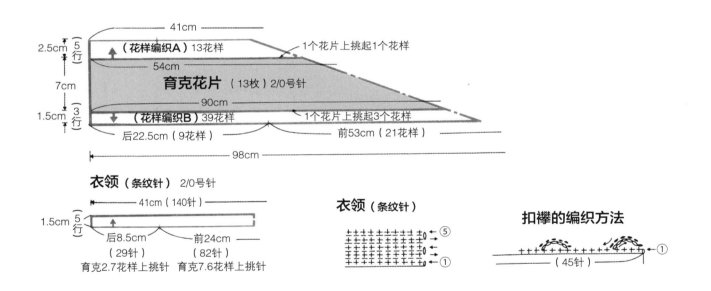

41cm

2.5cm（5行）

（花样编织A）13花样

1个花片上挑起1个花样

54cm

育克花片（13枚）2/0号针

7cm

90cm

1.5cm（3行）

（花样编织B）39花样

1个花片上挑起3个花样

后22.5cm（9花样）　　前53cm（21花样）

98cm

衣领（条纹针）2/0号针

41cm（140针）

1.5cm（5行）

后8.5cm　　　前24cm
（29针）　　　（82针）

育克2.7花样上挑针　育克7.6花样上挑针

衣领（条纹针）

扣襻的编织方法

（45针）

编织方法和完成处理

❶ 首先编织花片。第2片编织完毕后，用引拔针进行花片连接，一共编织13片。前后编织形状相同，开口在背部中心。

❷ 从花片的上侧开始编织花样A。每个花片挑出1个花样。在5行中间逐渐收缩针脚，形成领口尺寸。

❸ 从花片的下侧开始编织花样B。每个针织片挑出3个花样。在3行中间逐渐扩散针脚，形成外围尺寸。

❹ 衣领处编织短针的条纹针。

❺ 确定后背开口的起始位置。下前侧编织1行短针，上前侧根据扣襻进行编织。

❻ 在育克边缘编织装饰边。和身片育克线重叠后插入固定针，在内侧缝合。

钩针编织的圆形育克

从"花样编织图表"中选取2种花样组合编织而成的圆形育克作品。
选择小花样和横向花样编织效果比较好。不同风格花样的组合效果也不错。

材料与密度

中细型夏季纱线（线40g，长163m）2/0号钩针。花样编织A（No.23河流状）——1个花样（4针）为1cm，9行为4cm。花样编织B（No.50烟花状）——1个花样（6针）为1.43cm，4行为3cm。衣领花样编织——10cm为34针，5行为1.5cm。

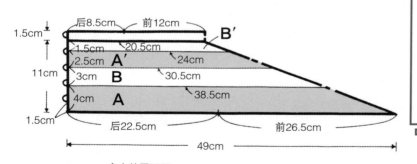

育克的平面图
（为推算各花样的数量，测量尺寸）

推算

● 育克钩针编织的推算

❶选择使用"花样编织表格"中No.23（A花样和A′花样）和No.50（B花样和B′花样）两种花样。

❷前后育克连接编织，画平面展开图。从花样外围取A.B.A′.B′的行数cm，画水平线，测量各自的长度。

❸进行各个花样的推算。

A花样——（49cm×2）÷1个花样1cm=98个花样

B花样——（38.5cm×2）÷1个花样1.43cm=53.8→54个花样

A′花样——（30.5cm×2）÷1个花样1cm=61个花样

B′花样——（24cm×2）÷1个花样1.43cm=33.5→34个花样

B花样和B′花样减掉最后1行的锁针数，对齐花样弧线。

钩针花样编织

A
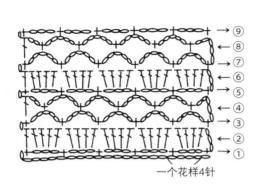
一个花样4针

B
重复26次
5针　4针
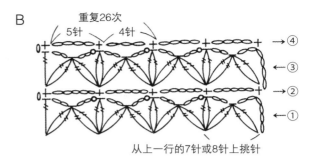
从上一行的7针或8针上挑针

A′
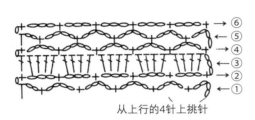
从上行的4针上挑针

B′
4针
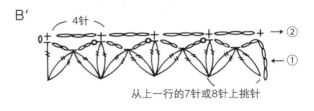
从上一行的7针或8针上挑针

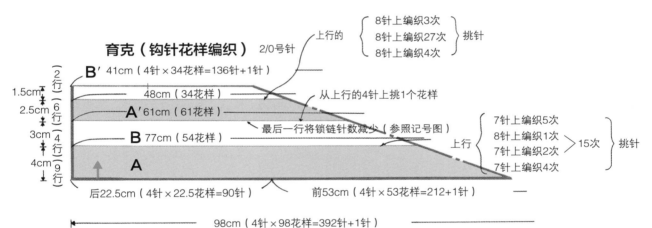

育克（钩针花样编织）2/0号针

上行的 { 8针上编织3次 / 8针上编织27次 / 8针上编织4次 } 挑针

B′ 41cm（4针×34花样=136针+1针）
1.5cm（2行）
48cm（34花样）
2.5cm（6行）
A′ 61cm（61花样）
从上行的4针上挑1个花样
3cm（4行）
B 77cm（54花样）
最后一行将锁链针数减少（参照记号图）
4cm（9行）
A

上行 { 7针上编织5次 / 8针上编织1次 / 7针上编织2次 / 7针上编织4次 } 15次 挑针

后22.5cm（4针×22.5花样=90针）　前53cm（4针×53花样=212+1针）

98cm（4针×98花样=392针+1针）

衣领（条纹针编织）2/0号针

41cm（140针）
1.5cm（5行）
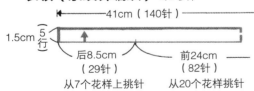
后8.5cm（29针）　前24cm（82针）
从7个花样上挑针　从20个花样挑针

编织方法和完成处理

❶起针锁针为4针×花样数+1针即（4针×98）+1针 =393针。不进行任何加减针编织9行A花样。

❷A为98个花样，编织出B花样为54个。参考图表进行平均计算。B花样在第4行时减少锁针，编织5针和4针的交叉样式。

❸A′花样在前面的4针（锁针，细针各算1针）挑出1

个花样，61个花样合计编织6行。

❹最后为B′花样，平均挑34个花样，最后1行的锁针减掉3针。

❺编织条纹针的衣领。背部开口技巧和上一篇1–B作品相同。

2

小圆形育克

高领延续下来的小圆形育克。育克宽度为5cm，纵向花纹的交叉花样一直延续到颈部。
希望通过本篇作品可以让大家掌握纵向花样计算方法的基础知识。

 操作重点

1 花样为纵向条纹时，需要推算前后育克的平均值尺寸。
2 以育克外围部分为基准尺寸，应用分散加减针技巧进行尺寸计算。
3 衣领为高领，因此在后面开口。

材料与密度

极粗毛线（线40g，长80m）8号针（4.5mm）。身片花样编织——10cm为19针27行。育克花样编织——10cm为21.5针27行。

制图

● 使用平面原型。将S.P提高1.5cm画肩线，横开领1.5cm，后面中心线下降1cm，前面中心线下降1.5cm画领围弧线。
● 平行于领围弧线，画5cm宽的育克线。

● 测量领围线的长度（后面8.3cm，前面11.3cm）。领宽尺寸相同，画8cm高的衣领。后面开口，留出系扣的位置。

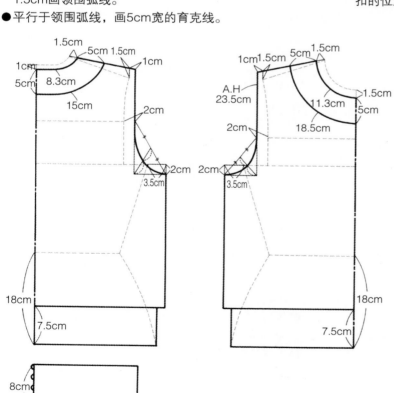

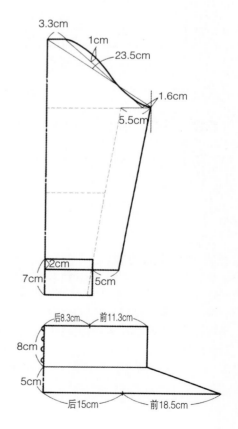

204

推算

●育克的纵向花样的推算 ❄1❄2

❶ 育克外围和领口尺寸，连接起来画平面图。

外围部分——后面15cm+前面18.5cm=33.5cm

领口尺寸——后面8.3cm+前面11.3cm=19.6cm

❷ 以外围尺寸为基准计算减针比例。

33.5cm−19.6cm=13.9cm

（13.9cm÷33.5cm）×100=41.49%

❸ 育克外围每个花样为14针的花样，计算减针41.5%后衣领花样的针数。

14针−41.5%=8.19→10针

每个交叉花样的中间有2处上针，为了使上针数保持一致，整体针数调整为偶数针。1个花样调整为10针，多出来的针数调小1个针号进行调整。

❹ 计算针数和行数。

育克外围——2.15针×（33.5cm×2）=144针

144针÷1个花样14针=10个花样…余4针

整体针数定为140针

衣领针数——（1个花样10针×10个花样）−1针=99针（后中心一分为二时，中间减1针）

育克行数——2.7行×5cm=14行

衣领行数——（2.7行×8cm）+5.5%=22.7→22行

❺ 分别计算育克前后育克的挑针数。

育克后面挑针数——67cm：140针=30cm：X

X=62.6→63针

育克前面挑针数——67cm：140针=37cm：X

X=77针

花样编织A

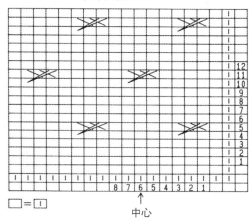

□ = | |

中心

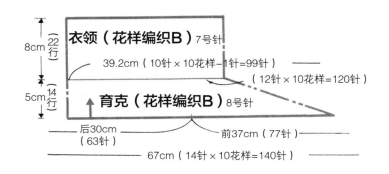

衣领（花样编织B）7号针

8cm（22行）

39.2cm（10针×10花样−1针=99针）

（12针×10花样=120针）

5cm（14行）

育克（花样编织B）8号针

后30cm（63针）

前37cm（77针）

67cm（14针×10花样=140针）

花样编织B

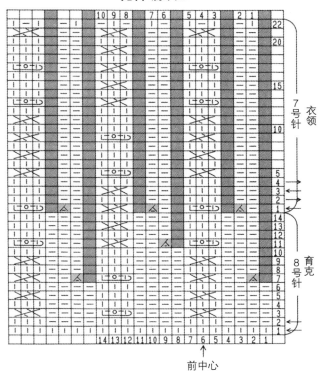

前中心

减掉后开口的1针

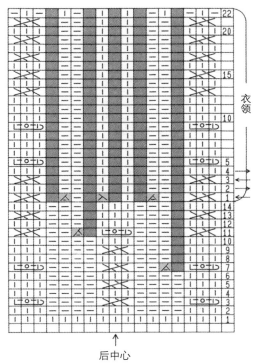

后中心

编织方法和完成处理

❶将身片的肩部进行套针缝合，从育克线开始挑针。均匀从行的部分、针的部分、交界的部分进行挑针，将前后花样进行环状编织。

❷圆育克最后1行（第14行）的花样为12针。衣领第1

行花样为10针，后面中间减掉1针进行来回编织。

❸背部开口用钩针编织起始位置。下面为短针1行，上面留出扣襻位置进行编织。

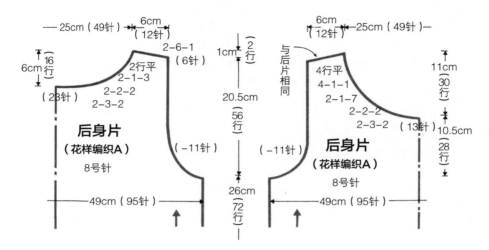

左图：
25cm（49针）— 6cm（12针）
2-6-1（6针）
2行平
2-1-3
2-2-2
2-3-2
6cm（16行）
（23针）

后身片
（花样编织A）
8号针

（-11针）
49cm（95针）

中间：
1cm（2行）
20.5cm（56行）
26cm（72行）

右图：
6cm（12针） 25cm（49针）—
与后片相同
4行平
4-1-1
2-1-7
2-2-2
2-3-2（13针）

后身片
（花样编织A）
8号针

（-11针）
49cm（95针）

11cm（30行）
10.5cm（28行）

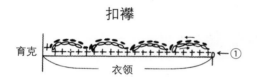

扣襻

育克
衣领 ←①

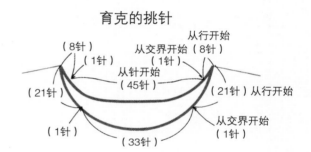

育克的挑针

（8针）
从交界开始（8针）
（1针）
（1针）
从针开始（45针）
（21针）
（21针）从行开始
从交界开始（1针）
（1针）
（33针）

→ 上接207页（作品3）

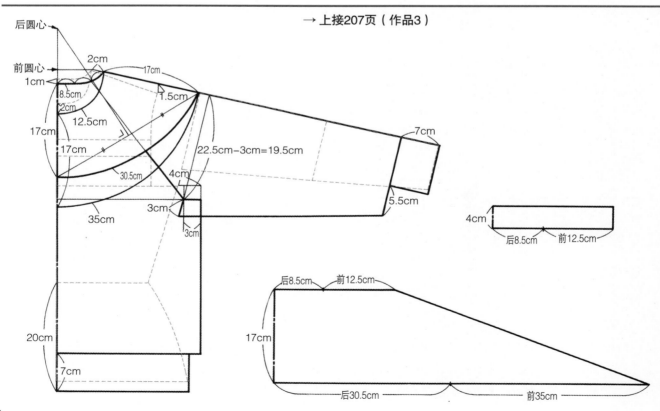

后圆心
前圆心
1cm
2cm
17cm
8.5cm
2cm
1.5cm
12.5cm
17cm
17cm
30.5cm
4cm
22.5cm-3cm=19.5cm
7cm
5.5cm
3cm
3cm
3cm
35cm
20cm
7cm

4cm
后8.5cm 前12.5cm

后8.5cm 前12.5cm
17cm
后30.5cm 前35cm

3

拉克兰袖的圆形育克

接续原型展开的拉克兰袖型的圆形育克。身片和袖子连为一体，
因此圆形育克可以尝试较大图案，打造比较鲜明的编织风格。本篇以纵向花纹为例进行编织。

材料与密度

极粗毛线（线40g，长80m）8号针（4.5mm）。身片的花样编织——
10cm为21针26行。育克花样编织——10cm为18针25行。衣领的双罗
纹编织——5号针（3.6mm），10cm为21针32行。

制图

- 展开身片和衣袖接续的原型。在S.P提高1.5cm的肩线上连接衣袖原型。
- 侧缝线内进3cm画辅助线，在辅助线上计算袖宽−裆份（即22.5cm−3cm=19.5cm）以确定袖宽直角线。
- 横开领2cm，后领中心线下降1cm，前面中心线下降2cm画领围弧线。
- 育克宽度为17cm，前面以整圆圆点为中心画弧线，后面以椭圆圆点为中心画弧线。
- 将后领围弧线进行三等分，朝裆份辅助线与袖宽直角线的交点画连肩袖线。（连肩袖线是从裆分到育克外围线的连接线）
- 领宽和育克衣领侧尺寸相同，高度为4cm。

操作重点

1 育克宽度越大，外围和衣领尺寸差越多。接近3倍的尺寸差，注意选择相匹配的纵向花样。

2 纵向花样计算按照前后育克的平均值尺寸进行推算。

3 身片、衣袖的育克图案根据密度本进行弧线推算。

4 为了计算育克密度的试编片，编织没有任何加减针的直线花样。具体内容参考"育克试编花样"。

← 接206页

推算

●育克纵向花样的推算 🔊2

❶分别计算育克外围和衣领部分的前后尺寸，连接起来画平面图。

外围侧——后面30.5cm+前面35cm=65.5cm

衣领侧——后面8.5cm+前面12.5cm=21cm

❷以外围尺寸为基准计算衣领部分的减针比例。

65.5cm-21cm=44.5cm

（44.5cm÷65.5cm）×100=67.9%

❸育克外围1个花样为20针。计算衣领处减针67.9%后每个花样的针数。

20针-67.9%=6.42→8针

（衣领尺寸为44.5cm，育克最小尺寸必须大于这个尺寸，因此直接将针数调整为8针）

❹计算育克的针数和行数。

外围侧——1.8针×（65.5cm×2）=235.8→236针

236针÷1个花样20针=12个花样——少4针

将针数定为240针，12个花样。

衣领侧——8针×12个花样=96针

育克宽度——2.5行×17cm=42.5→44行

在44行中，每个20针的花样逐渐进行减针，最后成为每个8针的花样（参照记号图）。

❺计算各个部位的挑针数。育克外围分为身片和衣袖两部分。测量制图尺寸，对照尺寸计算挑针数。

后身片——131cm：240针=33cm：X

X=60→59针（奇数针）

后衣袖——131cm：240针=14cm：X

X=25.6→26针

前身片——131cm：240针=40cm：X

X=73针

前衣袖——131cm：240针=15cm：X

X=27.4→28针

❻衣领按照罗纹针密度进行计算。

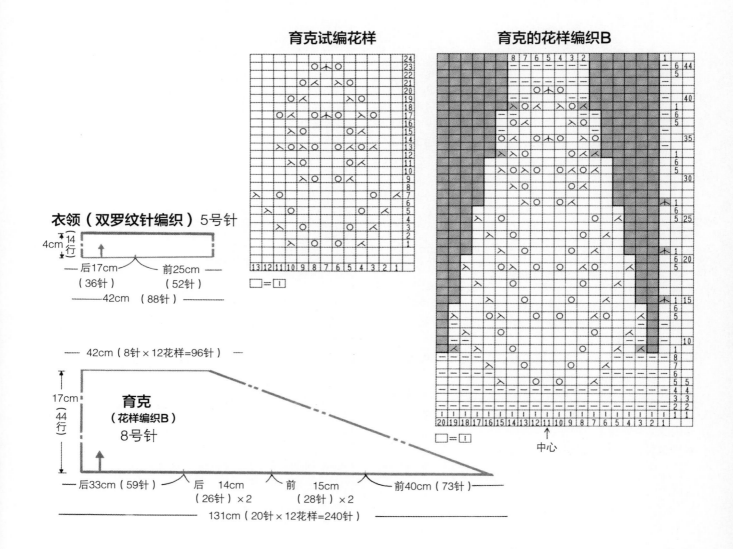

育克试编花样

育克的花样编织B

衣领（双罗纹针编织）5号针

4cm（14行）

——后17cm——　——前25cm——
（36针）　　　（52针）

————42cm（88针）————

□=□

中心

——42cm（8针×12花样=96针）——

17cm（44行）

育克（花样编织B）8号针

——后33cm（59针）——　后14cm（26针）×2　前15cm（28针）×2　——前40cm（73针）——

————131cm（20针×12花样=240针）————

□=□

编织方法和完成处理

❶身片和衣袖都包括连肩线上各行的减针。直接在两端进行减针。育克的弧线以伏针进行编织。

❷拉克兰线以挑针接合。进行育克的挑针，身片和衣袖从中心向左右每5cm做线标，然后在中间进行育克

5cm（9针）的挑针操作。

❸前后育克进行环状编织。衣领第1行进行平均减针，用罗纹针密度编织衣领。

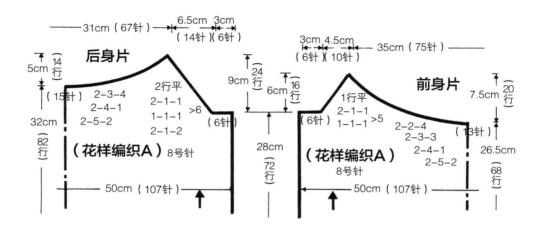

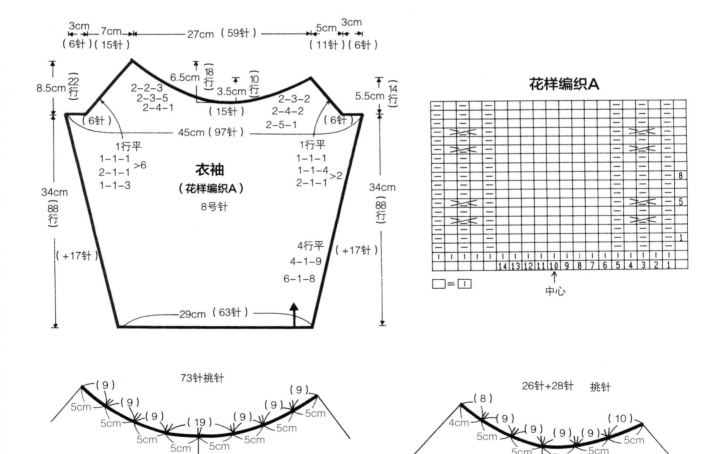

花样编织A

□ = ①

中心

育克的挑针　做5cm处的线标挑出5cm的针数

209

4

土尔曼袖的圆形育克

身片和衣袖连为一体的土尔曼袖圆形育克比连肩袖的育克尺寸更大。
育克外围和接领侧尺寸差更大，因此使用横向花样效果会更加显著。

材料与密度

极粗毛线（线40g，长80m）身片的花样编织——8号针
（4.5mm），10cm为19针26行。育克编织——9号针
（4.8mm）和8号针，10cm为19针25行。衣领的双罗纹编
织——5号针（3.6mm），10cm为21针32行。

操作重点

1 由于前后减针比例不同，横向花纹的前后
尺寸需要分别计算。
2 由于育克前后片花样之间的减针数不同，
因此育克需要前后分片编织。
3 育克挑针数目较多，因此在身片上每隔
5cm做一个标记点，在标记点中间进行均
等挑针。

制图
●将身体原型的S.P提高2cm画肩线，在延长线上连接
衣袖原型。
●以侧缝线的罗纹编织往上10cm作为袖下弧线的起
点，弧线纵向9cm，横向13cm。
●横开领2.5cm，后片中心线下降1cm，前片中心线下
降2.5cm画领围弧线。
●育克宽度为20cm。前面以整圆圆点为中心画弧线，
后面以椭圆圆点为中心画弧线。
●衣领和育克领部尺寸相同，高度为3.5cm。

→214页

推算

●育克横向花纹的推算 1

❶分别计算前后育克外围和领部的尺寸，画平面图。计算育克的针数和行数。

后育克外围——1.9针×（36cm×2）=136.8→137针

后育克领部——1.9针×（9cm×2）=34针

前育克外围——1.9针×（41cm×2）=155.8→156针

前育克领部——1.9针×（13cm×2）=49针

育克行数——2.5行×20cm=50行

❷在密度本上取育克的行数，领部针数，外围针数，画斜线。

❸在育克50行中，要依次编织ⓐ~ⓕ6种花样。ⓐ为13行，ⓑ为7行，ⓒ为11行，ⓓ为7行，ⓔ为7行，ⓕ为5行。花样编织中间不可以进行减针，因此直接从编织图表的斜线栏中数出ⓐ~ⓕ的行数，在边界处画横线连接斜线。横线长度即为减针数。

❹计算ⓐ~ⓕ每个花样的针数。

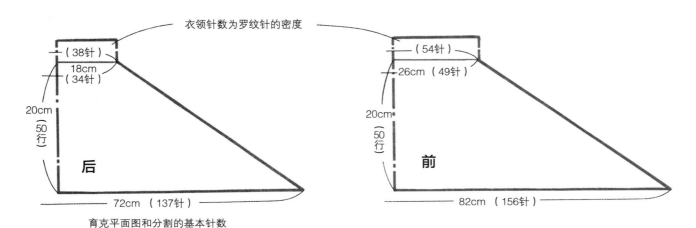

育克平面图和分割的基本针数

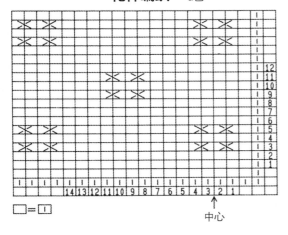

花样编织　d色

□=ⅰ

中心

第5行

■= 从2针并1针的线圈上编织小球　b色

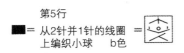

☒= d色

⊡= c色

□= b色

▨= a色

▩= 无针

育克的配色花样

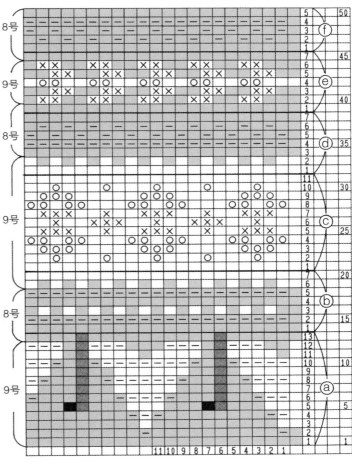

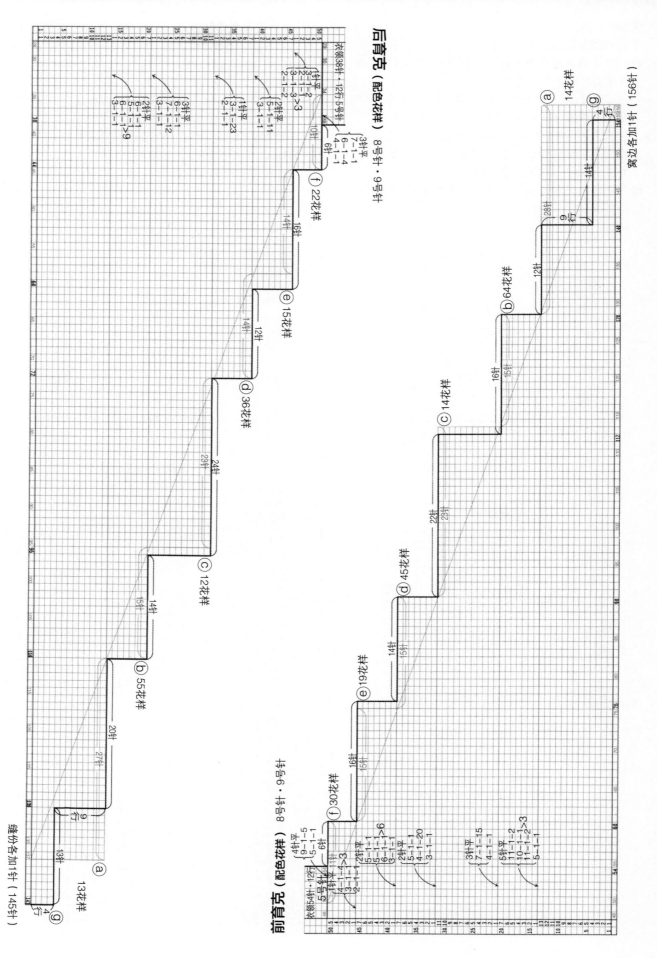

后育克（配色花样） 8号针・9号针

衣领36针・12行 5号针

3针平
7-1-1
6-1-4
4-1-1

1针平
3-2-1>2
2-1-2

1针平
6-1-1
3-1-2

2针平
5-1-11
3-1-1

1针平
3-1-23
2-1-1

3针平
6-1-1
7-1-12
3-1-1

2针平
6-1-1
5-1-1>9
3-1-1

f 22花样

e 15花样

d 36花样

c 12花样

b 55花样

a

g

前育克（配色花样） 5号针・5号针

f 30花样

e 16花样

d 45花样

c 14花样

b 64花样

a 14花样

g

宽边各加1针（156针）

缝份各加1针（145针）

212

后育克

ⓐ 137针÷1个花样11针=13个花样——少6针
　 将挑针数调整为143针，编织13个花样。

ⓐ 的花样为13行，编织过长，因此在中间进行减针。
　 编织第5行花样时，2针并1针进行编织，因此1个花样减1针，13个花样减13针。
　 143针−13针=130针。

ⓑ 130针−20针（27针+6针−13针）=110针
　 110针÷1个花样2针=55个花样
　 正好除尽，因此减针数为20针，针数为110针。

ⓒ 110针−15针=95针
　 95针÷1个花样8针=12个花样——少1针
　 因此将减针数调整为14针，编织12个花样，共96针。

ⓓ 96针−24针（23针+1针）=72针
　 72针÷1个花样2针=36个花样

正好除尽，因此减针数为24针，编织36个花样，合计72针。

ⓔ 72针−14针=58针
　 58针÷1个花样4针=15个花样——少2针
　 将减针数调整为12针，编织15个花样，合计60针。

ⓕ 60针−16针（14针+2针）=44针
　 44针÷1个花样2针=22个花样
　 正好除尽，因此减针数为16针，编织22个花样，合计44针。

ⓖ 计算衣领部分的罗纹编织针数。罗纹密度为5号针21针，
　 2.1针×18cm=37.8→38针
　 44针−38针=6针　减6针进行罗纹编织。

前育克

ⓐ 156针÷1个花样11针=14个花样——余2针
　 因此将挑针数调整为154针，编织14个花样。

ⓐ 的花样第5行每个花样减1针，14个花样减14针，
　 154针−14针=140针

ⓑ 140针−12针（28针−2针−14针）=128针
　 128针÷1个花样2针=64个花样
　 正好除尽，因此减针数为12针，针数为128针。

ⓒ 128针−15针=113针
　 113针÷1个花样8针=14个花样——余1针
　 因此将减针数挑为16针，编织14个花样，合计112针。

ⓓ 112针−22针（23针−1针）=90针
　 90针÷1个花样2针=45个花样
　 正好除尽，因此减针数为22针，针数为90针。

ⓔ 90针−15针=75针
　 75针÷1个花样4针=19个花样——少1针
　 因此将减针数调整为14针，编织19个花样，76针。

ⓕ 76针−16针（15针+1针）=60针
　 60针÷1个花样2针=30个花样
　 正好除尽，因此减针数为16针，针数为60针。

ⓖ 计算领部罗纹编织的针数。2.1针×26cm=54针，60针−54针=6针，减6针进行罗纹编织。

（注）不采用编织图表的话，可以按照以下方法计算减针数。
以后面育克为例，137针−34针=103针

ⓐ 50行：103针=13行：X　　$X=\dfrac{103\times13}{50}$
　 X=26.78→27针

ⓑ 50行：103针=7行：X　　$X=\dfrac{103\times7}{50}$
　 X=14.42→15针
其他行也可以按照同样方法进行计算。

❺ 计算各花样中间的减针数。以除数=减针数，最后1个平分两侧编织平针，进行平均计算。
　 后面育克ⓐ和ⓑ之间的减针数——130针−110针
　　　　　　　　　　　　　　　　　　　　=20针

$$110针÷20针=\begin{array}{l}\quad 2针平针\\ 5-10\quad 6-1-1\\ \quad\quad \to 5-1-1\\ 6-10\quad 6-1-1\\ \quad\quad\quad 3-1-1\end{array}>9$$

其他行也可以按照同样方法进行计算。
（注）3−1−1的意思是编织3针减1针重复1回，实际进行减针的是ⓑ的第1行。

编织方法和完成处理

❶ 蝙蝠袖的身片参照制图进行编织。前后身片对接之前分别编织圆形育克。

❷ 圆形育克的挑针数较多，为了可以均等操作，可以在身片的育克线上每隔5cm加入一个线标，在线标之间分别进行5cm的挑针。2行起伏针的边界注意平滑编织，避免出现段差。缝份加2针进行缝合。

❸ 圆形育克为各种图案的混合编织，密度差可以通过改变针号进行补充调整。各个花样中间的减针在各自第1行进行平均减针。

❹ 衣领进行环状编织。

❺ 袖山进行盖针缝合，袖下和弧线进行半回针缝合。袖口进行环状罗纹编织。

❻ 圆形育克周边编织双层锁针的编绳。

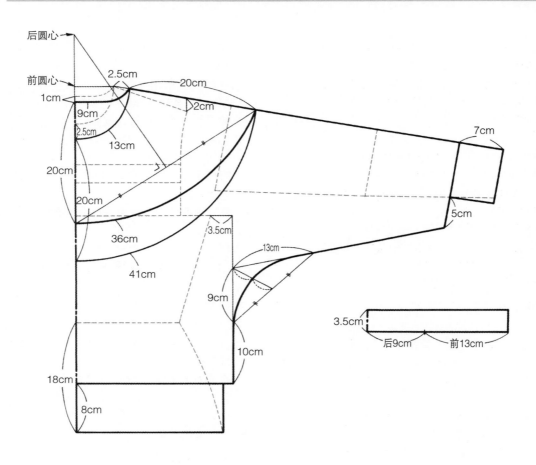

后圆心

前圆心

2.5cm

1cm

20cm

9cm

2.5cm

2cm

13cm

7cm

20cm

20cm

5cm

36cm

3.5cm

41cm

13cm

9cm

3.5cm

后9cm 前13cm

10cm

18cm

8cm

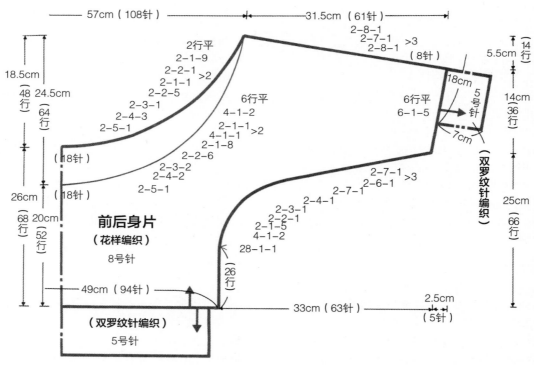

57cm（108针） 31.5cm（61针）

2行平
2-1-9
2-2-1 >2
2-1-1
2-2-5
2-3-1
2-4-3
2-5-1

2-8-1
2-7-1 >3
2-8-1
（8针）

5.5cm 14行

6行平
4-1-2
2-1-1 >2
4-1-1
2-1-8
2-2-6
2-3-2
2-4-2
2-5-1

6行平
6-1-5

18cm
5号针

14cm 36行

18.5cm 48行

24.5cm 64行

（18针）

（18针）

26cm 68行

20cm 52行

前后身片
（花样编织）

8号针

2-7-1 >3
2-6-1
2-7-1
2-4-1
2-3-1
2-1-5
4-1-2
28-1-1

（双罗纹针编织）

25cm 66行

49cm（94针）

26行

33cm（63针）

2.5cm
（5针）

（双罗纹针编织）

5号针

7cm

双层锁针的编织方法

四方形的圆形育克

身片和衣袖的育克线没有弧线，以直线形式自然过渡到颈部，形成圆形育克的作品。

制图和编织技巧都比较简单，非常适合初学者进行操作。

育克采取分散减针的技巧编织纵向花纹。

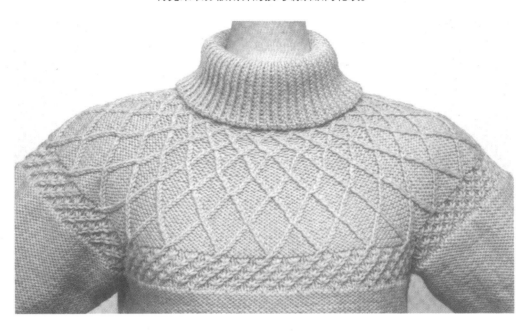

材料与密度

极粗毛线（线40g，长80m）8号针（4.5mm）。反面平针编织——10cm为19针27行，育克编织A——10cm为21.5针25.5行，花样编织B——10cm为21.5针，10行为4cm。衣领的扭针单罗纹编织——5号针（3.6mm），10cm为23针32行。

操作重点

1 育克宽度在身宽线（袖宽线）的范围之内自由决定。不过要注意育克宽度越大，育克分散减针比例越大，花样调整难度越高。

2 领围线前后通用。大概确定前后领下的中间位置。开领较大，所以拉长部分可以用高翻领进行掩盖。

3 育克前后推算尺寸通用，因此可以进行环状编织。

制图

●将身体原型的S.P提高1cm画肩线，在延长线上连接衣袖原型。

●希望袖宽为22cm，朝身片裆分辅助线求得22cm-3cm=19cm。从交点延长衣袖裆分3cm，从交点水平画身宽线。

●从身宽线，袖宽线画4cm水平线作为育克线。

2 ●从身片和衣袖的育克线上朝衣领方向取育克宽度16cm，最后决定N.L尺寸。

（注）这种制图方法中N.L的尺寸属于自然生成，因此基本上都是横向的形状。育克宽度越短，后面领深尺寸变多，横向就会更宽。相反育克宽度越长，前面领深就没有尺寸了。这种情况下优先确定领深尺寸，大概确定前后领深的中间位置，横向扩散可以调整领宽进行掩盖。

●衣领为高翻领，翻折部分增加4cm。

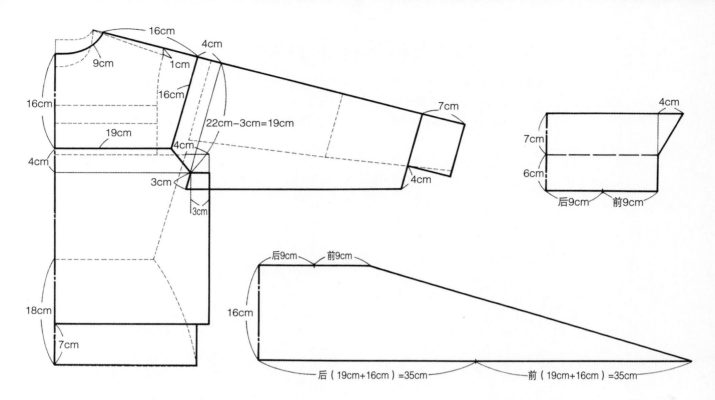

推算

● 纵向花样的推算 👆3

❶ 分别计算育克外围和衣领尺寸，连接起来画平面图。

　　育克外围——（后面19cm+袖16cm）+（前面19cm+袖16cm）=70cm

　　衣领部分——后面9cm+前面9cm=18cm

❷ 以外围尺寸为基准，计算减针比例。

　　70cm-18cm=52cm

　　（52cm÷70cm）×100=74.2%

❸ 育克外围1个花样为12针，计算减针后衣领部分的花样针数。

　　12针-74.2%=3.09→4针（偶数针）

　　衣领尺寸为18cm，育克必须要大于衣领尺寸，因此将针数调整为4针。

❹ 计算育克的针数和行数。

　　育克外围——2.15针×（70cm×2）=301针

301针÷1个花样12针=25个花样——余1针

将整体针数定为300针，编织25个花样。

衣领部分——4针×25个花样=100针（参照图表确定前后以及衣袖等各自的针数）

育克宽度——2.55行×16cm=40.8→40行

在育克宽度40行中，1个花样从12针逐渐减针到最后1个花样4针。

❺ 衣领按照罗纹密度进行计算。外侧扩展4cm，计算密度的调整。

　　（4cm÷18cm）×100=22.2%

　　22.2%÷5.5%=差别4个针号

　　2.3针×（18cm×2）=82.8→84针（偶数针）

　　基本罗纹编织针号为5号，每次增加2个针号，分别用7号、9号进行编织。

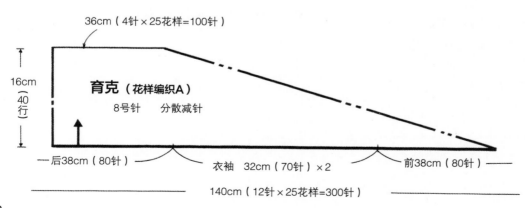

花样编织A

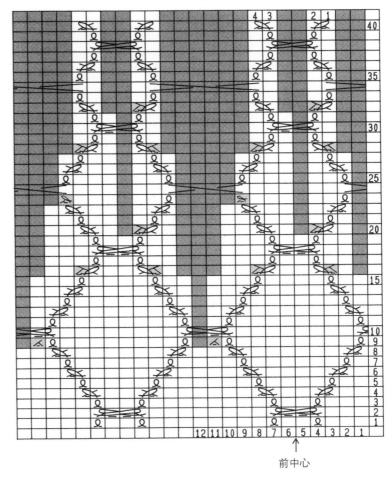

前中心

花样编织B

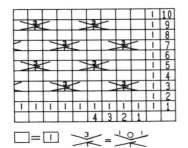

$\square = \boxed{1}$　$\diagdown\!\diagup = \diagdown\!\raise1pt\hbox{$\scriptstyle\mathrm{o}\,1\,\mathrm{o}$}\!\diagup$

$\boxed{\diagdown\!\diagup} = \boxed{\diagdown\!\diagup}$

$\square = \boxed{-}$

编织方法和最终完成

❶身宽线，袖宽线和育克线之间的4cm编织花样B。在B的第1行将密度的差值进行平均加针后编织。拉克兰的减针在两端操作后进行挑针缝合。

❷花样整体进行环状编织。衣领也进行环状编织，在领立编织到13行时将里外进行对调继续编织。

衣领（扭针单罗纹编织）密度调整

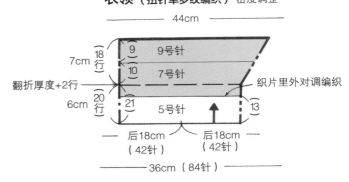

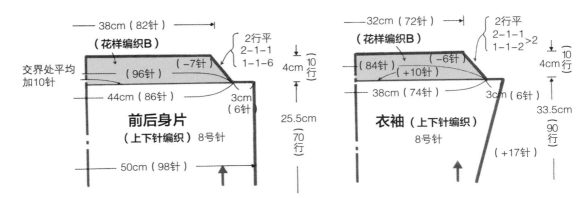

6

从领部开始编织的圆形育克

（身片没有前后差）

从颈部开始编织圆形育克，然后向下编织身片和衣袖的作品。

可以整体进行环状编织，缩缝和拼接部位较少，操作手法相对简单，比较适合快速编织。

在本篇中，身片的高度前后相同没有差异。

材料与密度

极粗毛线（线40g，长80m）8号针（4.8mm）。圆形育克编织——10cm为
18.5针26行。身片的反面平针编织——10cm为19针27行。衣领的单罗纹针编
织——5号针（3.6mm），10cm为21针32行。

 操作重点

1 从颈部开始编织的圆形育克，如果从形态
上进行分类的话，应该属于四角图案的圆
形育克。

2 育克编织为纵向，因此可以使用分散加减
针进行推算。编织方向是从颈部向下编
织，因此以外围尺寸作为推算基准（目的
是为了确保外围尺寸的准确性）。

3 圆形育克、身片、衣袖都可以进行环状编
织。

制图

●将身体原型的S.P提高1cm画肩线，在肩线延长线上
连接衣袖原型。

●希望袖宽为22cm，朝身片裆分辅助线求得袖宽直角
线为22cm-3cm=19cm，过交点延长3cm。从交点
向身宽线，袖宽线画垂直线，朝衣领方向取育克宽度
19cm。

●在本篇制图中，衣领的领宽和领深尺寸依据其他尺寸
自然生成。另外前后N.L尺寸相同。

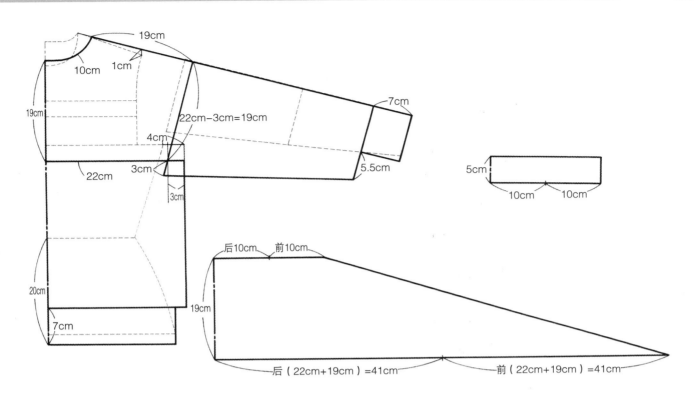

推算

●纵向花纹的推算 　2

❶ 计算育克衣领部位和外围尺寸，画育克宽度19cm的
平面图。

衣领部位——后面10cm+前面10cm=20cm

外围尺寸——（身片22cm+衣袖19cm）×2=82cm

❷ 以外围尺寸为基准，计算到衣领部位的减针比例。

82cm-20cm=62cm

（62cm÷82cm）×100=75%

❸ 育克外围1个花样为50针，计算减针75%后衣领部分
每个花样的针数。

50针-75%=12.5→14针（偶数针）

（注）衣领尺寸为20cm，育克尺寸必须大于衣领尺

寸，花样为偶数针花样，因此将针数调整为14针。

❹ 计算针数和行数。

外围部分——1.85针×（82cm×2）=303针

303针÷1个花样50针=6个花样——余3针→300针

衣领部分——1个花样14针×6个花样=84针

育克宽度——2.6行×19cm=49.4→50行

❺ 衣领为单罗纹针编织。计算比身片密度增加10%之
后的针数。

19针+10%=21针

2.1针×（10cm×4）=84针

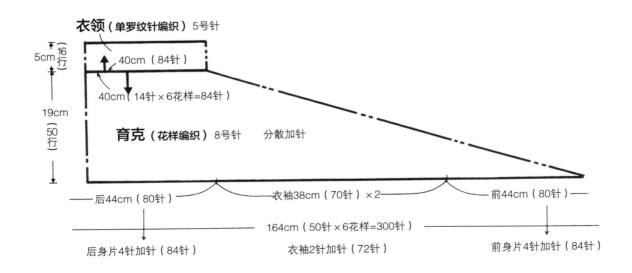

编织方法和完成处理

❶ 从衣领和圆形育克的边界处开始起针编织。别线起针编织84针，环状编织圆形育克。

☝3 ❷ 圆形育克编织完毕后，分割为前后身片和衣袖部分。育克和身片的密度差进行平均加针，两侧别

线起针作为裆分，环状编织身片和衣袖。

❸ 解开衣领部位的起针，朝相反方向挑针进行编织。

❹ 育克周围可以根据个人喜好加入刺绣花样。

花样编织

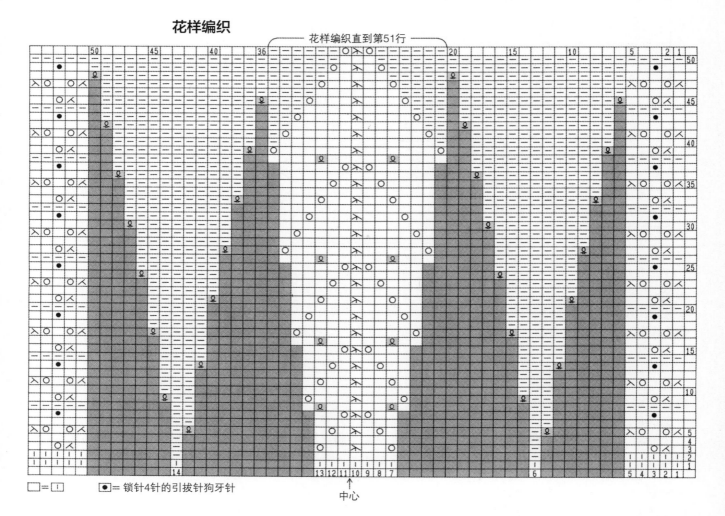

□ = ① ●= 锁针4针的引拔针狗牙针

↑
中心

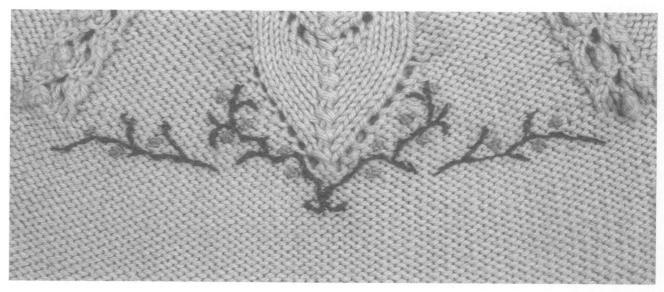

育克外围的刺绣

从领部开始编织的圆形育克

（身片存在前后差）

本篇内容也是从领部开始编织的圆形育克，不过在圆形育克编织完毕后，
在前后身片高度加入尺寸差。比上一篇作品穿着舒适度更好，
而且不易发生拉伸。本篇为各式交叉花样的组合编织，整体为纵向花纹。

材料与密度

极粗毛线（线40g，长80m）8号针（4.5mm）。圆形花
样编织——10cm为22针26行。身片的底面平针编织——
10cm为19针27行。衣领的扭针单罗纹编织——5号针
（3.6mm），10cm为21针32行。

制图

●将身体原型S.P提高1cm画肩线，在延长线上连接衣
袖原型。

●希望袖宽为22cm，朝身片侧缝线的内侧3cm作辅助
线，求得袖宽直角线为22cm-3cm=19cm，从交点
再延长3cm。

●从交点水平画身宽线，后身片宽度提高3cm（前后尺
寸差）。

2（注）前后尺寸差的挑针数加在后袖宽上。由于
编织衣物特有的伸缩性才可以使用这种方法，操作
难度非常大，因此避免前后尺寸差超过3cm。

●从身宽线，袖宽线朝向领部取育克宽度19cm，颈部
尺寸自然生成，N.L加入前后尺寸差。

●衣领和育克领部尺寸相同，高度为5cm。

 操作重点

1 圆形育克的形态为四角形育克。虽然是从领
部开始编织，但是尺寸推算以育克外围尺寸
为基准（外围尺寸不容易产生误差）。

2 在圆形育克编织结束的位置加入前后尺寸
差。通常会在后身片适当加入3cm的高度。

3 袖体连接尺寸即使不同，前后袖宽的尺寸是
相同的。因此在圆形育克的前后外围中适当
加入尺寸差。

（注）如果圆形育克外围尺寸前后等同的
话，反过来就在前后袖宽上加入尺寸差。

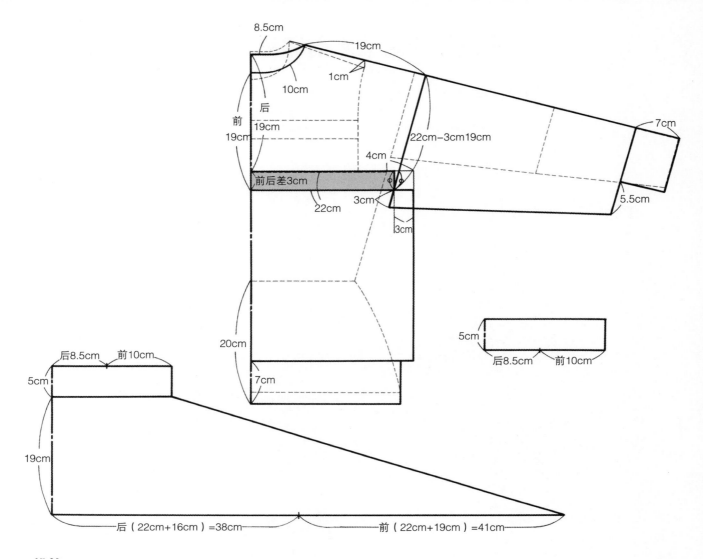

推算

●纵向花样的推算 👆1

❶计算育克领部和外围尺寸，画平面图。

领部尺寸——后面8.5cm+前面10cm=18.5cm

外围尺寸——（后身片22cm+后袖16cm）+（前身片22cm+前袖19cm）=79cm

❷以外围尺寸为基准进行推算，计算领部的减针比例。

79cm-18.5cm=60.5cm

（60.5cm÷79cm）×100=76.5%

❸育克外围1个花样为34针。计算减针76.5%后领部每个花样的针数。

34针-76.5%=7.99→10针（偶数针）

（注）本来按照四舍五入7.99针应该为8针，但是领围尺寸18.5cm就是实际衣领的尺寸，圆形育克的尺寸必须大于衣领尺寸，如果尺寸相同，也是由于育克到下一行之间的距离缩小的原因（参照224页图示）。因此7.99针调整为8针的话，育克和衣领尺寸

几乎相同，所以针数调整为10针（花样为偶数针编织）。

❹计算育克的针数和行数。

外围部分——2.2针×（79cm×2）=347针

347针÷1个花样34针=10个花样——余7针→修正为340针。

衣领部分——1个花样10针×10个花样=100针

育克宽度——2.6行×19cm=49.4→50行

❺计算衣领的罗纹编织。罗纹编织根据身片的平针编织进行换算。针数增加10%，行数增加20%，密度10cm为21针32行。

2.1针×后面17cm=35.7→36针

2.1针×前面20cm=42针

❻为了制作衣袖的编织图，将前后袖打开进行绘制。袖宽前后各22cm，后袖宽中包含从后身片挑的3cm前后差的针数。

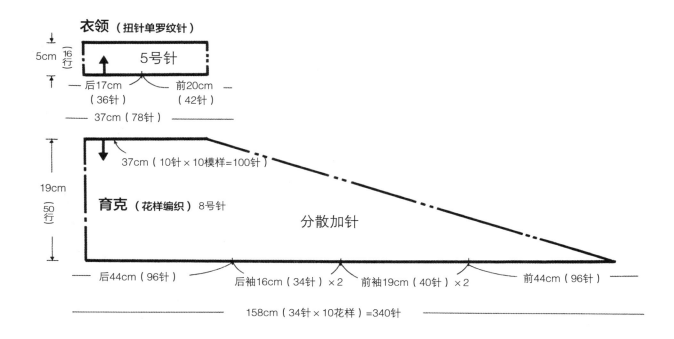

衣领（扭针单罗纹针）

5cm (16行)

5号针

后17cm（36针）　前20cm（42针）

37cm（78针）

37cm（10针×10模样=100针）

19cm (50行)

育克（花样编织）8号针

分散加针

后44cm（96针）　后袖16cm（34针）×2　前袖19cm（40针）×2　前44cm（96针）

158cm（34针×10花样）=340针

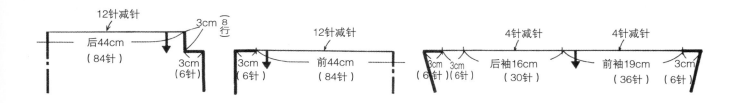

12针减针

后44cm（84针）

3cm (8行)

3cm（6针）

12针减针

3cm（6针）

前44cm（84针）

4针减针

3cm 3cm（6针）（6针）

后袖16cm（30针）

4针减针

前袖19cm（36针）

3cm（6针）

花样编织

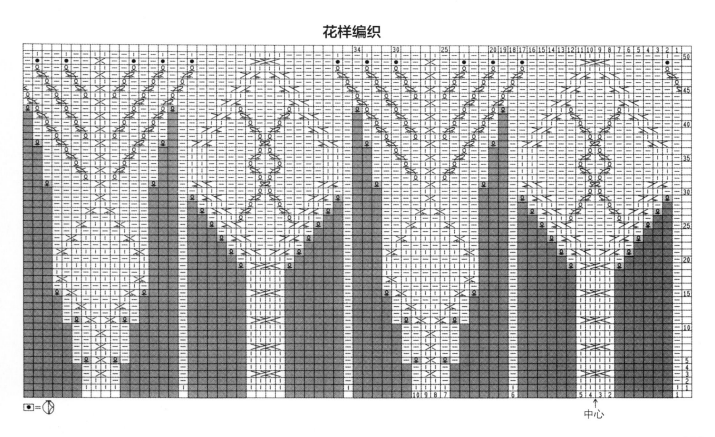

●＝[扭针符号]

中心

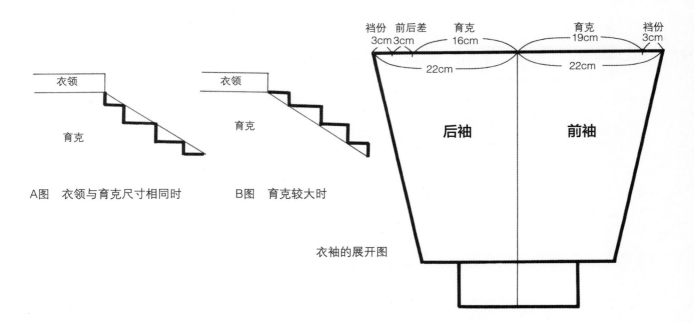

A图　衣领与育克尺寸相同时　　　B图　育克较大时

衣袖的展开图

编织方法和完成处理

❶从衣领和圆形育克的交界处开始编织。用别线起针，从领部向外围进行编织。

❷育克宽度编织50行，将针数进行前后身片、衣袖分配。

前后身片——158cm：340针=44cm：X

$$X=\frac{340\times44}{158}$$

X=94.6→96针（偶数针）

后袖——158cm：340针=16cm：X　$X=\frac{340\times16}{158}$

X=34.4→34针（偶数针）

前袖——158cm：340针=19cm：X　$X=\frac{340\times19}{158}$

X=40.8→40针（偶数针）

❸只要后身片编织8行来回编。随后变为上针编织，因此将密度差12针（1.9针×44cm=84针　96针−84针=12针）在第1行进行平均减针编织。

❹衣袖部分休针，在前后身片的中间别线起针作为挡份，环状编织身片。前身片也是在第1行将密度的差值进行平均减针。

❺衣袖编织时解开（腋下）挡份的起针，朝相反方向挑针，后身片上的前后尺寸差也一并挑针，从休针的针脚开始进行环状编织。

❻拆开领部起针的锁针，进行均匀减针后编织衣领。

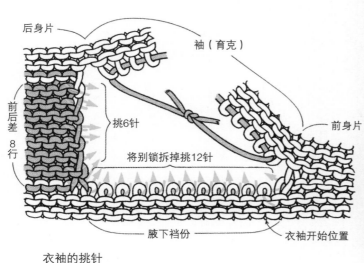

衣袖的挑针
从挡份的针与前后差上挑针

7

斜编

　　编织方向除了纵向和横向之外，还有一种斜向编织的技巧。通常会从一个角的顶点开始编织，通过两侧的加减针编织不同的形状。如果编织方向线不能确定，外围线的加减针计算就得随时进行调整，斜编操作起来就会非常麻烦。因此为了确定准确的加减针数，找到准确的角度进行推算是非常重要的。掌握推算的基础之后再进行实际操作。

计算斜编角度

斜编简单来说就是将编织方向线倾斜后进行编织。一般会从某个角的顶点开始编织，通过两侧加针或者减针进行操作，编织出想要的形状。主导编织方向的基本线如果垂直展开就是纵向编织，水平展开就是横向编织，倾斜方向展开就是斜编。因此编织出来的花样和织片都是倾斜方向的。

编织时从某个角的顶点开始编织，两侧进行加针（或者减针）操作时，如果加针的比例不规则的话，斜编操作起来就会非常复杂，因此尽量选择简易的加减针，避免斜编针法过于繁杂。

确定规则有序简易明了的加减针角度

A.平针编织

所谓的容易操作并且规则有序的加减针是指1行加减1针，2行加减1针或者4行加减1针之类的针法。这类加减针重复编织的话，编织片的外围线就会呈现倾斜的角度。如果可以让这种倾斜按照一定的角度展开，制图和推算操作起来就会非常方便。

在编织图表上画1行1针，2行1针，4行1针的曲折线，然后用斜线连接的话，和基本线（垂直线）产生的角度就是加减针的角度。这个角度随着编织比例（1针的行和针的比例，一般会用10cm的行数÷10cm的针数进行计算）的变化而产生变化。（本篇作品中的编织比例为1.42）

那么我们以下面的编织图表为原始图，用斜线表示加减针，计算倾斜角度。用极粗毛线8号针进行平针编织的密度为10cm19针27行，此时的编织比例为27行÷19针=1.42。

1行1针的线——纵向1对应横向1.42的斜线

2行1针的线——纵向1对应横向0.71的斜线（针数为每行的一半）

4行1针的线——纵向1对应横向0.355的斜线（针数为每行的1/4）

画出斜线后，测量和基本线（垂直线）的角度。1行55°，2行35°，4行20°，这个数字就是加针的角度。反之减针的角度就是底边水平线和斜线之间的度数。也就是以整体为90°减掉加针的度数就是减针的度数。

B.起伏针

起伏针编织的话，针的部分比较扩散，行的部分相对收紧。采用极粗毛用7号针编织时的密度为10cm18针36行，也就是1针和2行的尺寸相同。

2行1针的线——纵向1对应横向1的斜线角度为45°

1行1针的线——纵向1对应横向2的斜线角度为63°

4行1针的线——纵向1对应横向0.5的斜线角度为27°

以上均为加针的角度，以整体为90°减掉加针的角度剩余就是减针的角度。

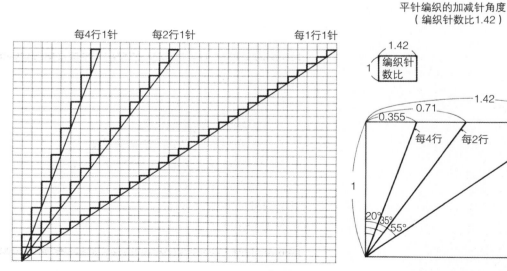

每4行1针　　每2行1针　　　　　每1行1针

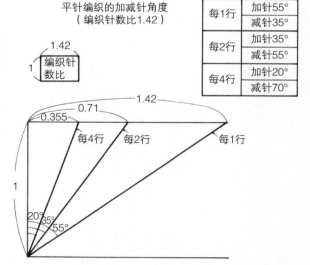

平针编织的加减针角度
（编织针数比1.42）

每1行	加针55°
	减针35°
每2行	加针35°
	减针55°
每4行	加针20°
	减针70°

斜编　推算基础和编织方法

为了掌握斜编的推算基础，首先以编织10cm的四角形为例进行推算的阐述。

A图平针编织的推算

❶ 首先确定起针位置，画基本线。假设从右下角开始编织的话，左右两边为加针线。前提条件是右侧的加针角度+左侧的加针角度=90°。1行加针55°和2行加针35°合计正好为90°，其中右侧35°、左侧55°进行区分，画基本线。

❷ 对照基本线画直角线和平行线，朝着各个角度画直角三角形。

❸ 如图所示从各边到各角形成四个三角形。在这些三角形中，和基本线方向一致的叫作"行"的线，和基本线呈直角的线叫作"针"的线。

❹ 测量行和针的长度。以密度10cm为19针27行计算针数和行数。

ⓐ 首先计算行数。棒针编织均为偶数行单位，如果出现奇数行要进行行数修正。

ⓑ 计算针数时比较简单的一个操作技巧是2行的三角形针数为行数的1/2，而1行的三角形针数和行数等同，按照这个规律进行推算会比较容易一些。

以A图为例，35°的2行三角形为22行11针，55°的1行三角形为16行16针。如果针数出现小数点，犹豫不准如何进行四舍五入时，可以参考这个规律进行操作。

ⓒ 然后按照同样方法计算减针三角形的行数和针数。

❺ 进行推算。

ⓐ 起针为2针。分别为右侧35°三角形11针中的1针和左侧55°三角形16针中的1针。

ⓑ 各边最后部分均为平针行，2行分别加减针的线首先留出2行平针，1行分别加减针的线首先留出1行平针。

ⓒ 剩余行数和针数在各个边进行分配。35°的三角形剩余20行10针，可以编织2行–1针–10回，最后加2行平针。55°的三角形剩余15行15针，可以编织1行–1针–15回，最后加1行平针。

ⓓ 减针的三角形最后要留出2针。起针和加针三角形相同，分别从左右两侧三角线各取1针开始编织。最后也要留出平针行，因此先预留出来，剩余的行数和段数进行分配计算。

编织B图时，首先在右侧取55°、左侧取35°画基本线。三角形的区分和针数推算和A图操作方法相同。

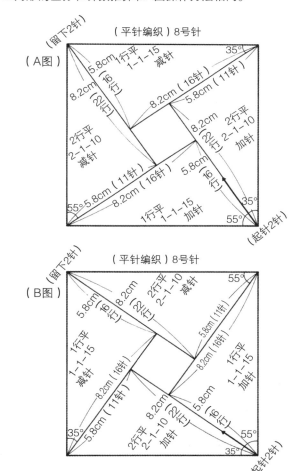

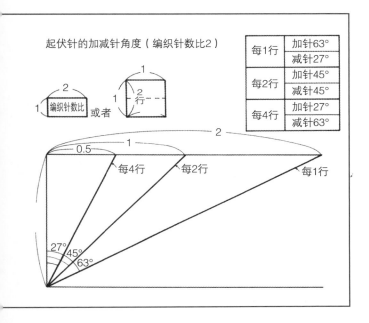

起伏针的加减针角度（编织针数比2）		
每1行	加针63°
	减针27°
每2行	加针45°
	减针45°
每4行	加针27°
	减针63°

编织方法

　　在编织图表上画出A图的推算针数。起针和收针为2针，从加针向减针推移的角上左右各留3行平针的行。

　　在实际编织过程中，其实1行加1针的操作方法是比较困难的。因此采用卷针加针的技巧，在编织结束位置统一进行加针，调整为2行–2针–7回和2行–1针–1回进行编织。1行减1针的编织效果是很漂亮的，不过也可以调整为2行–2针，统一在编织结束的位置进行减针。注意对比推算表格和实际编织时的针脚表格，仔细进行编织。

起伏针编织的推算和编织方法

　　起伏针斜编的基本准则是加针和减针都按照2行45°角度进行推算。

　　如A图所示右侧和左侧针数推算（编织方法）相同，而且加针和减针在同一行操作。B图为特殊版本，以两边的针数作为起针，中间的斜线作为减针位置。两侧三角形的减针集中到1处进行操作，变为2行–3针并1针。这种情况下在中心的减针位置加1针，将这一针留到最后。

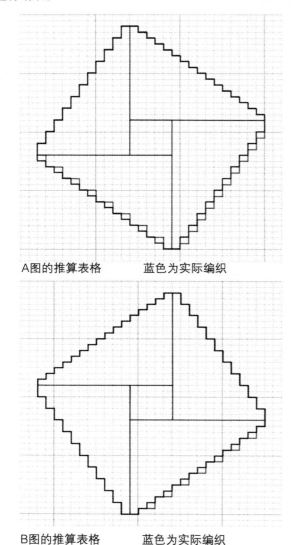

A图的推算表格　　　　蓝色为实际编织

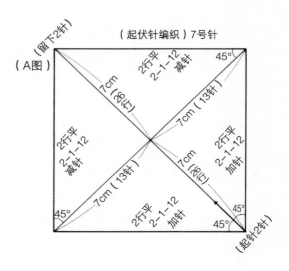

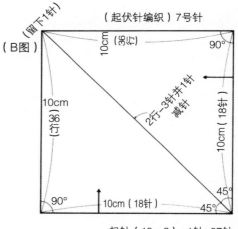

起针（18×2）+1针=37针
行数36行+1行（最后的减针）

B图的推算表格　　　　蓝色为实际编织

A图样片　　　　　　B图样片

起伏针A图样片　　　　起伏针B图样片

身片斜编的无袖套头毛衣

上下花样拼接的无袖毛衣。在四方形的身片上，花纹从右下角向整个身片进行大面积斜编。
育克为疙瘩针编织的基本花样，编织方向为纵向。

材料与密度

极粗毛线（线40g，长80m）8号针（4.5mm）。平针编织——10cm为19针27行。花样编织——10cm为20针37行。下摆的起伏针——7号针（4.2mm），10cm为18针，2cm为7行。

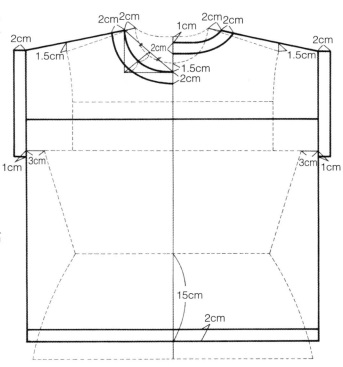

制图

●使用平面原型，从中间向左右展开画原型。

●B的松分增加3cm，将侧缝线延长到肩部。S.P提高1.5cm画肩线，身宽和背肩宽尺寸相同。

●收N.P和领下画N.L，画2cm高的衣领。

●前后都以胸宽线作为育克分割线。

推算

●斜编的推算

❶ 从图的右下摆开始编织。取朝向腋下线55°（1行1针），朝向下摆线35°（2行1针）的方向画编织基本线。

❷ 沿着基本线引出直角或者平行线，画出相邻的4个三角形。计算4个三角形的长度，以密度为基准计算针数和行数（推算基础参考227页内容）。

❸ 起针为2针，最后剩余针数也为2针。各个边最后都要留出1针，分别进行各自的加减针推算。

（注）为了让斜编的推算可以简单一些，一般不加裆份针数。

花样编织 b色

$\text{\includegraphics}$ = 2次卷针的波浪针

平针2行的条纹

□ = I

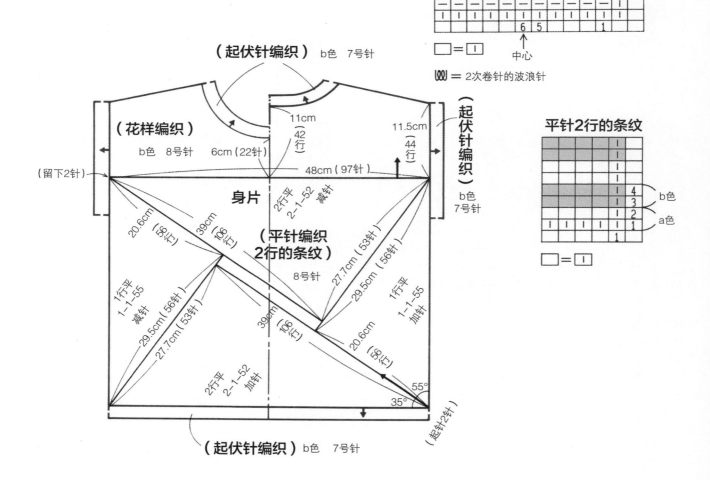

斜编开始位置

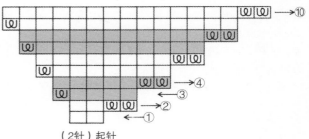

（2针）起针

编织方法和绕线完成处理

❶ 身片用手指起2针后开始编织。腋下1行加1针改为2行加2针，编织结束时进行卷针加针。下摆2针加1针在下针行进行卷针加针。

❷ 减针一边全部在端头减针后编织。最后剩余2针编织伏针。

❸ 上身和下摆从端头内侧1针开始挑针编织。

❹ 腋下用挑针接合（或者半回针）进行缝合。

2

花样左右对称的斜编无袖套头毛衣

从中间向两边左右对称编织斜条纹花样的作品。
左右身片分别从侧缝线的下摆开始编织，然后在中心线处连为一体。
堪称利用倾斜的花样编织V形领的代表作品。

操作重点

1 斜编使用35°和55°角度。即使改变材料和花样，编织比例必须保证为1.42。本篇作品中10cm为21针30行，编织比例为30行÷21针=1.42。

2 利用垂直的编织针脚打造V形领。如果将角度改为腋下方向35°下摆方向55°的话，V形领就会成为浅V字领。

3 特别注意编织顺序。从两侧下摆开始编织，不过到下摆中间位置时会进行连接编织。前中心的减针1行1针左右连续2次，因此直接在1行重复3针并1针的操作。

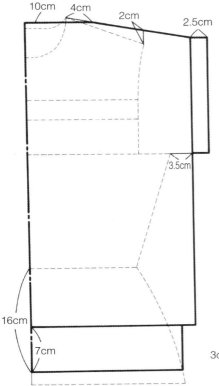

材料与密度

粗毛线（线40g，长103m）
6号针（3.9mm）。花样编织——10cm为21针30行。
单罗纹针编织——4号针（3.3m）。下摆为10cm23针36行。衣领和袖口为10cm25针36行。

制图

● 将前后身体原型重叠制图。在侧缝线加放3.5cm后向上延长至肩线，背肩宽尺寸相同。

● S.P提高2cm画肩线，横开领4cm。后领围水平绘制。（前面利用编织针脚的推算形成V形领。）

● 袖口的边缘为2.5cm，下摆罗纹编织为7cm。领高3cm，确定前领围尺寸后画领长尺寸。

推算

●斜编的推算

2 ❶从侧缝线的下摆处开始编织。使用35°和55°角度（两个角度合计正好为90°）进行编织，利用斜编方向打造锐角V字领是操作重点，因此角度分割必须是腋下方向55°，下摆方向35°（如果将这两个角度对调使用，编织出来的领形就是宽散的浅V领了），按此画基本线。

❷沿着基本线引出直角或者平行线，连接各边的角画出4个直角三角形。穿过开领4cm的N.P点，和基本线相对的直线就是前身片的V形领线。后身片被中心线和肩线划分为2个大三角形。

❸密度为10cm21针30行，首先计算行数（全部为偶数行）。在1行的线上针数和行数等同，在2行的线上针数调整为行数的1/2，不过肩线是35°，55°以外的斜线，因此要在三角形的针数和行数的范围内进行分割推算。

❹起针为2针（侧缝76针中的1针和底边30针中的1针）。后N.L最后也留出2针。前面中心线56针中剩余的1针编织到N.L中。各个三角形最后都取1行平针。

编织方法和最终完成

3 ❶参照图示编织顺序，首先编织ⓐ的部分，编织完毕后断线休针。然后编织ⓑ的部分，一直编织到将ⓑ和ⓐ连接起来。同时在中心线处起1针。

❷中心线向左右方向编织，因此将每侧1行减1针改为1行3针同时进行减针。将中心针目立起（中上3针并1针）进行逐行重复减针操作。

❸前面中心线最后剩下的3针在左右N.L上各加1针，中间1针就直接作为衣领中心进行编织。后身片比前N.L多编24行，最后5针并一行完成收针。

❹腋下采用平针缝合的技巧进行对接，肩部采用挑针接合。下摆、袖口、衣领采用罗纹针法进行环状编织。衣领中心也是每行减重复3针并1针的减针编织。

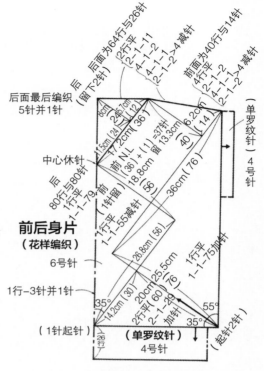

前后身片
（花样编织）
6号针

衣领（单罗纹针）4号针

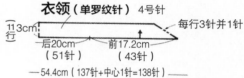

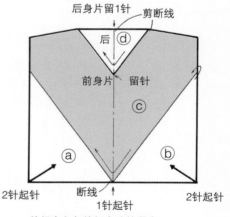

编织方向与编织方法的顺序

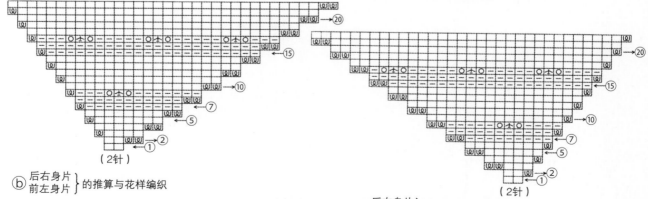

ⓑ {后右身片 / 前左身片} 的推算与花样编织

ⓐ {后右身片 / 前左身片} 的推算与花样编织

3

起伏针斜编花片背心

用起伏针斜编的正方形编织片将身宽进行四等分，打造出马赛克拼图似毛背心作品。
通过改变花片的组合方式，可以创造出多种富有变化的作品印象。

操作重点

1 本篇作品的编织片和斜编推算基础228页中条纹编织B图样式相同。花色搭配为4行，每2行交叉1次，编织比例为2（10cm21针42行）。

2 领围由4个半片的编织片连接而成。编织方向从各片两边开始，减针位置在对角线处，要特别注意针和行的读数和编织方法。

3 即使是相同花样的编织片，如果改变组合方式，也会像几何学一样呈现出各种不同的效果。

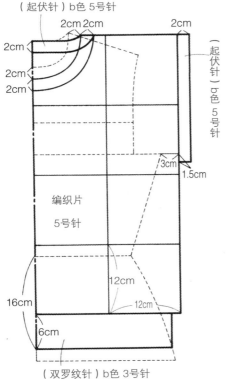

材料与密度

等粗毛线（线40g，长103m）5号针（3.6mm）。疙瘩针编织为10cm21针42行（编织片1边为12cm=25针）。下摆罗纹编织——3号针（3.0mm），10cm为24针34行。衣领的起伏针编织——5号针（3.6mm），10cm为20针，2cm为8行。

制图

●将身体原型前后重叠进行制图。B的松分增加3cm画侧缝线，将胁线延长到肩部。

●横开领2cm，从开领N.P开始水平画肩线。画领围弧线，在内侧画2cm的衣领。

●将身宽24cm进行二等分，每边为12cm的编织片。肩线也以12cm为间隔进行分割，4片横摆的位置分别为罗纹编织的交界点。将罗纹编织长度再延长6cm。

推算

●编织片的推算

和228页条纹编织B图的推算方法相同。

❶1边的起针数为2.1针×12cm=25针。2边起针，中间加1针，因此合计为（25针×2）+1针=51针。

❷起针两边的中间斜线处为减针位置。减针角度各为45°（2行减1针），因此两边减针均为一次2行−3针，所以整体行数为（针数×2）+1行=51行。

❸在第51行编织3针并1针，结束编织。留下1针进行收针编织。

❹前后身片的领围均为两个半片的编织片形状。弧线形状左右对称，但是根据编织片的摆放方法，针和行的方向是会发生变化的。每片编织片左侧和右侧的编织方向是不同的，因此要注意参考编织方向的箭头，准确对照编织表格的读数进行操作。

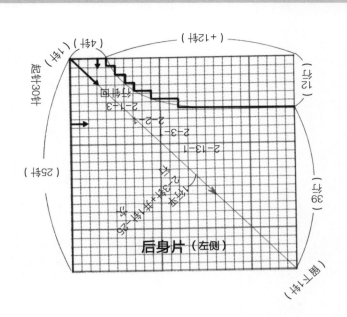

后身片（左侧）

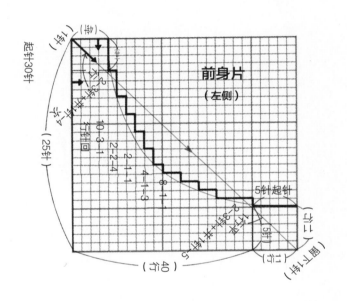

前身片（左侧）

编织片　　28枚

（起伏针编织4行、2行的条纹）

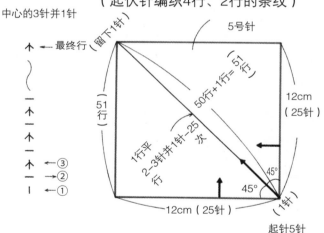

起伏针4行、2行的条纹花样

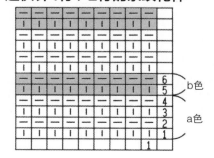

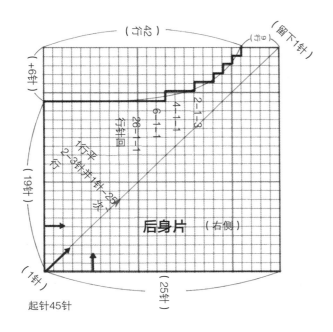

编织片的排列举例

A图

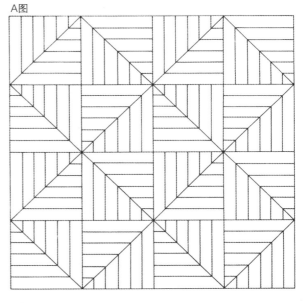

B图

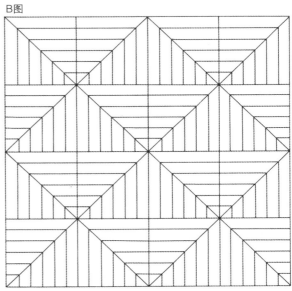

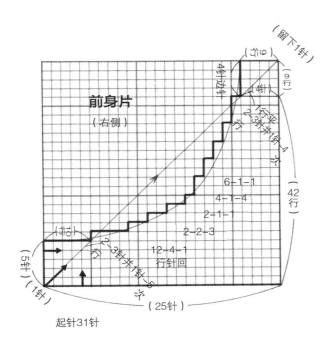

C图

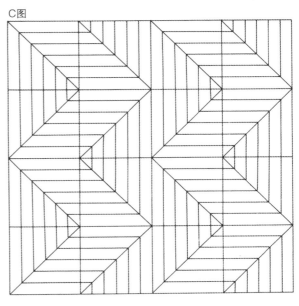

编织方法和完成处理

❶完整形状的编织片为28片。领围各由2片半片的编织片组合而成。

❷将编织片进行排列组合。A图和本篇作品的摆列方式相同，还可以参考B图、C图等多种排列组合方式。

❸编织片之间进行针和行的对接缝合。按照2行对1针的比例进行缝合。

❹下摆、衣领和袖口都进行环状编织。

4

法式袖斜编套头毛衣

身片和衣袖相连接的法式袖斜编套头毛衣。
制图注意肩部和袖山线水平，以便进行准确有规则的针法推算。
起伏针编织，2行为单位配色。

 操作重点

1 选取起伏针编织的加减针角度中63°和27°（1行编和4行编）组合的作品。侧缝线方向使用63°，保持同样角度平行编织到领部可以形成漂亮的深V领形。

2 可以从身片和衣袖两处开始起编（基本线的起点），最终将前后身片连为一体。不过这样编织的话袖山容易拉伸，所以本篇作品是前后身片分别编织，最后再进行缝合，要特别注意编织顺序。

材料与密度

极粗毛线（线40g，长80m）7号针。起伏针编织——10cm为18针36行。扭针单罗纹编织——10cm为19针32行。

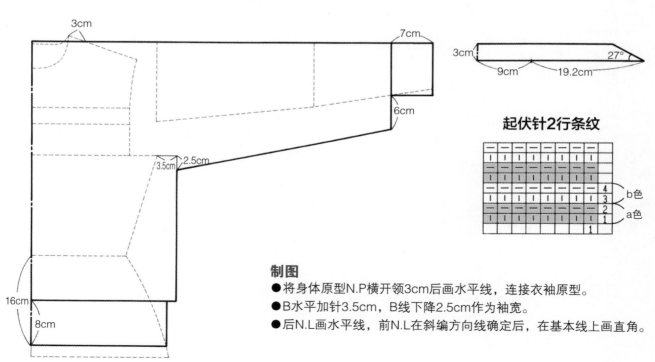

起伏针2行条纹

4 — b色
3
2 — a色
1
1

制图

●将身体原型N.P横开领3cm后画水平线，连接衣袖原型。
●B水平加针3.5cm，B线下降2.5cm作为袖宽。
●后N.L画水平线，前N.L在斜编方向线确定后，在基本线上画直角。

推算

●斜编的推算 🖐1

❶ 起编位置有2处。沿着袖口向上63°画衣袖基本线。袖下线为不规则角度（在这个三角形的行数和针数范围内进行计算）。

❷ 身片起编位置是侧缝线下摆处。以衣袖的基本线为准，画腋下方向63°、下摆方向27°的基本线。

❸ 沿着基本线引出直角或者平行线，连接各边的角画直角三角形。一个三角形无法画袖山，将距离N.P的中间尺寸一分为二，在后面N.P和中心之间再画一个三角形。前面从N.P到基本线的直角的线为V领线。

❹ 起伏针花样的密度为18针36行（编织比例为2）。分别计算针数和行数。起编2针和最后留出2针的操作方法和基础类型相同。63°的斜线为1行加1针，27°的斜线为4行加1针。不过偶尔也会出现半针的情况，分别进行各个三角形的行数和针数验算。袖下为不规则的线条，按照104行÷41（从41针中减掉起始1针，加上间隔1针成为41针）进行计算。

前N.L的针数中，要加上前中心线上最后留下的1针，计36针。

编织方法和完成处理

🖐2 ❶ 编织顺序如下。

ⓐ 从袖下开始编织，袖下编织104行后休针，两边袖体进行对称编织。

ⓑ 从身片侧缝线下摆处开始编织，腋下长度38行编织完毕后休针，左右两边对称编织。

ⓒ 从休针的衣袖处继续编织身片，在编织40行（身片从起编至下摆线中间位置，编织78行）。暂时停针，左右对称编织。

ⓓ 左右身片连为一体。中心起1针，做每行3针并1针的减针。（中间1针为衣领中心位置）前身片从中心到N.L编织46行。最后剩余1针加在N.L的针上。

ⓔ 后身片再编织28行，中间左右各留出5针，最后将5针一次进行收针。

❷ 腋下按照平针缝合要领进行操作。袖山和袖下用挑针缝合。

❸ 衣领的起伏针密度和身片相同，为18针。后面挑1.8针×18cm=32针，前面将剩余的35针（36针减去肩部缩缝1针）加上前面中心剩余1针，进行每行1次3针并1针的编织。

❹ 下摆和袖宽进行环状罗纹编织。

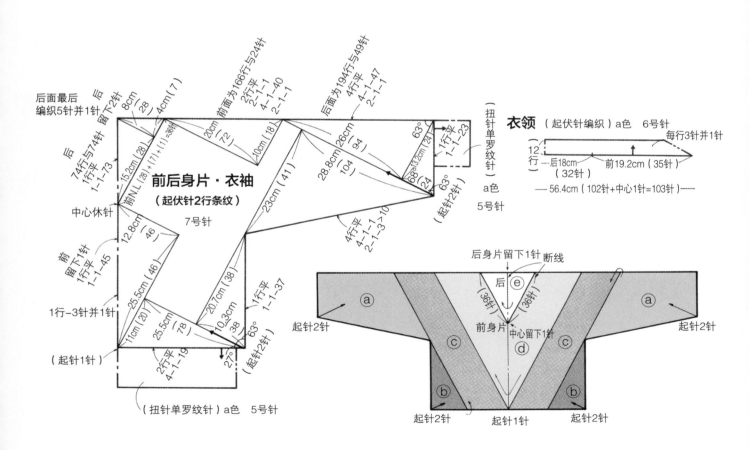

钩针编织　斜编的基础

　　钩针针脚每一针高度不同，花样编织中的组合方式也各不相同。因此和棒针编织一样，很难进行规制有序的斜编推算。因此反过来思考，编织最基本的45°斜编的话，使用哪一种针法更合适呢？要编织45°斜编的话，针脚纵横尺寸必须得相同（或者像条纹编织那样横向1针纵向2行，或者横向2针纵向1行）。短针样片过厚，因此试图寻找以长针为主，纵横尺寸等同的针脚（花样），其中最具代表性的就是方眼编织，如同它

的名称一样，纵横方向为正方形针脚，正好符合45°斜编的条件。

　　Ⓐ图为1针方眼，1针方眼的纵向尺寸稍微有点长。Ⓑ图为2针方眼，横向尺寸稍微有点长。不管选用哪种方眼，最后都需要略加修正，编织成为正方形状。只要针脚纵横尺寸相同，1行加减1针就会编织出45°的斜线。

使用方眼针法编织45°斜线（针和行的均衡比例）

　　为了编织正方形的方眼针脚，纵向长针1行相对应的横向为2针（长针+1个锁针）或者3针（长针+2个锁针），按照自己的手势松紧进行选择。一般来说长针的高度较低的人适合1针方眼，横针端头较短的人适合2针方眼。不管哪种情况都要先编织试编样片，计算纵横方向的密度，作为迅速可以确定自己编织比例的简易方法，就是编织三角形的试编样片。

　　右边3片三角形是239页作品5的背心起编样品。从侧缝线下开始编织，为了编织45°斜线，底边和中心各增加1针，使用编织三角形的记号进行操作。

Ⓐ三角形的底边不平整，两端向上翘起。这是由于和长针的高度相比，横针过小，或者是比起横针的尺寸，长针过长导致的结果。

Ⓑ三角形的底边不平整，两端向下拉伸。这是由于和高度相比，横针过于松散，或者是比起横针的尺寸，长针过短导致的结果。

Ⓒ底边是平坦的三角形。此时长针的高度和横针的宽度恰好等同。每行加1针就可以编织出45°角度。

　　比起按照自己的编织比例进行操作后再做修改，直接试编三角形样片是更快速的操作方法。

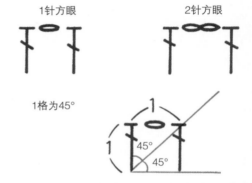

1针方眼　　　　2针方眼

1格为45°

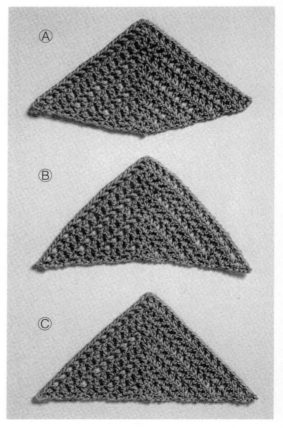

5

方眼斜编背心

采用钩针编织1针方眼编进行斜编的毛背心。
每行进行配色调整，打造优美线条。
衣领为介于V形领和U形领中间的领形，衣领编织时以编织方向为优先。

 操作重点

1 保证1针方眼编的纵横尺寸相同，编织45°角度。行和针的比例恰当的话，密度只需要计算10cm的行数就可以了。

2 虽然起编位置有两处，最后是要将前后连为一体。特别要注意编织顺序。

3 每行进行配色。不用进行断线，正反面各编织2行，进行重复编织。

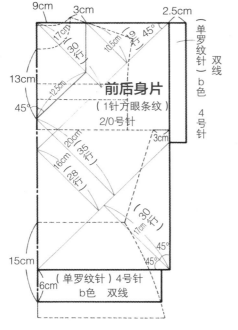

材料与密度

合细型夏季纱线（线40g，长163m）方眼编——2/0号钩针，10cm为17.5行。单罗纹编织——双线4号针（3.6mm），10cm为27.5针36行。

制图

● 将平面原型前后重叠进行制图。身宽加放3cm，横开领3cm，以这两点为基准画长方形身片。

● 水平画后领围线。（前领中心下降13cm，编织方向角度相同画45°斜线。从开领N.P处画垂直线，交点就是N.L）

● 衣领和身片领围尺寸相同，高度为3cm。

推算

● 斜编的推算

❶ 从侧缝线下摆开始编织。画45°的基本线。

❷ 从基本线画直角或者平行线，连接各角画三角形。

☞1 ❸ 计算各个三角形行数的长度，以密度（10cm为17.5行）为基准，计算行数。不需要计算针数（格数）。

❹罗纹编织使用双股线，按照7号针（4.2mm）的平针编织25针30行推算出来的密度进行编织，即4号针（3.6mm），27.5针（加10%），36行（加20%）。前中心为V字领，不过两侧加入圆形修饰，比通常的V领针数增加10%进行编织。

编织方法和最终完成

👆2 ❶编织顺序如下，

ⓐ以前后身片的侧缝线为中心，从下摆一角开始编织三角形。到下摆中心编织30行。编织左右2片。（展开图ⓐ的形状）

ⓑ2片一起编织28行到S.P的位置。将ⓐ的三角形对折，身片进行环状编织，相反一侧的身片也按照同样方法编织。（展开图ⓑ的形状）

ⓒ前后身片连为一体。编织展开图ⓒ的形状。

ⓓ保留前领围中心线的针，编织展开图ⓓ的形状。接着前领围继续编织后领围ⓔ的形状。

❷参照起编的记号图，下摆和侧缝线各加1针进行编织。每行进行配色调整，因此以2行为单位进行里外编织。编织两片30行的三角形。

❸将裙摆2片三角形一起编织到ⓕ的部分时，将2片的端头重叠，从中间挑针编织。侧缝线加1针，中间一

次减掉2格子。相反一侧的身片向三角形对折后按照同样方法编织。

❹从S.P开始，将ⓔ的部分进行前后片环状编织。为了保证以2行单位的纹理，进行翻转往返编织。将2片进行连接时，交界处留1针，肩线1次减2格进行编织。

❺前N.L保留1针，大概确定12.5cm的开口尺寸，从肩部在偶数针的位置按线，一直编织到相反一侧的衣领开口位置。

❻前身片的针编织完毕后，继续接线编织后领围，最后1次收4格子结束编织。

❼罗纹编织为双股线环状编织。衣领只有中心部分每行进行3针并1针的减针，编织V形领。

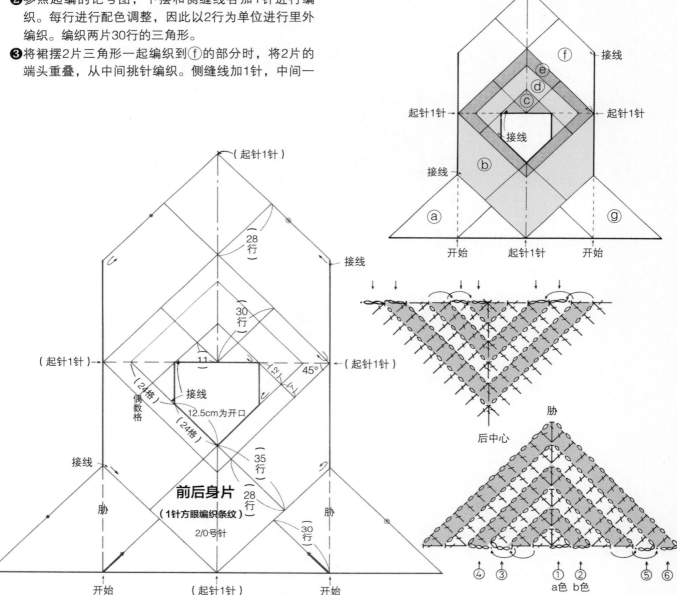

8

前襟和修饰边

正如通常所说的作品修饰的重点在于边缘一样，最后决定作品好坏的关键是修饰边的编织。为了保证作品效果，一定要十分重视前襟、修饰边以及开口的处理。前襟和修饰边有纵向长条、横向长条以及弧线等各种形状，一定要仔细区分和正常密度的不同，配合身片选择搭配最合适的样式。需要特别注意的问题有修饰边密度的确定，纽扣的位置以及相对应的编织技巧等很多内容。

圆领开衫　前襟横向编织

圆领开衫的前襟，堪称最基本的前襟作品。
采用单罗纹针法进行横向编织，纽扣为1针的圆孔。

操作重点

1 衣领和前襟的编织顺序为先编织衣领，然后从上到下摆编织前襟。扣眼的分配为最简单的样式。

2 注意衣领和前襟的罗纹密度。弧线形状和直线部分的罗纹密度有所不同。

3 前襟两端头各向里翻折1针，注意两边线条不要塌陷，笔直整理编织。

材料与密度

极粗毛线（线40g，长80m）编入花样——9号针（4.8mm）和8号针（4.5mm），10cm为20针，24行。
单罗纹编织——5号针（3.6mm），衣领10cm为21针32行。前襟为10cm23针32行。

配色花样

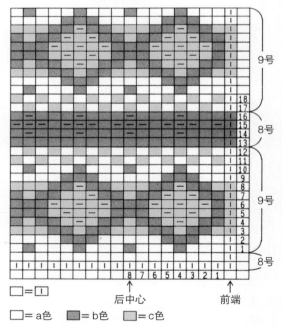

□=□

后中心　　前端

□=a色　■=b色　■=c色

制图

● 将补正原型S.P提高1.5cm画肩线，横开领2cm。后片画原型领深弧线，前片中心线下降2cm画弧线。

● 前片中心线移动1cm，前襟宽度3cm分配在中心线两侧各1.5cm。前面将前襟宽度延长到N.L上面3cm的位置（领高3cm，将前襟延长为相同尺寸）。

● 计算纽扣位置（扣眼位置）。第1颗纽扣在距离前襟

顶部1.5cm的中心位置。最后一颗纽扣在距离下摆4cm向上的中心位置。将中间的距离进行六等分，画出5个纽扣的位置。

● 测量身片领围弧线，领长尺寸相同（后面8.7cm+前面11.5cm=20.2cm）。领高3cm。

242

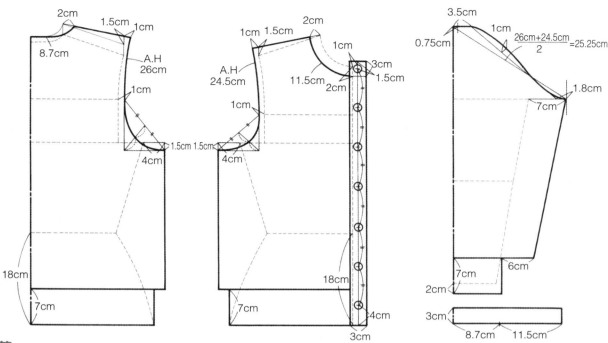

推算

●衣领和前襟的罗纹密度 🖐2

罗纹密度通过平针密度进行换算是最准确最方便的方法。身片为配色花样，因此另外用8号针编织平针试编样品，计算密度。10cm为19针27行。

前襟密度和针数

通过平针编织换算罗纹密度的方法——将针号减小3个，针数和行数增加20%。

19针+20%=22.8→23针

27行+20%=32.4→32行

10cm为23针32行。

2.3针×51.5cm=118.4→119针（奇数针）

加上两端各折返1针合计为121针。

3.2行×3cm=9.6→10行

衣领密度和针数

衣领为弧线。衣领连接部分和外围部分存在尺寸差，因此要使用中间尺寸进行计算（中间尺寸×20%的罗纹密度）。如果制图上没有标记中间尺寸，那么最简单的方法就是使用衣领连接尺寸，相应控制罗纹密度。

弧线罗纹密度的换算——将针号减小3个，针数增加10%，行数增加20%。

19针+10%=20.9→21针

27行+20%=32.4→32行

10cm为21针32行。

2.1针×（20.2cm×2）=84.8→85针（奇数针）

3.2行×3cm=9.6→10行

衣领

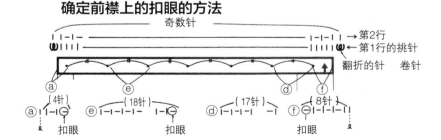

确定前襟上的扣眼的方法

●纽扣位置（在上针处开编织扣眼） 🖐1

第1个纽扣——2.3针×1.5cm=3.4→4　除了端头卷针，第4针为纽扣洞孔的位置，如果是上针正好合适，如果是下针，可以左右移动1针为上针。

最后1个纽扣——2.3针×4cm=9.2→9　除了端头卷针，第9针为纽扣洞孔的位置。正好是下针，因此向下摆方向移动1针，确定第8针为最后1个纽扣的位置。

中间的纽扣——每个间隔是偶数针，但是下摆有一个位置（ⓓ的部分）没有纽扣，因此为奇数针。ⓔ

的部分少了1针，因此将剩余针数加1针后，平均分配间隔数。

119针–（4针+8针）+1针=108针

108针÷6=18针——偶数针，其中包括纽扣洞孔1针。

（注）本篇作品中每个间隔的针数正好可以除尽，如果一旦出现半针的情况，尽量在两头（最好是下摆）的针数中进行调整。纽扣间隔尽量保证均等。

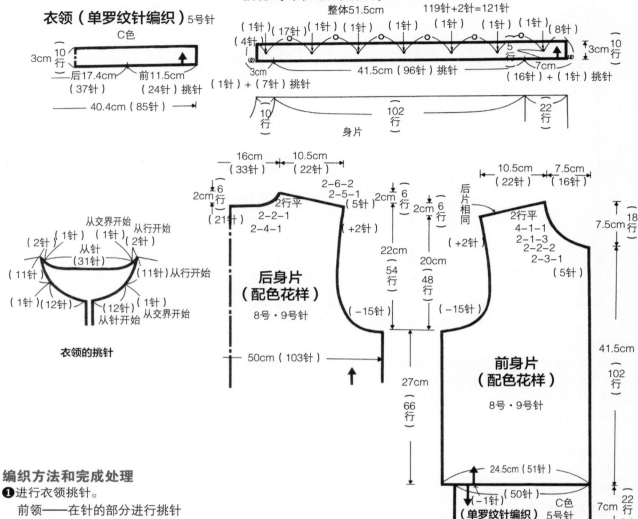

编织方法和完成处理

❶进行衣领挑针。

前领——在针的部分进行挑针

平织针目和伏针合计12针→6cm

2.1针×6cm=12.6→13针（含交界处1针）

前领24针中，有13针进行调整，24针-13针=11针

可以从行的部分挑针。

后领——平针行2行→挑2针

后领37针中从行的部分各挑2针，37针-（2针×2）

=33针为从针的部分的挑针（含交界处各1针）

衣领整体针数为奇数针。两侧立2针，从第2行开

始编织单罗纹编织。

❷进行前襟挑针。下摆编织部分，身片前襟，衣领等

需要分别进行平均挑针，所以需要计算挑针数。各

个部位都是从两端进行挑针，因此除数（分割数）

设定为减针数+1针。

（例）下摆编织22行，挑16针。

22针-16针=6针

$$16针÷（6+1）= \begin{matrix} 2-5 \\ 3-2 \end{matrix} \begin{matrix} 2针 \\ → 2针-2 \\ 3针-1 \end{matrix} > 2$$

3针-1或者2针-2的解释请参考图示。

ⓐ下摆最初向里翻折的1针作为卷针。然后从罗纹编织端头1针的内侧开始挑针。

ⓑ罗纹编织和身片的交界处有半针的错位，因此从1针的内侧开始挑针。

ⓒ衣领罗纹编织也是从1针的内侧开始挑针。最后向里翻折的1针为卷针。

ⓓ从第2行开始编织罗纹针法，两端针为2针下针（从表面看）。开始编织时，将前1行卷针的针脚扭转后开始编织上针。

❸纽扣位置要确保在前襟宽度中央的位置。在第5行背面的位置开扣眼，编织左上2针并1针。

❹前襟进行罗纹针收针时，两端头各翻折1针，2针重叠后进行收针。端头1针尽量保证完美折返，熨烫平整。

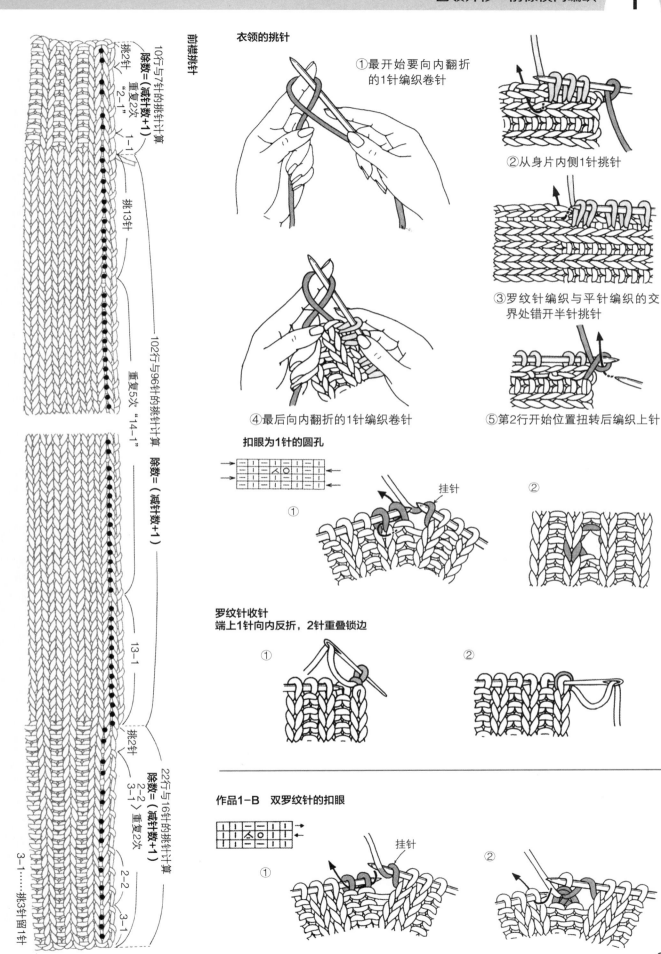

前襟挑针

10行与7针的挑针计算
除数＝（减针数＋1）
挑2针 "2-1" 重复2次
1-1

挑13针

102行与96针的挑针计算　除数＝（减针数＋1）
重复5次 "14-1"

13-1

挑2针

22行与16针的挑针计算
除数＝（减针数＋1）
2-2
3-1 重复2次
挑2针
2-2
3-1
3-1……挑3针留1针

衣领的挑针

①最开始要向内翻折的1针编织卷针

②从身片内侧1针挑针

③罗纹针编织与平针编织的交界处错开半针挑针

④最后向内翻折的1针编织卷针

⑤第2行开始位置扭转后编织上针

扣眼为1针的圆孔

① 挂针

②

罗纹针收针
端上1针向内反折，2针重叠锁边

①

②

作品1-B　双罗纹针的扣眼

① 挂针

②

245

横向编织的前襟上加领

前襟为横向编织，不过前襟的长度到身片领围弧线为止，衣领延伸在前襟的端头进行编织的作品。属于单罗纹编织的作品。

制图

● 将前领中心线下降2cm，按照高度画前襟。
● 总领围为后领围8.7cm+前领围11.5cm+前襟宽度3cm=23.2cm，领高3cm。
● 第1个纽扣位置为领高中央（内侧1.5cm）。最后一个纽扣位置为下摆向上4cm处。剩余前襟尺寸和衣领1.5cm平均分为6个间隔。

编织方法和完成处理

❶进行前襟调整。下摆卷1针加针后，从身片内侧1针开始挑针。衣领最后没有卷针。纽扣在第5行留出扣眼。

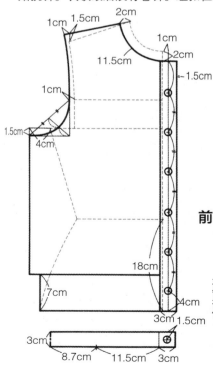

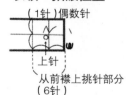

衣领·扣眼位置

（1针）偶数针

上针

从前襟上挑针部分
（6针）

前襟（单罗纹针编织） 5号针 C色 翻折部分
整体48.5cm 112针+1针=113针

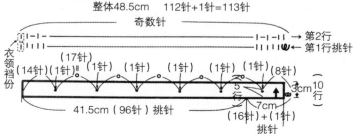

操作重点

1 衣领和前襟的编织顺序为先编织前襟，然后编织衣领到前襟的端头位置。

2 第1个纽扣位置设在衣领高度中央的地方。特别注意一下纽扣位置的分割方法。

3 前襟和衣领整体针数为奇数针，两端为2针下针。只有前襟上端有缝份，其他都是向里折返，仔细编织端头。

推算

❷ 罗纹密度的计算方法和作品2相同。
第1个纽扣位于领高中央。领高为10行，在第5行留出纽扣位置。
和第2个纽扣之间，有领高1.5cm，前襟17针-1.5cm的针数+衣领挑针1针（2.3针×1.5cm=3针，17针-3针+1针=15针）距离为15针。不过第15行是背面行，因此修正为14行。其他纽扣的位置确定方法和作品1相同。

❸ ❷进行衣领挑针。衣领两端向里折返1针卷针，从前襟行数上挑出3cm6针（2.1针×3cm）。领围弧线的挑针操作和作品1相同。两端为2下针然后编织单罗纹针法。在第5行留出扣眼位置（在上针上开眼）。

❸衣领两端1针向里折返，和第2针重叠后进行罗纹收针。

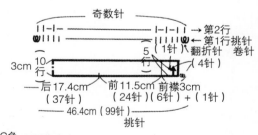

双罗纹编织　横向编织前襟

衣领和前襟的编织方法顺序和作品1相同，只是针法变为双罗纹编织的作品。

前襟两端翻折2针的技巧是操作重点。

操作重点

1 双罗纹针法横向编织的前襟上，很难按照制图准确定位扣眼位置，非常容易产生误差（因为每个部位要按照4针的倍数进行计算）。所以这种情况下优先计算针数，随后进行纽扣位置调整。

2 前襟两端用别线起2针，向里折返时注意保持端线不要塌陷，仔细编织。

3 端头折返2针用双罗纹编织收针。

推算

●扣眼位置 👆1

双罗纹针法的密度通过平针密度进行换算。换算比例和单罗纹编织相同。

将针号调小3个号码，前襟针数增加20%（23针），衣领针数增加10%（21针），所有行数增加20%（32行）。

前襟——衣领3cm＋身片41.5cm＋罗纹编织7cm＝51.5cm

2.3针×51.5cm＝118针——挑针数

两端各起2针（4针），合计为122针。

第1个纽扣——2.3针×1.5cm＝3.4→4针

除去端头2针，第4针为扣眼的位置。如果是下针，可以左右移动调整一下。

最后1个纽扣——2.3针×4cm＝9.2→9针

除去端头2针，第9针为扣眼的位置。正好是下针，向下摆方向移动1针，即第8针为最后一个纽扣的位置。

中间纽扣——每个间隔距离为4针的倍数，不过下摆少一个纽扣所以少了1针。也就是剩余的针数加1针，然后进行间隔分割。

118针－（4针＋8针）＋1针＝107针

$$107针÷6=\frac{17针-1}{18针-5}$$

原则上每个间隔为4针的倍数（16针或者20针），但是这样误差会比较大。

纽扣位置的修正

第1个纽扣位于第4针，接下来按照4针的倍数＝20针分割5个纽扣的位置。最后1个纽扣变更为下摆向上2.5cm位置。（2.3针×2.5cm＝5.7→6针，第6针是下针，因此移动1针，以第7针作为最后一个纽扣的位置）剩余针数就是最后1个纽扣上面的距离。118针－［4针＋（20针×5）＋7针］＝7针

纽扣位置在下摆发生了变化。

●衣领针数的计算

衣领两端有3针（端头1针向内翻折）。整体针数调整为4针的倍数是前提条件。

衣领（双罗纹针） 5号针 C色

4针的倍数

挑针缝份 3cm

后17.4cm（36针）　前11.5cm（24针）挑针

40.4cm（84针）

10行

扣眼位置

（1针）　（1针）

4针的倍数　上针

1.5cm

2.5cm

3cm

前襟（双罗纹针） 5号针 C色

4针的倍数＋2针

→第2行

←第1行的挑针

翻折针 从别锁上挑针

翻折部分

整体51.5cm　118针＋4针＝122针

（1针）（19针）（1针）（1针）（1针）（1针）（1针）（1针）

（5针）　　　　　　　　　　　　　　　　　　（7针）（8针）

5 行

3cm

10行

3cm　41.5cm（95针）挑针　7cm

（2针）＋（7针）　　　　　　　　　（16针）＋（2针）

挑针　　　　　　　　　　　　　　　挑针

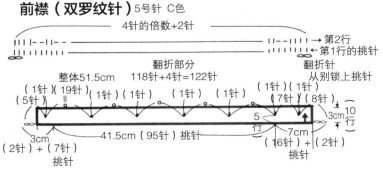

编织方法和完成处理

❶进行衣领的挑针。从领围前端向相反一侧的前端进行挑针。从第2行开始编织双罗纹针法,不过要注意首先要在两端织3针下针。

❷衣领的罗纹收针为端头3针并排,翻折1针,和第2针重叠后进行罗纹收针。

(罗)2 ❸进行前襟的挑针。两端分别用别线起锁针2针,从里山开始挑针编织。身片从1针内侧开始挑

针。两侧为4针下针编织双罗纹针法。

❹在第5行编织扣眼。上下针一起编织。

(罗)3 ❺前襟两端的2针向里翻折,这部分或者编织平针,或者2针重合编织罗纹收针。参考两种方法的图解内容,比较差异点。将锁针别线解开,向里折返缝合,熨烫平整。

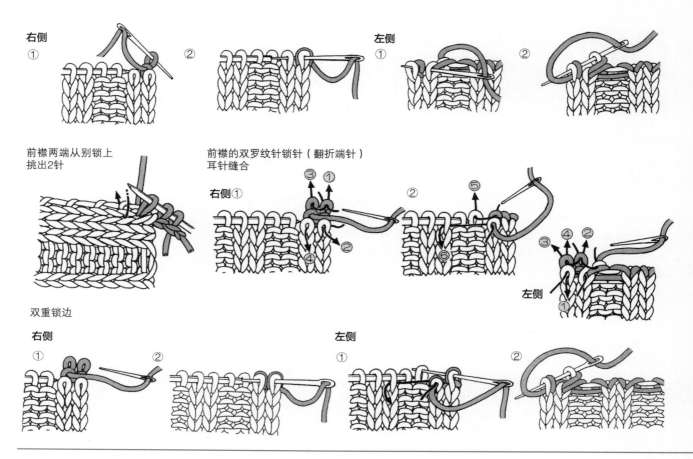

右侧 ① ②

左侧 ① ②

前襟两端从别锁上挑出2针

前襟的双罗纹针锁针(翻折端针)耳针缝合

右侧①

②

左侧

双重锁边

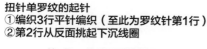

右侧 ① ②

左侧 ① ②

扭针单罗纹的起针
①编织3行平针编织(至此为罗纹针第1行)
②第2行从反面挑起下沉线圈

第2行 从反面看的样子
挂在针上的线圈编织上针的扭针
11 10 9 8 7 6 5 4 3 2 1

与下沉线圈一起编织
下沉线圈编织下针
半针的下沉线圈编织上针

强制做出的扣眼
(卷针法)

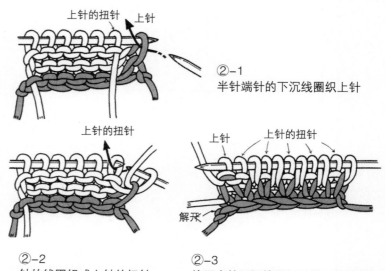

上针的扭针 上针

②-1
半针端针的下沉线圈织上针

上针的扭针

②-2
针的线圈织成上针的扭针

上针 上针的扭针

解开

②-3
接下来的下沉线圈织下针,针的线圈织上针的扭针,交替编织。最后下沉线圈与针的线圈一起编织上针。

纵向编织前襟

形状和作品1相同均为圆领，不过前襟为纵向编织的作品。
用扭针单罗纹编织细密的前襟，衣领也是同样针法操作。

操作重点

1 细密的前襟为纵向编织。狭窄编织的样片
稍微拉伸一下后熨烫平整针目，计算舒展
开来的密度。

2 在纵编的前襟上，提前计算扣眼的位置，
一边编织一边可以留出位置，比最后重新
编织扣眼更方便快捷。

3 前襟下摆编织扭针单罗纹针法。

材料与密度

极粗毛线（线40g，长80m）衣领的单罗纹编织——5号针
10cm为21针32行、前襟的扭针单罗纹编织为——3cm9针
（加上两端各1针合计11针），10cm27行。

另外前襟端头需要1针缝份和1针自然翻折针，以9
针+2针+余量2～3针=13针进行试编。编织完毕后稍微
拉伸一点后熨烫平整，计算10cm的行数和3cm的针数
（方法参照251页内容）。

推算

●前襟试编针数的推算和密度的计算

1 宽度较窄的编织容易发生纵向拉伸。因此，测算
前襟密度的狭窄试编样片，要在纵向拉伸的状态下
计算密度（拉伸密度）。

前襟的下针全部收缩，只能看见上针。为了测算针
数，试编样片密度大约为衣领的1.5倍，然后再多加
一些针数进行编织。

（2.1针×3）×1.5=9.4→9针

编织方法和完成处理

3 ❶前襟为9针+2针=11针。下摆编织扭针单罗纹
编织，参考248页单罗纹编织的起针，前3行编织平
针。第4行（罗纹编织行数为第2行）从反面编织上
针的扭针针法。两端各保留1针。

❷前襟行数一直编织到身片衣领的位置，合计20行+
112行，将两片进行连接编织。

❸下一段前襟和衣领连续编织。衣领第1行从前襟端
头开始编织，前襟最后的缝份进行减针。然后进行
衣领的挑针。相反一侧的前襟首先进行缝份减针之
后，进行连续编织。

❹衣领的罗纹编织收针要先向里折返1针，将2针重叠
后进行收针。

❺确定扣眼位置。前襟用挑针和身片进行缝合，
计算扣眼的位置，分别作别线标记。以标记为扣眼
的中心。用断线在孔洞周围卷针标记。将上下两行
的针目拉开，用分股线采用卷针法做出扣眼。

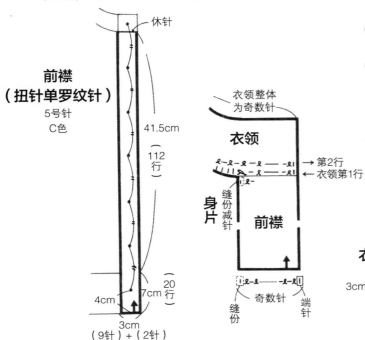

前襟
（扭针单罗纹针）
5号针
C色
41.5cm
（112行）
休针
4cm
3cm7cm（20行）
（9针）+（2针）

衣领整体
为奇数针
衣领
身片
前襟
缝份减针
→第2行
←衣领第1行
缝份
奇数针
端针

衣领（扭针单罗纹）5号针

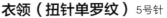

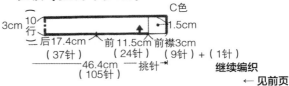

C色
3cm10行
1.5cm
后17.4cm前11.5cm前襟3cm
（37针）（24针）（9针）+（1针）
46.4cm
（105针）
挑针

继续编织
← 见前页

Y领开衫　前襟纵向编织

在Y形领开衫上编织前襟。前襟和衣领连续编织，堪称最长的前襟作品。用单罗纹针法进行纵向编织。

操作重点

1. 属于纵向编织前襟的基础作品。注意前襟密度的计算方法。稍微拉伸一些后计算密度。
2. 在Y形领的夹角处调整衣领吃势。领外围尺寸和连接尺寸的差值就是吃势的分量。后领减10%。
3. 从罗纹起针开始编织。前襟为纵向编织时，指定纽扣位置的方法非常适用。

材料与密度

极粗毛线（线40g，长80m）8号针（4.5mm）。花样编织——10cm为25针26行。前襟和衣领为单罗纹编织——3cm为9针（两端加2针为11针），10cm为29行。

制图

● 将补正原型S.P提高1.5cm画肩线，横开领2cm，画后领弧线。
● 前面中心线移动1cm，前襟宽度3cm左右均分。在原型B线上取领深，和在肩部延长领高3cm的位置相连接，延长到前襟端头。将衣领和前襟的角度向内侧水平移动，画衣领连接线。
● 在领肩线上画和后身片领围弧线相同尺寸的后领。
● 身片领围线膨出1cm画弧线。

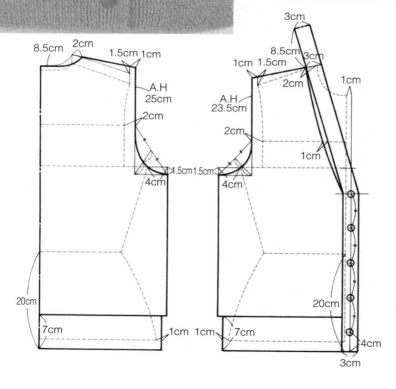

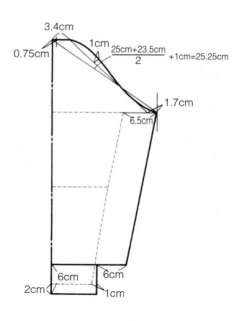

推算

●前襟罗纹密度的计算方法 1

宽度狭窄的罗纹编织容易发生拉伸。因此在纵向拉伸的状态下计算密度（拉伸密度）。前襟的上针全部收缩，只能看见下针。密度大约为普通罗纹编织的1.5倍。

（2.1针×3cm）×1.5=9.45→9针

两端各加1针。然后再多加2~3针数进行试编样片。编织纵向15cm样品，熨烫平整后会稍微拉伸一些，计算3cm的针数和10cm的行数。

本篇作品中前襟密度为5号针　3cm为9针（两端加2针为11针），10cm为29行。

●前襟和衣领的行数的计算方法 2

身片领围线膨出了1cm，但是衣领要计算直线长度。另外领外围尺寸和衣领连接尺寸的差值（大约0.5cm=2行）为Y形领夹角的吃势分量。

后领为弧线。用衣领连接尺寸计算衣领行数的话，衣领外侧容易不服帖，因此将行数减掉10%，正好沿弧线角度。

编织花样

译

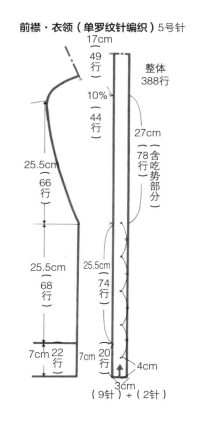

编织方法和最终完成

❶前襟从单罗纹起针开始编织。在各个部位的行数标记线标，整体进行连续编织。虽然是单罗纹编织，两端要起2针下针。最后用罗纹编织收针。

❷身片和前襟，衣领用挑针缝合。在Y形领夹角处，将衣领内外侧行数的差值2行作为吃势加入衣领。

❸后领围和衣领进行针和行的缝合。针的部分为40针，两侧有2行平针。相对应的衣领有44行，因此身片的行和针都是和衣领1行进行缝合。

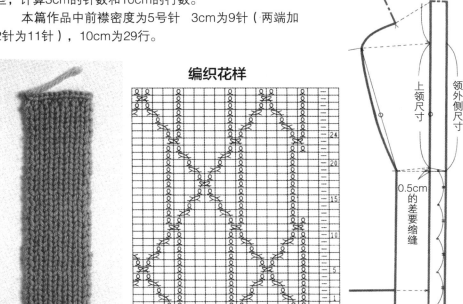3❹测量前襟尺寸，在纽扣位置标记线圈。线圈位置为纽扣的正中间，因此上下各拉出2行，进行打眼操作。用断线在扣眼周围做扣眼绣法。

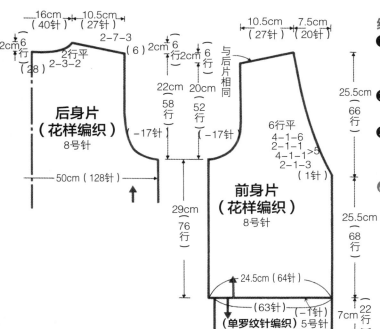

罗纹的起针

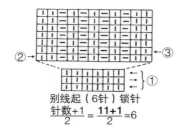

② → ③

别线起（6针）锁针

$$\frac{针数+1}{2} = \frac{11+1}{2} = 6$$

第2行　从反面看的样子
挂在针上的线圈编织上针

11 10 9 8 7 6 5 4 3 2 1

与下沉线圈一起编织
下沉线圈编织下针
半针的下沉线圈编织上针

①起针数为

$$\frac{前襟针数+1针}{2} = \frac{11针+1针}{2} = 6针$$

别锁6针起针，用比编织罗纹针用针粗2号的针从里山上挑针。

②编织3行平针

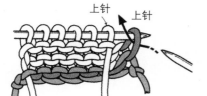

③改变罗纹针编织用针，做袋状编织（双层的意思）。右端的下沉线圈挑起挂在左针上，编织上针。针上的线圈也编织上针。

上针　上针

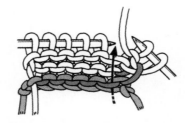

④将针穿入接下来的下沉线圈中。

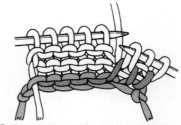

⑤编织下针。重复"针上线圈编织上针，下沉线圈挑起编织下针"。

⑥将针按图示穿入左端最后的1针与下沉线圈中。

移至左针

⑦将2个线圈暂时移至左针。

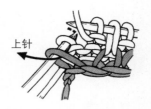

上针

⑧2针一起织上针。

解开

⑨起针完成，解开别锁。

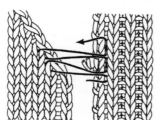

在Y形夹角处加入2行缩缝

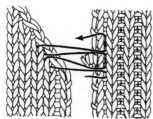

强制做出的扣眼（扣眼绣眼）

●Y形夹角缩缝部分挑针 🖐3

前领的挑针为61针，从身片领围行数66行进行平均挑针。两端一定会进行挑针，因此除数就是间隔的数字进行分割。

$$66-61=5 \quad 61 \div (5+1) = \begin{matrix} 10-5 \\ 11-1 \end{matrix} \rightarrow \begin{matrix} 11针平针 \\ 10针-5回 \end{matrix}$$

挑10针错开1行重复5次，最后应该挑11针，不过Y形夹角中有1针作为吃势调整，在最初错开的行中挑了1针，因此就变成了以下结果。

$$\begin{vmatrix} 11针平针 \\ 10针-3回 \\ 21针-1回 \end{vmatrix}$$

编织方法和完成处理

❶下摆的两侧从别线锁针中挑2针。下摆立起4针下针编织。

❷扣眼，罗纹收针，别线锁针起始位置都和1-B作品相同。

双罗纹编织　前襟横向编织

衣领前襟相连的双罗纹横向编织作品。针数增加很多，编织方法略显复杂。

推算

● **前襟和衣领针数的计算**

　　罗纹密度通过普通平针密度（8号针，10cm为19针27行）进行换算。将针号缩小3个号码，针数和行数增加20%进行编织，计算结果为5号针，10cm为23针32行。

　　不过要注意后领围弧线尺寸为衣领连接尺寸17cm，针数过多的话，毛衣就会偏离颈部，因此这部分增加10%进行编织（10cm21针，32行）。

前襟·衣领的挑针计算

整体为4针的倍数+2针

<table>
<tr><td rowspan="3"></td></tr>
</table>

○ **操作重点**

1 前襟的罗纹密度（通过平针编织换算）针数增加20%。不过后领围是弧线，密度增加10%就可以了。

2 前襟下摆处向里翻折2针，仔细编织下摆线。

3 Y夹角加入0.5cm的吃势（1针）进行挑针。

材料与密度

极粗毛线（线40g，长80m）前襟的罗纹编织——5号针10cm，23针32行。

● **纽扣位置**

前襟针数——2.3针×（25.5cm+7cm）=74.7→75针

第1个纽扣——前襟上端第75针（4针的倍数+3）为下针，正好作为第1个扣眼。

纽扣间隔——以4针的倍数为组，计算制图纽扣间隔7cm的针数。

2.3针×7cm=16.1→16针作为一个组

最后1个纽扣——75针−（1针+（16针×4））=10针即从裙摆往上空出10针，第11针的位置为最后一个纽扣的孔洞。10针的尺寸为4.3cm，推算尺寸几乎和制图尺寸完全吻合。在这个针数上再加2针下摆的翻折部分。

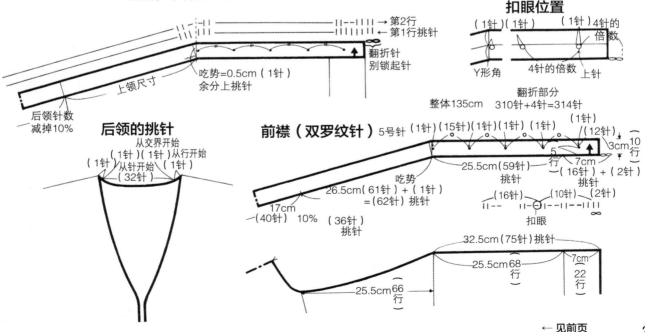

← 见前页

2-B

交叉花样　前襟纵向编织

罗纹编织基础上，上针部分为交叉阿伦花样的前襟作品。
纵向编织，可以指定扣眼位置。

推算

●前襟和衣领的推算 12

　　试编样品编织4个花样（3针的倍数+1针）大约13针，纵向15cm的尺寸。将长度伸拉一下后熨烫平整，计算单位花样的宽度尺寸。本篇作品为5号针，3个花样接近3cm，3针×3个花样+1针=整体针数10针。

　　Y夹角处加入衣领外围和内侧的尺寸差=2行的吃势。
　　后领围为弧线制图，（3行×17cm）-10%=46行

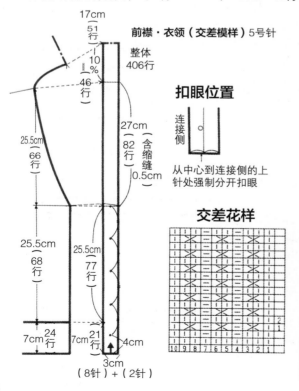

17cm
（51行）

前襟·衣领（交差模样）5号针

10%

46行

整体406行

25.5cm（66行）

27cm（82行含缩缝）0.5cm

25.5cm（68行）

25.5cm（77行）

7cm（24行）

7cm（21行）

4cm

3cm
（8针）+（2针）

扣眼位置

连接侧

从中心到连接侧的上针处强制分开扣眼

交差花样

10 9 8 7 6 5 4 3 2 1

操作重点

1 优先考虑花样编织的针数来决定前襟宽度（针数）。纵向试编样品稍微拉伸后计算密度。

2 后领围为弧线制图，衣领针数比其他部位少加10%进行操作。

3 无法进行罗纹起针或者收针，以伏针收针取而代之。

材料和针法

极粗毛线（线40g，长80m）前襟的交叉花样——5号针3cm为8针（两端各加1针为10针）10cm为30行。

编织方法和最终完成

❶前襟以别线锁针起针开始编织。起针和收针的针脚均为从反面进行的收针。

❷前襟进行挑针缝合。Y夹角处加入2行分量的吃势进行缝制。

❸扣眼为强制做出的扣眼，孔洞周围用卷针缝制。

编织方法和完成处理

❶以别线起针，用5号针编织平针前襟。

❷起针和收针都从反面编织伏针。

❸用熨斗轻轻整理端头针脚的卷曲。

3　❹身片和前襟进行挑针缝合。扣眼处插入针脚后，从身片一侧的针脚绕过扣眼的行数（3行）然后继续编织。在扣眼的上面重新起针，编织1行后继续进行操作。

❺纽扣开眼位置在身片和前襟的交界处。

扣眼（在身片与前襟的交界处留空）

身片 正面　扣眼　前襟 正面

身片 反面　身片 反面

扣眼

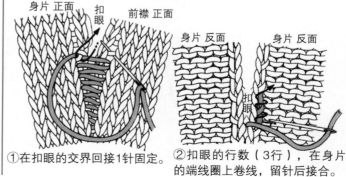

①在扣眼的交界回接1针固定。

②扣眼的行数（3行），在身片的端线圈上卷线，留针后接合。

254

平针编织　前襟纵向编织

充分利用平针编织端头可以呈现自然卷曲的特性，进行纵向编织的前襟。
虽然是整片进行编织，但因为端头进行翻卷处理，作品整体性和紧凑性还是非常好的。

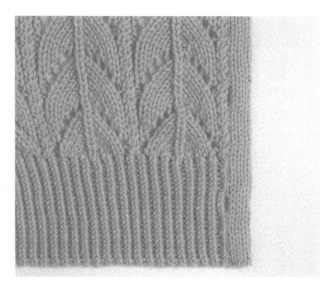

制图

● 前中心线移动1cm，前襟宽度再增加1.5cm。
● 横开领2cm，取衣领1.5cm，连接原型B线上的衣领开口点，延长至前襟外侧。将Y夹角水平移动到内侧，连接开领N.P作为身片领围线。
● 扣眼位置在身片和前襟的边界处。等间隔标记1cm的纵向孔洞。

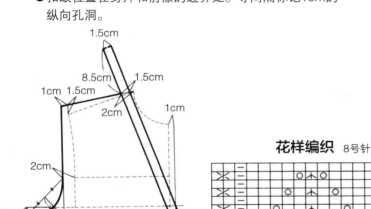

操作重点

1 前襟的纹理非常细腻，端头自然卷曲。
2 操作重点是密度的计算方法和前襟针数的确定方法。
3 扣眼在身片和前襟的交界处。

材料与密度

极粗毛线（线40g，长80m）身片的编织花样——8号针（4.5mm），10cm为23针，25行。前襟的平针编织——5号针（3.6mm），1.5cm为8针，10cm为29行。

推算

● 前襟密度的计算方法

平针编织的前襟如果不调整密度，端头不会呈现卷曲效果。选择较细的密度，端头不会松散呈现的效果也是最漂亮的。

试编样片的针数定为1.5cm针数的3～4倍。1.5cm的针数为3～4针，试编样片定为3倍的话，就是10～11针。用5号针编织15cm长度的样品，端头自然卷曲，熨烫平整后，数出1.5cm 的针数。针数为7针，加1针缝份，针数为8针。

行数为10cm29行（拉伸密度）。计算各个部位的行数。由于衣领较密，后领围部分的衣领行数无须进行减少调整。

花样编织 8号针

后中心　前端

□ = 〡

密度
5号针

15cm

3倍制图宽度

试编样片的针目

端头会卷起来，需熨烫后测量密度。

← 见前页

麻花针　纵向编织的修饰边

本篇作品为下摆，前襟、衣领均为5cm宽的纵向麻花针花样。
很难形成角，因此分别编织直角后进行缝合。

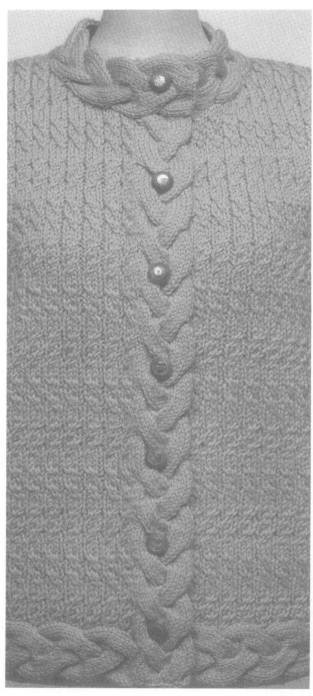

操作重点

1 分3组分别编织5cm宽的修饰边花样。如果
材料和密度发生变化的话，调整麻花针针数
进行样片试编（各4针的麻花针或者是各6针
的麻花针）。

2 衣领为弧线形状。5cm以上的衣领，领围和
内侧尺寸差较大，以内侧尺寸为基准计算出
衣领行数后，减掉10%进行操作。

3 交叉花样的修饰边，起针和收针时的宽度都
比较大。收针时进行减针然后编织伏针。

材料与密度

极粗毛线（线40g，长78m）身片的花样编织——8号针
（4.5mm），10cm为24针26行。修饰边的麻花针——6号
针（3.9mm），5cm为15针（两端各加1针合计17针），
10cm为31行。

制图

●将补正原型的S.P提高2cm画肩线，横开领3cm。后
领中心线下降1cm，画后领围弧线。

●前面中心线移动1cm，将前襟宽度5cm左右均分。前领
中心线下降3cm画领围弧线，一直延长到前襟端头。

●衣领和身片领围尺寸相同（后面9.7cm+前面12.2cm+
前襟修饰边5cm）为26.9cm，领高5cm。

●标记纽扣记号。第1个纽扣位置在领高中央，最后1
个纽扣在下摆向上5cm的位置。中间距离进行六等
分，分别标记5个孔洞位置。

推算

●修饰边密度 👆1

　　修饰边密度通过试编样片进行计算。一共有3组麻
花针，根据大致情况（例如4针为单位的交叉花样，4
针×3=12针，5针为单位的话就是15针）测量针数，两
端各加1针编织完毕后计算宽度尺寸。本篇作品为5针
交叉，（5针×3）+2针，针数为17针。

　　试编样品长度大约为15cm，稍微拉伸一下熨烫
平整后，计算10cm的行数，10cm为31行（拉伸密
度）。

边缘位置麻花针　　**花样编织**

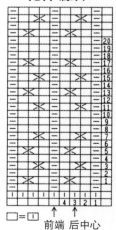

256

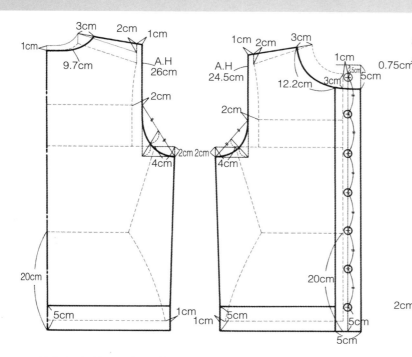

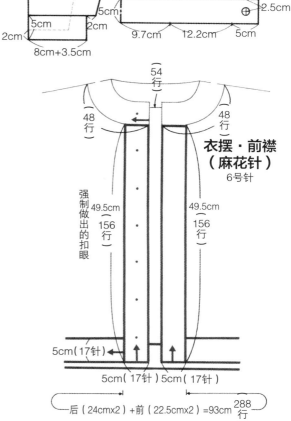

●**修饰边行数的计算** 💭2

　　考虑到花样的尺寸，修饰边的行数要调整为12行的倍数，或者12行的倍数+6行。

　　下摆前后进行连续编织。

　　衣领在开领3cm的领围上编织5cm的麻花针花样。

　　衣领内外侧尺寸差较大，行数减掉10%进行操作。

　　前襟宽度——（3.1行×5cm）－10%=14行

　　前领——（3.1行×12.2cm）－10%=34行

　　后领——（3.1行×9.7cm）－10%=27行

　　衣领整体——（14行+34行+27行）×2=150行

　　　　　　　　（12的倍数+6行）

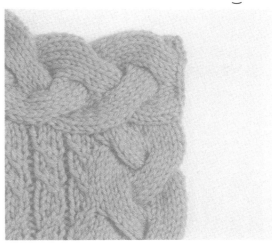

衣领（麻花针）6号针

编织方法和完成处理

❶修饰边编织以别线起针开始编织（记号图第1行为挑针行）。

💭3 ❷修饰边编织完毕时，将交叉部分2针减1针编织伏针，注意保持尺寸不要超过5cm。解开别线锁针进行收针时，也将交叉部分2针减1针编织起伏针，整体减针4针。

❸缝合下摆的修饰边，然后是前襟，最后缝合衣领。

❹为强制作出扣眼，利用交叉编织的镂空部分，不用再进行扩大。

修饰边的角（前门襟和衣领的角）

257

起伏针编织修饰边

下摆加入弧线形状，圆领开衫的修饰边作品。从身片挑针进行编织，弧线部分向外进行加针操作。衣领直角部分较难编织，因此和前襟分开进行编织。

制图

● 将补正原型S.P提高1.5cm画肩线，横开领3cm，后领中心线下降1cm，画领围浅弧线。
● 前面移动中心线1cm，将修饰边宽度3.5cm左右均分，下摆的修饰边宽也是3.5cm，在修饰边外侧画纵向12cm横向11cm的弧线。在修饰边内侧画平行的弧线。
● 前领下降3cm画弧线。前襟的修饰边从身片领下延长3.5cm（延长和领高相同的尺寸）。
● 测量前后领围的尺寸，领围为相同尺寸（后面9.7cm+前面12.8cm）。领高3.5cm画衣领。

材料与密度

极粗毛线（线40g，长82m）身片的花样编织——8号针（4.5mm），10cm为19针27.5行。修饰边的起伏针编织——6号针（3.9mm），10cm为19针，3.5cm为14行。

身片的弧线

右侧

左侧

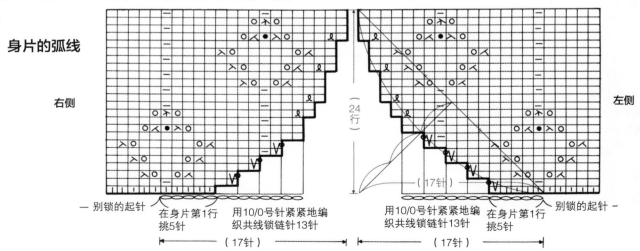

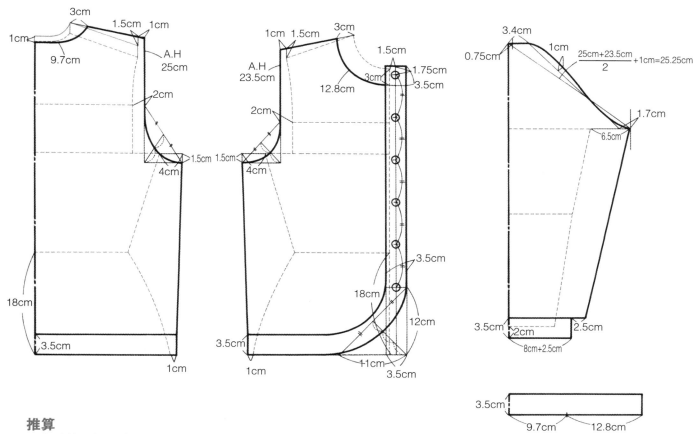

推算

● 身片的下摆弧线

　　身片的下摆弧线为17针24行。在密度本中画基本线，在基本线范围内画和制图相同的弧线，进行推算。2针以上的加针要进行引返编织，在编织结束一侧进行操作。因此右侧和左侧错开1行，1针的加针左右侧均在下针1行操作。

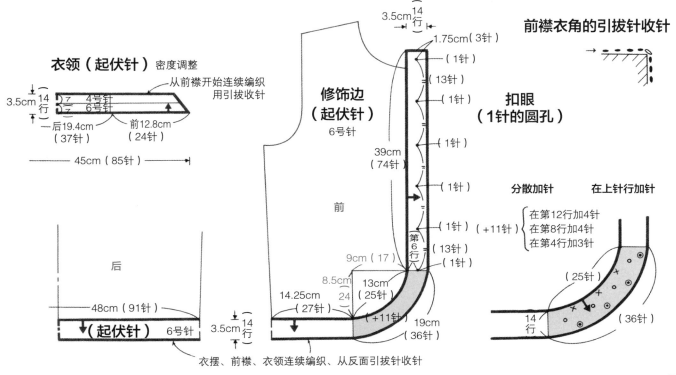

●修饰边的推算

❶修饰边的密度通过试编样品进行计算。行数较少主要参考横向尺寸，因此用6号针编织横向15cm，纵向4cm的起伏针编织样片，横向拉伸一下后进行密度测量。10cm为19针，3.5cm为14行。

❷下摆和前襟的修饰边从内侧向外侧进行编织。在弧线处将内外差进行分散加针。

内侧——13cm　外侧——19cm　差值——6cm
修饰边密度1.9针×6cm=11.4→11针（加针数）
在弧线部分进行11针的分散加针操作。

(手)1　❸衣领的弧线需要进行密度的调整。弧线内外侧的尺寸差在制图上虽然没有特别标记，大约相差10%，将针号调小2个号码。

编织方法和完成处理

(手)3　❶身片下摆弧线进行引返编和加针操作。引返编的部分重新编织别线锁针，但是弧线的起针用通常的针号容易松散。参照第258页的弧线推算图，可以确认到2针以上的加针为13针10行。然后在制图上测量13针10行的弧线外围长度，为7.75cm→8cm。因此可以得出13针的针脚长度需要编织成8cm，确认最适合的针号后，得出是10/0号针，编织别线锁针，从里山开始挑针编织。

❷在下摆弧线中，1针的加针将1针内侧的下沉线圈扭转进行加针。

❸先编织衣领的修饰边。中间将针号调小2个号码进行编织。起伏针编织不要在端头滑针，整针进行编织。

(手)2　❹下摆弧线分散加针。若在下针行编织的同时加针，上一行的里山则会散掉。在上针行加针的话，从正面看就不会很明显。因此，在第4行、第8行、第12行的上针行上，分散加11针。加针位置见图示。扣眼也从上针行打眼。

❺最终行的收针将前襟，衣领，下摆连为一体进行引拔收针的效果最好。从反面收针，在衣领和前襟的直角处加入锁针1针，编织出衣角。

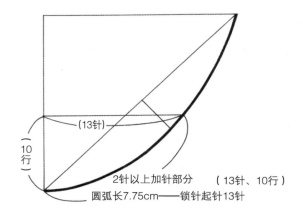

(13针)

10行

2针以上加针部分　（13针、10行）
圆弧长7.75cm——锁针起针13针

花样编织

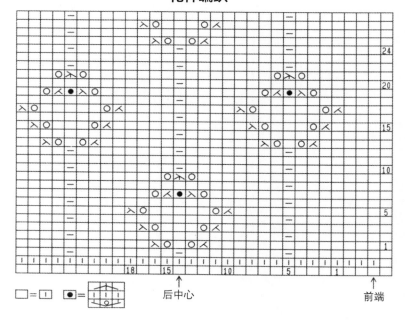

后中心　　　　　前端

□=□　●=□

起伏针

扣眼　在上针行打眼

第6行

桂花针宽幅修饰边

身片和修饰边分别编织，但是修饰边沿着下摆、前襟以及衣领进行连续编织。
因为横长、纵长、衣领弧线等形状不同的修饰边进行连续编织，
所以密度的确定需要特别注意。宽幅修饰边采取桂花针花样。

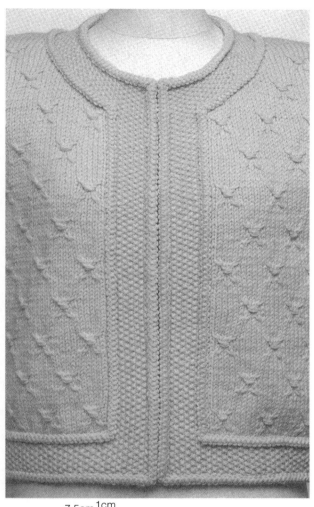

👆 操作重点

1 密度的计算方法是操作重点。横长、纵长
   等各种拉伸密度分别编织相对应的试编样
   片进行计算。
2 衣领的修饰边进行内外侧尺寸差的减针操
   作。使用分散减针和密度调整双重技巧。
3 下摆的修饰边和身片进行平针缝合。前襟
   为连续编织，因此缝合行不要过长，进行
   系线缝合。

材料与密度

极粗毛线（线40g，长82m）身片编织花样——8号针
（4.5mm），10cm为22针28行。修饰边的桂花针——6号
针（3.9mm），下摆和衣领为10cm18针，4cm为14行。
前襟4cm为8针（两端各加1针为10针），10cm为33行。

制图

●将补正原型S.P提高1.5cm画肩线，横开领1cm。后
   领中心线提高1cm画领围弧线，在内侧平行画4cm的
   修饰边。下摆的修饰边也是4cm。
●前面移动中心线1cm作为前端线。领中心线下降3cm
   画领围弧线，在衣领、前襟、下摆内侧画4cm的修饰
   边。

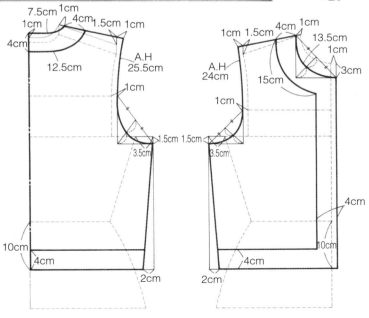

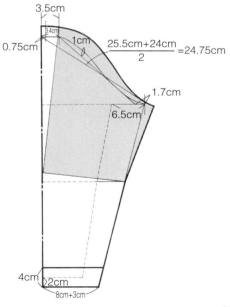

推算

●修饰边密度的计算 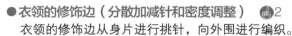1

　　下摆和衣领修饰边宽度较窄，横向尺寸较长，前襟修饰边宽度较窄，纵向尺寸较长。横向修饰边在横向拉伸，纵向修饰边在纵向拉伸，因此密度需要各自进行调整。如照片所示，试编样片编织为横向和纵向都有的样式，以便各自进行密度计算。

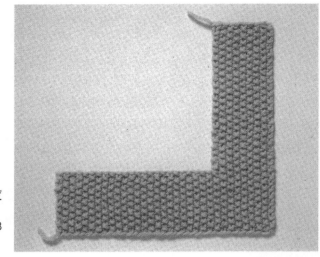

计算下摆和衣领的横向密度
（10cm为18针，4cm为14行）
计算前襟的纵向密度（4cm为8针+2针，10cm为33行）

●衣领的修饰边（分散加减针和密度调整） 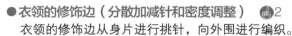2
衣领的修饰边从身片进行挑针，向外围进行编织。

❶计算内外侧的尺寸差相当于基准尺寸（连接尺寸）的百分比，计算减针比例。

前领——内侧–外侧（15cm+4cm）–13.5cm=5.5cm（5.5cm÷19cm）×100=28.9%——减针比例

后领——内侧–外侧12.5cm–7.5cm=5cm（5cm÷12.5cm）×100=40%——减针比例

❷本来如果可以全部使用密度调整进行编织的话，操作起来会非常简单。但是减针比例太大，仅通过密度调整无法全部减掉，因此密度调整只用2个针号，剩余针数用分散减针进行调整。

前领——28.9%–11%（2个针号的调整分量）=17.9%——分散减针

后领——40%–11%=29%——分散减针

❸计算分散减针的针数。衣领连接整体针数中，计算减针的数目。

前领——1.8针×15cm=27针　27针+前襟9针=36针
36针×17.9%=6.4→6针——分散减针

后领——1.8针×（12.5cm×2）=45针　45针×29%=13针→12针（偶数针）

桂花针分散减针如果一次不减2针花样就会变形，因此减针数调整为偶数针。

❹将分散减针和密度调整的结果整理在图表上。修饰边的基本针号是6号，顺次调整为5号、4号。然后在中间弧度较大的部分进行分散减针，注意减针不要重叠。一次减2针，前面有3处减6针，后面整体有6处减12针。

后领（桂花针）

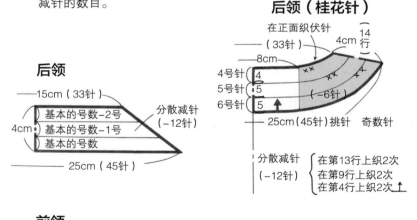

在正面织伏针
（33针）
4cm（14行）
8cm
4号针 4
5号针 5
6号针 5
25cm（45针）挑针　奇数针

分散减针
（–12针）
在第13行上织2次
在第9行上织2次
在第4行上织2次↑

后领

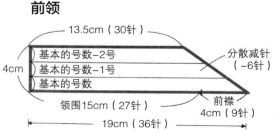

15cm（33针）
基本的号数–2号
基本的号数–1号
基本的号数
4cm
分散减针
（–12针）
25cm（45针）

前领

13.5cm（30针）
基本的号数–2号
基本的号数–1号
基本的号数
4cm
分散减针
（–6针）
领围15cm（27针）
前襟
4cm（9针）
19cm（36针）

减针的方法

一次减掉2针

I ⋏ ⋏ ─ I ─
─ I ─ I ─ I ─

前领（桂花针）

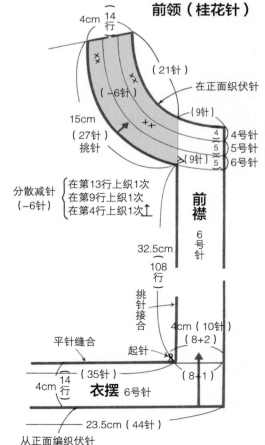

4cm（14行）
（21针）
在正面织伏针
（9针）
（–6针）
15cm（27针）挑针
×× ××
4号 4
5号 5
6号 5
（9针）

分散减针
（–6针）
在第13行上织1次
在第9行上织1次
在第4行上织1次↑

前襟
6号针

32.5cm
108行

挑针接合

平针缝合
起针
8
（35针）
4cm（10针）
（8+2）
4cm（14行）
衣摆 6号针
（8–1）
23.5cm（44针）

从正面编织伏针

编织方法和完成处理

❶从身片的下摆开始编织，用别线起针进行编织。领围减针和通常作品的操作相同，肩部进行缝合。

❷修饰边的下摆用别线起针，连同前襟部分一起编织。

❸下摆编织完14行后，针数保持原先的状态。直接编织前襟9针，加身片一侧缝份1针，合计10针，行数108行。

❹将前襟和前后领连续编织。在第1行减掉前襟最后的缝份，然后从领围开始挑针。身片领围针的部分，

交界针，行的部分分别按照各自比例均等进行挑针，一直编织到对面的前襟端头。

❺用分散减针和密度调整编织衣领行数，最后进行伏针收针。

☞3　❻身片的下摆和衣领进行平针缝合。不过再加1行编织的话，尺寸就会比已经编织完毕的前襟要长，因此平针缝合的线最后都要抽出，前襟一侧进行挑针缝合，平均进行挑针缝合。

❼编织细密的条状装饰镶嵌在修饰边的两侧。

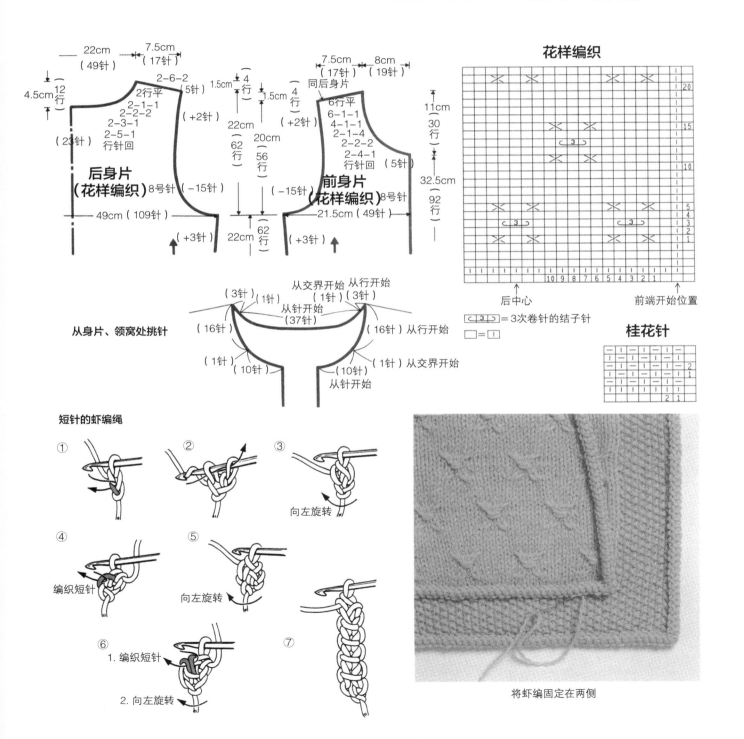

花样编织

后中心　　　前端开始位置

⟨3⟩ =3次卷针的结子针
□=1

桂花针

后身片（花样编织）8号针
前身片（花样编织）

从身片、领窝处挑针

短针的虾编绳

将虾编固定在两侧

拉链前开襟

前中心进行对接，从上到下安装拉链的作品。
立领部分为双层罗纹编织，很有运动时尚感的作品。

操作重点

1 安装拉链的作品要将中心线移动到最前端，进行对接编织。

2 安装拉链的作品，最前端2针进行翻折，作为缝份。

材料与密度

极粗毛线（线50g，长115m）身片的花样编织——8号针（4.5mm），10cm为21针27行。衣领的双罗纹编织——5号针（3.6mm），10cm为21针32行。

制图

1 ●将原型的前中心线移动1cm，放在前端，进行对接编织。

●横开领2cm，中心线下降2cm画领围线。

●领长和身片领围尺寸相同，领高为4.5cm。前端画横向5cm的弧线。

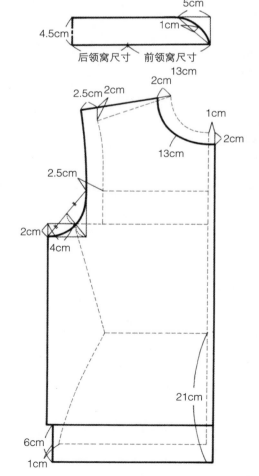

推算

㊓2　●在前身片的身宽中，除了加上裆份2针，再加2针作为前端的缝份。

●衣领为双层。前端为弧线，加2行为翻折线厚度。参考图表进行正反面的弧线推算。衣领里层稍微减一些

尺寸，将针号调小1个号码，行数减少1行，针数也减1针。

●衣领为双罗纹编织，两端立3针下针。

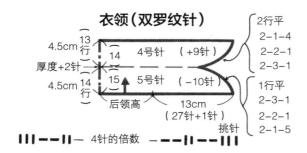

衣领（双罗纹针）

2行平
2-1-4
2-2-1
2-3-1

4.5cm 13行 14 4号针 （+9针）
厚度+2针 15 5号针 （−10针）
4.5cm 14行

1行平
2-3-1
2-2-1
挑针 2-1-5

后领高 13cm（27针+1针）

||| −− || 4针的倍数 −−− || −− ||

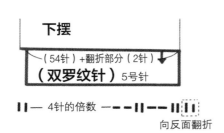

下摆

（54针）+翻折部分（2针）

（双罗纹针）5号针

|| — 4针的倍数 −−− || −− ||| 向反面翻折

编织方法和完成处理

❶前端织折返针2针，编织成容易翻折的针脚。例如身片为上针时，上针容易翻折，相反为下针时，下针就容易翻折。本篇作品中端头为上针，因此折返的2针也编织上针。

❷衣领从身片领围处挑针进行编织。里侧调小1个针号，行数也少1行编织伏针。领尖进行挑针缝合，里侧进行斜卷针缝合。

❸安装分开的拉链。将前端2针折返，拉链稍微露出一点锯齿进行安装。用半回针进行缝合。

❹在拉链的内侧用千鸟绣针固定缝合。

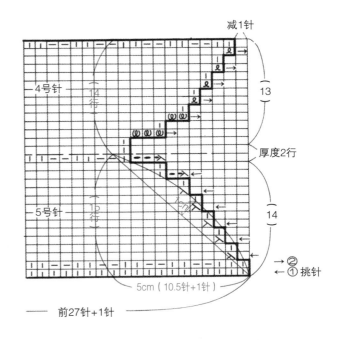

减1针

4号针 14行 13

厚度2行

5号针 12行 14

②
①挑针

5cm（10.5针+1针）

—— 前27针+1针

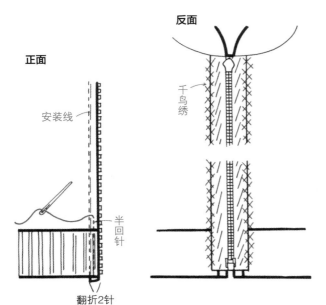

正面

安装线

半回针

翻折2针

反面

千鸟绣

花样编织

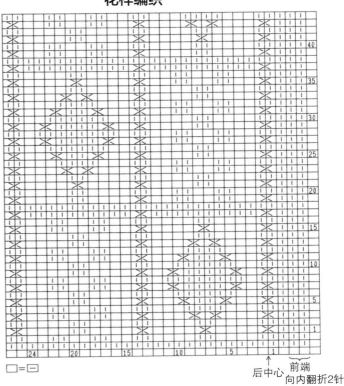

□ = □

后中心 前端 向内翻折2针

背部开口

领口较小，属于高领作品。在背部进行开口，用渡线卷缝做出扣眼。

材料与密度

极粗毛线（线50g，长115m）平针编织——8号针，10cm为19针27行。衣领的扭针单罗纹编织——5号针，10cm为21针32行。短针——3/0号针，10cm为22针。

制图

● 将补正原型S.P提高1.5cm画肩线，横开领收1cm画后领围。前面中心线下降1cm画弧线。

● 测量前后领围尺寸。后面8cm，前面11cm。

1 ● 对照不开口套头尺寸，确定背部开口的尺寸。

头围×（伸缩度+松分）

56cm×（0.5+0.15）=36.4cm——头部可以进入的尺寸

本篇作品的领围尺寸——（后面8cm+前面11cm）×2=38cm

操作重点

1 首先确定不开口套头尺寸，然后确定开口尺寸。注意掌握背部开口的尺寸计算方法。

2 扣襻的编织方法有好几种，用线圈编织扣襻的方法最细致，多用于小纽扣的编织。

理论上说是头部可以进入的尺寸，但是领高还有7cm，所以在背部进行开口。

（注）后背开口的计算方法——

$$\frac{头围×（伸缩比例+松分）-前领围}{2}$$

$$\frac{56cm×（0.5+0.15）-22cm}{2}=7.2$$

——最低开口尺寸

● 后中心线上留出8cm的开口，画扣襻。

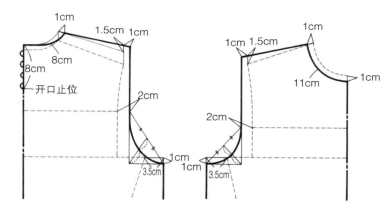

编织方法和完成处理

❶ 后身片的针数为偶数针，开口位置左右分半。

❷ 衣领为扭针单罗纹编织，两端均为正面2针下针。整体针数为奇数针。衣领挑针进行往返编织。

❸ 在开口两侧编织1行短针，整理平整。

2 ❹ 在右身片一侧编织扣襻。抽出2根扣眼直径长度的毛线，将毛线捻在一起编织扣襻。毛线沿着短针再移动到下一个纽扣的位置。

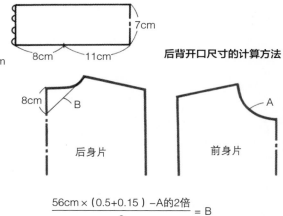

后背开口尺寸的计算方法

后身片　　　　前身片

$$\frac{56cm×（0.5+0.15）-A的2倍}{2}=B$$

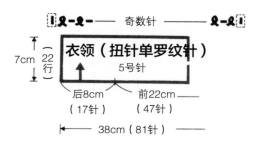

衣领（扭针单罗纹针）
5号针

后8cm（17针）　前22cm（47针）

38cm（81针）

材料与密度

极粗毛线（线50g，长115m）平针编织——8号针（4.5mm），10cm为19针27行。衣领的罗纹花样编织——5号针（3.6mm），10cm为25针32行。短针——4/0号针，10cm为19针，1cm为2行。

制图

● 将补正原型的S.P提高1.5cm画肩线，横开领1.5cm画领围弧线。

 1 ● 前后均平行制图肩线，多编织1cm余分。前面将这1cm编织短针，后面以制图肩线为中心，将重叠的2cm编织短针。纽扣的位置位于端头1cm内侧的制图肩线上。

● 测量前后领围尺寸（后面8cm，前面11.5cm）。领长为相同尺寸，前后领都在两端重叠的位置增加1行修饰边。在前领的修饰边边沿上制作扣眼。

肩部开口

高领的套头毛衣，在左肩开口的作品。
前后身片都多编织一点出来，用短针修饰开口。

操作重点

1 前后都多编出1cm，重叠在一起是2cm。之前的制图肩线就成了纽扣的位置。

2 开口部分进行短针修饰。

3 插肩袖的袖山顶点和开口处正好重合，尺寸会变厚。上袖的半回针缝合注意将针脚以倾斜的方向缝制。

罗纹编织花样

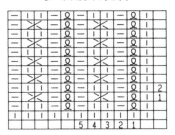

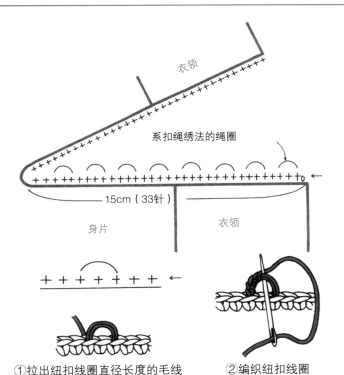

衣领

系扣绳绣法的绳圈

15cm（33针）

身片　衣领

①拉出纽扣线圈直径长度的毛线　②编织纽扣线圈

演绎变化版

● 锁针和引拔针的扣襻

在纽扣较大时使用这种方法。用锁针编织线圈，然后用引拔针重叠编织。

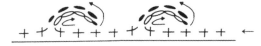

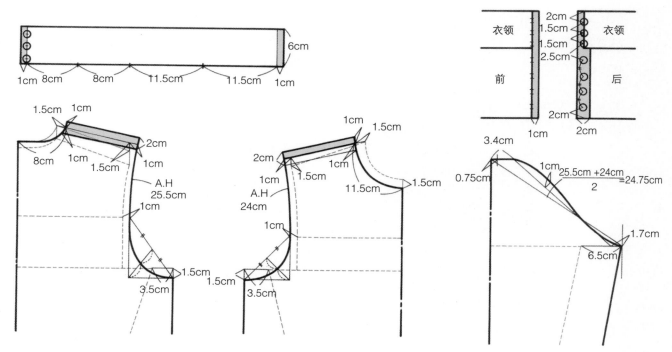

编织方法和完成处理 🖐2

❶ 前肩进行身片斜肩的引返编织，一边消除行差一边编织伏针。

❷ 后肩同样进行身片斜肩的引返编织，一边消除行差一边编织伏针。

❸ 从后面的伏针开始挑针，编织短针2行（1cm）。

❹ 进行衣领挑针，来回编织衣领。罗纹编织针数为不

规则花样，因此最后从反面进行引拔针收针。

❺ 将后肩和衣领连接，再编织短针2行（1cm）。

❻ 接着前肩和衣领的短针继续编织，在第1行用锁针编织扣眼，编织2行。

❼ 将肩部开口部分2cm重叠，接袖侧轻轻收针，衣袖进行半回针缝合。

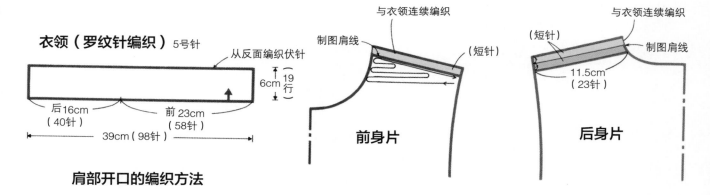

肩部开口的编织方法

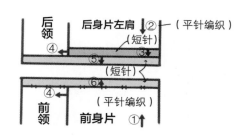

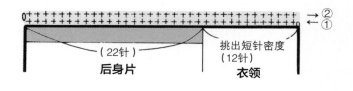

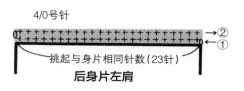

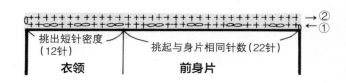

短针修饰边种类

在棒针编织作品中，通常会用钩针编织修饰边。
编织窍门是修饰边稍微比身片更厚一点，不过也不能过厚，
恰当厚度的钩针修饰边和身片均匀搭配才可以形成漂亮的编织作品。

A　短针的修饰边

最受欢迎的修饰边，缺点是边缘比较僵硬，厚度较厚，因此比较适用于身片编织较厚或者想要细化修饰边线条的作品。直角的编织方法是重点，加入1针锁针，然后在下一行编织3针。

B　米字编的修饰边

在短针和短针之间夹入锁针，适合略带伸缩性的修饰边。和短针的修饰边相比，厚度可以得到一定控制，比较适合平针以及镂空花样的修饰边。由于具备伸缩性，所以和身片的搭配比例容易操作，属于非常好用的一款修饰边。

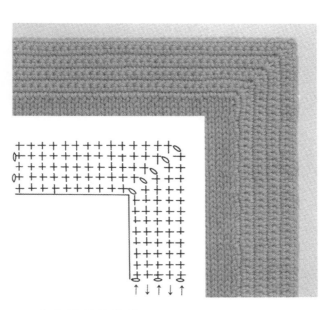

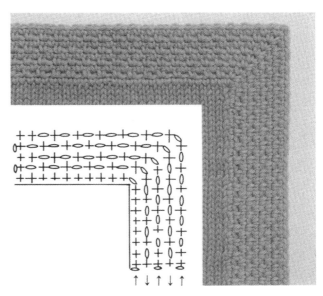

C　竖条纹的修饰边

竖条纹是指短针进行来回编时，挑起锁针后侧一股线进行编织的方法。以2行为单位凹凸呈现线条，是表现力非常好的修饰边编织。比短针的修饰边更能体现厚度感，因此要搭配身片的底片和材料选择使用。角度的编织方法和A相同。

D　横条纹的修饰边

记号和竖条纹完全相同，总是在挑起锁针正面半针。也就是说在反面挑针时挑锁针反面1股，在正面挑针时挑锁针向外1针进行编织。比畦形针厚度要薄，表现力也非常有特点。

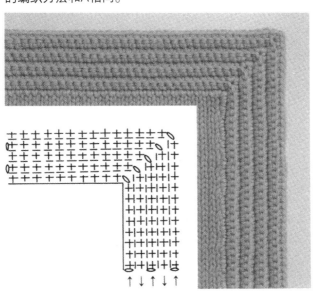

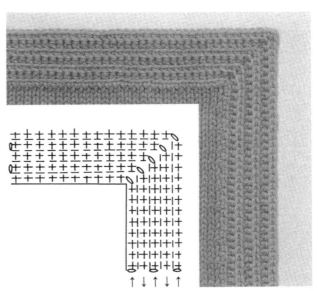

钩针花样编织修饰边

用钩针编织各式花样的修饰边，在花样编织集锦中有很多阐述，可以根据自己的个人喜好、密度（镂空状态）、宽度等进行自由选择。不过在加入编织作品中时，一定会产生角度的问题。使用直线记号图编织角度的方法是在记号区别的地方画和制图相同角度的斜线（如图①为45°），画半针的记号。

然后按此斜线进行对称往返编织。

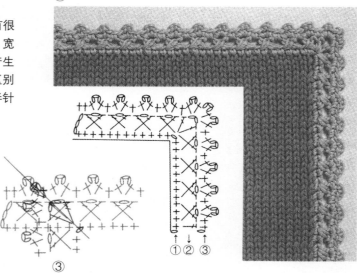
①

打乱直线形的记号形成直角

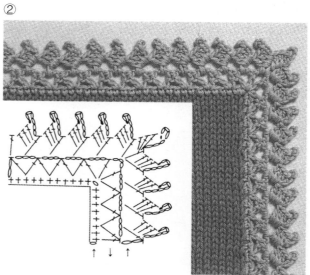
②

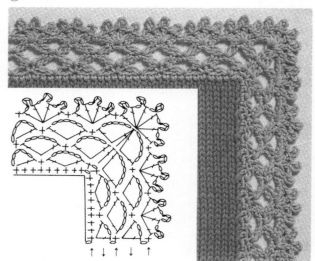
③

起伏针编织的端头进行滑针的方法

如果想利用起伏编织的端头线收针的话，可以将端头进行滑针收针，这样伸缩较小，针脚可以保持整齐。滑针收针的方法有：①将线朝里面滑针；②将线朝外侧滑针两种。根据端头针脚的情况和各自特征选用不同的滑针方法。

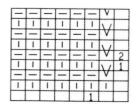
将端头滑针

①将线朝里面滑针

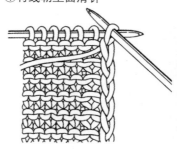

②将线朝外侧滑针

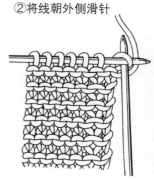

连身片的前襟和修饰边

本篇讲述下摆的修饰边、前襟和身片同时编织的操作方法。
密度不同的各个部位一起进行编织时，
密度的计算方法以及准确的平均计算，都是确保编织比例匀称的重点。

A 起伏针编织的修饰边

修饰边密度的计算

想保持身片的平针编织和下摆的修饰边针数相同，因此将起伏针编织的下摆针号调小1号。不过前襟和身片是连续编织的，因此前襟和身片的针号相同。修饰边密度需要横向和纵向的拉伸密度，因此要编织两种针法都有的试编样片。如图所示，用7号针编织横向17cm×纵向4cm的下摆样片，用8号针编织宽度4cm×纵向长13cm的前襟样片，计算密度。

行数的平均计算

平针编织10cm的行数为27行，起伏针编织10cm的行数为38行。计算27行：38行的平均行数，由于引返编以2行为单位，因此差值希望是偶数行。在此计算时不以10cm为单位，以20cm为单位（54行：76行）进行计算。为了保证最后的行数均为偶数行，重新将行数进行除2计算。

76行−54行=22行→11回

54行÷2=27行

$$27行÷11= \begin{matrix} 2-6 \\ 3-5 \end{matrix} \rightarrow \begin{matrix} 4-6 \\ 6-5 \end{matrix} \rightarrow \begin{matrix} 4行−1回 \\ 4行−1回 \\ 6行−1回 \end{matrix} \Big\} 5回$$

意思是编织6行，前襟起伏针只编织2行余分，整体编织4行，前襟编织2行余分，如此重复编织。

下摆密度——10cm为19针，3cm为12行（7号针）

前襟密度——3cm为6针+1针（端头）
10cm为38针（8号针）

平针密度——10cm为19针27行（8号针）

起伏针修饰边密度的测量方法

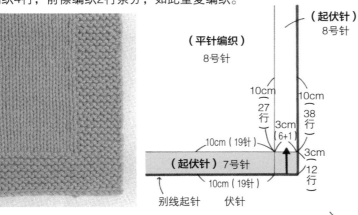

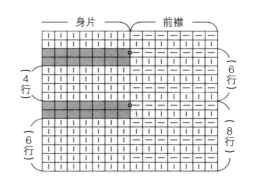

引返编织交界处的注意事项

引返编织交界处的针一般将起针的1针进行滑针编织。但是起伏针编织时，如果进行滑针编织，疙瘩针花样会发生错行。因此不进行滑针编织，跳过1针从下一针开始编织。（下一页的桂花针修饰边也将使用同样编织方法）

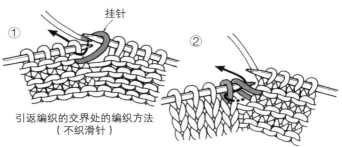

引返编织的交界处的编织方法
（不织滑针）

← 见前页

B 桂花针的修饰边

桂花针修饰边的密度计算和上一页的起伏针修饰边一样进行样片试编，计算密度。

下摆密度——10cm为18针，3cm为10行（7号针）

前襟密度——3cm为6针+1针（端头），10cm为30行（8号针）

平针密度——10cm为18针26行（8号针）

下摆修饰边和平针编织针数相同，行数进行平均引返编织。

30行−26行=4行　　4行÷2=2回　　26行÷2=13

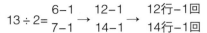

$$13 \div 2 = \begin{matrix} 6-1 \\ 7-1 \end{matrix} \rightarrow \begin{matrix} 12-1 \\ 14-1 \end{matrix} \rightarrow \begin{matrix} 12行-1回 \\ 14行-1回 \end{matrix}$$

整体编织14行，前襟编织2行余分，然后编织12行，编织2行引返针，然后重复。交界处的编织方法和起伏针编织相同也不要使用滑针编织。

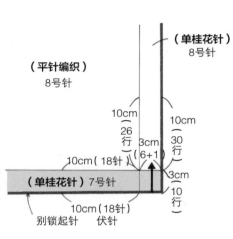

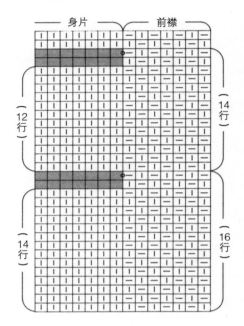

C 单罗纹编织的修饰边

下摆的罗纹密度可以通过身片平针密度进行换算，因此试编样片只需编织前襟的罗纹针法就可以了。试编样片的针数确定和密度计算参照250页Y形领前襟的操作方法。

平针密度——10cm为20针28行（7号针）

下摆罗纹密度——10cm为22针34行（4号针，针数为平针+10%，行数为加20%）

前襟罗纹密度——3cm为9针+1针（端头），10cm为24行（7号针）

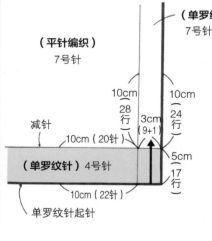

引返编织的平均计算

28行−24行=4行　　4行÷2=2回

24行÷2=12　　12÷2=6−2 → 12行−2回

整体编织12行，身片平针编织2行余分。引返编交界处的编织方法和通常的操作技巧一样，进行挂针和滑针编织。

另外左身片可以准确按照行数进行往复编织，右身片错开了1行进行往复编织。（记号图在右身片一侧）

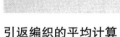

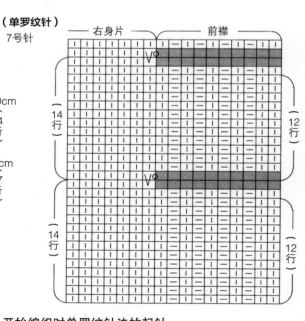

开始编织时单罗纹针法的起针

从下摆线开始编织的作品，因此接着下摆和前襟，编织单罗纹针法的起针。罗纹编织的起针，2行算作1行，因此罗纹编织行数用奇数表示。

9

毛衣制图和推算的基础

在本章中以书中使用过的原型为例，详细讲解了套头式毛衣、对襟式毛衣以及各式裙装的基本制图方法。另外根据花样种类以及混搭方式的变化，密度的计算方法也会有所不同，本章中分别进行了举例说明。同时进一步讲解了直线、斜线、弧线、平均计算等推算的基础内容，可以作为整本书的基础知识篇章，进行参考阅读。

1

原型和制图

A　量取尺寸

为了能够画出准确的原型，正确的尺寸测量是非常重要的。要正确地穿着内衣，将身材修饰后再进行测量。

量取尺寸的注意点：

❶肩背宽——注意不要计量肩的厚度，取S.P到S.P的直线距离。

❷A.H——将手稍稍上抬，放上卷尺，卷尺抬高后放下手臂进行测量。

❸臀围（H）——中间H比H.L突出的人要将鼓出的部分一并算入尺寸，用尺子等笔直的东西垂直于中间H摆放，超出H.L的部分也要一起测量。

❹腹上长——将腰背挺直靠在较硬的椅子上，在旁边垂直测量W.L到椅子表面的距离。

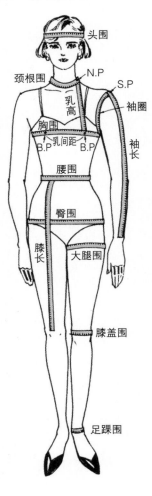

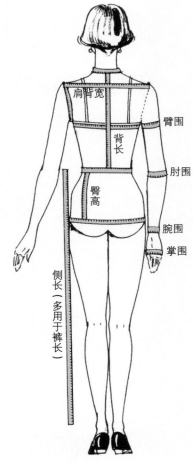

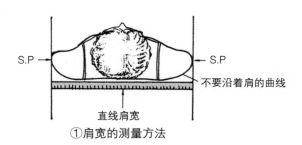

①肩宽的测量方法

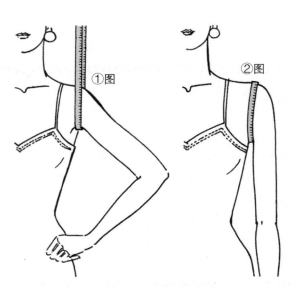

②A.H的测量方法

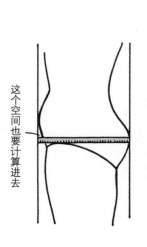

③臀围（H）的测量方法
（小腹凸出的人）

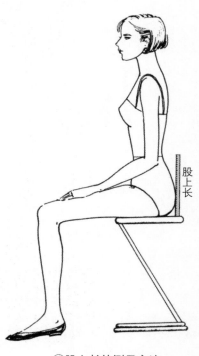

④股上长的测量方法

B　各年龄段标准尺寸一览表

名称 ＼ 年龄	1~2	3~4	5~6	7~8	9~10	11~12	13~14	女子 小	女子 中	女子 大	男子 小	男子 中	男子 大
头围	40~45	42~46	47~49	50~51	52	53	54	55	55	56	57	56	57	58
颈根围（W）	25~27	25~27	28~30	28~30	30~33	30~33	32~35	32~35	32~35	33~36	34~37	34~37	36~39	38~41
胸围（B）	46~48	50~52	54~56	58~60	62~64	66~68	70~72	男80~84 女76~78	80	84	88	88	92	96
腰围（W）	46~48	50~52	54~56	58~60	60	62	62	男62~64 女60~62	58	64	68	72	74	76
臀围（H）	46~48	50~52	54~56	58~60	62~64	66~68	男70 女74	男72~80 女76~84	88	92	96	86	88	90
臀高	10	10	11	12	13	14	15	16	17	18	19	20	21	22
肩背宽	20	22	24	26	28	30	31	32	33	35	37	40	42	44
背长	19~20	20~21	22~23	24~25	26~27.5	28~30	31~32.5	33~35	36	37	38	42	45	48
★肩高	1	1	1.5	2	2.5	3	3.5	4	4	4	4	4	4	4
★后领深	1	1	1	1	1	1	1.5	1.5	1.5	1.5	1.5	1.5	1.5	1.5
袖长	20~22	24	28	32	36	40	44	46	48	50	52	53	55	57
A.H臂根围	22	24	25	26	27	28	29	30	32	34	36	38	40	42
臂围	20	20	21	22	23	24	25	26	26	28	30	29	31	33
肘围	13	14	15	16	17	18	19	20	21	22	23	25	26	27
腕围	11~12	12	12	13	13	14	14	15	15	16	17	17	18	19
掌围	11~12	12	13	14	15	16	17	18	19	20	21	21	22	23
乳高						19	20	23	24	25				
乳间宽						16	17	17	18	19				
大腿围	27~30	30	33	36	38	41	43	46	48	50	52	47	49	51
膝围	18~22	23	25	26	27	28.5	30	31.5	32	33	35	34	35	36
足踝围	11~12	13	14	15	16	17	18	19	19	20	21	20	21	22
侧长	33~38	41~44	47~51	54~58	61~68	71~74	77~79	81~83	87	90	94	92	95	98
股上长	15~18	19~20	21	22	23	24	25	26	26	27	28	28	29	30
膝长	23~27	29~31	32~34	36~38	40~43.5	45~47	49~50	51.5~52.5	54	56	58	58	60	62
股下长	15~23	21~25	26~30	32~36	38~45	47~50	52~54	55~57	61	63	66	64	66	68

（左侧分组：上半身／下半身）

★为规定尺寸

C　制图原型　　　　　　　　　　　　　　女子身体原型（平面原型）

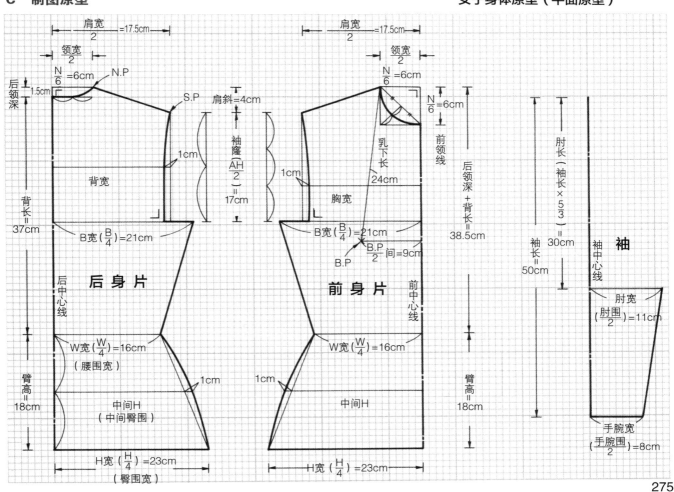

女子补正原型

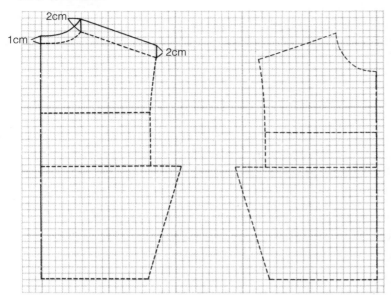

女子裙体原型

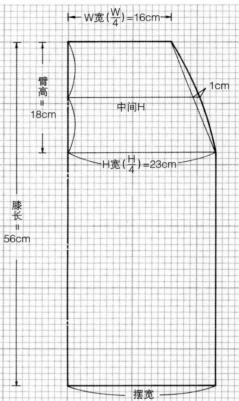

男子身体原型

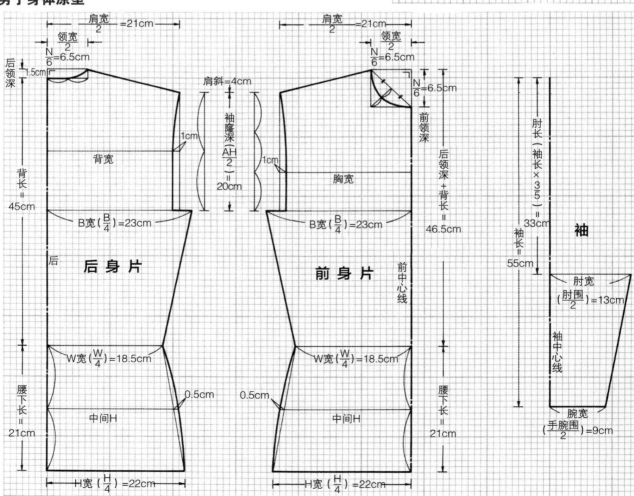

D　套头式毛衣的基本制图

展开女子补正原型。

❶衣长——套头式毛衣的身长标准为从W往下取18cm
　（H.L）。

❷衣宽——B的加放设定为3.5cm（整体为14cm）。

❸肩线——将S.P提高1cm画肩线，S.P外延1cm。

❹A.H——将背宽和胸宽增加1cm，B线下降1cm，画
　A.H弧线。A.H长度为后面25cm，前面23.5cm。

❺袖宽和袖山斜线——袖宽加放6cm，以前后A.H/2=
　24.25cm为袖山斜线画基本袖山，标记袖山点（向前
　袖移动后A.H–前A.H/2=0.75cm）。

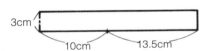

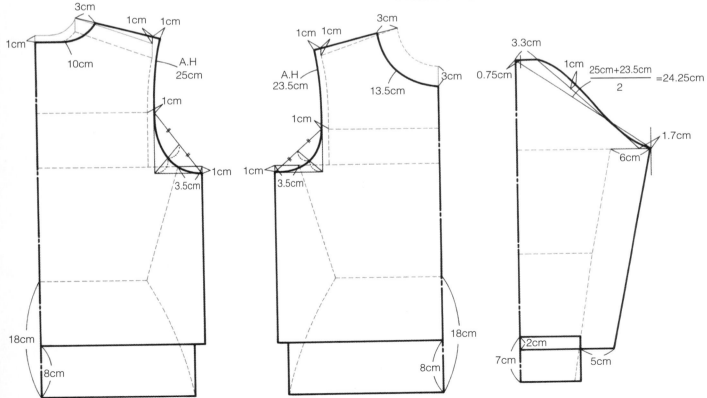

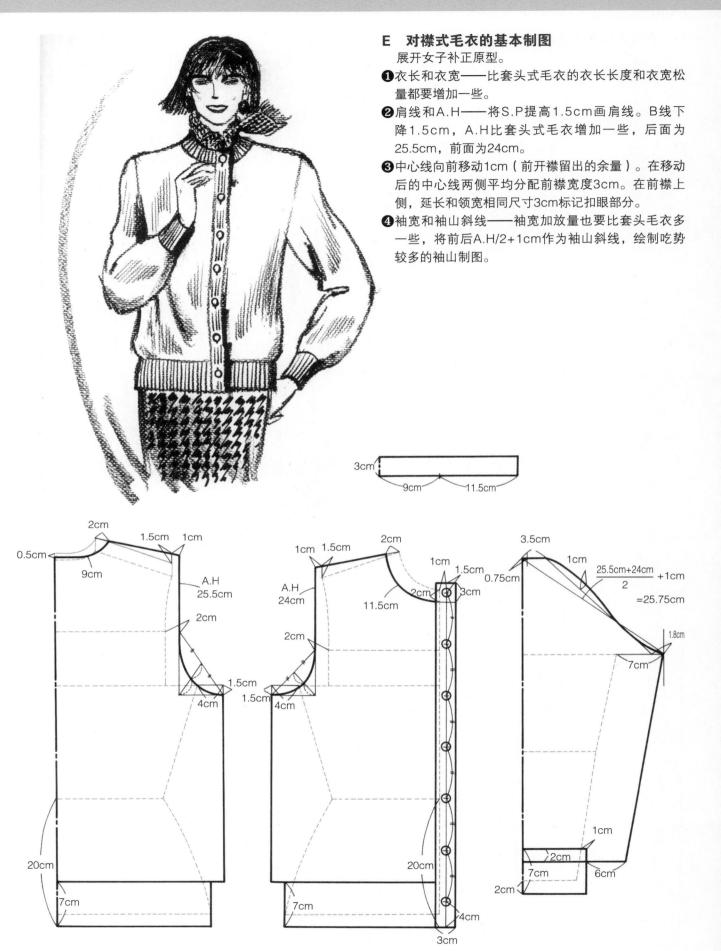

E 对襟式毛衣的基本制图

展开女子补正原型。

❶ 衣长和衣宽——比套头式毛衣的衣长长度和衣宽松量都要增加一些。

❷ 肩线和A.H——将S.P提高1.5cm画肩线。B线下降1.5cm，A.H比套头式毛衣增加一些，后面为25.5cm，前面为24cm。

❸ 中心线向前移动1cm（前开襟留出的余量）。在移动后的中心线两侧平均分配前襟宽度3cm。在前襟上侧，延长和领宽相同尺寸3cm标记扣眼部分。

❹ 袖宽和袖山斜线——袖宽加放量也要比套头毛衣多一些，将前后A.H/2+1cm作为袖山斜线，绘制吃势较多的袖山制图。

$$\frac{25.5cm+24cm}{2}+1cm$$

$$=25.75cm$$

F 紧身裙的基本制图

展开裙体原型。

❶ 裙长——设定为从膝盖线向上4~6cm范围。

❷ 裙宽——H增加1.5cm松量，裙摆宽度尺寸相同。

❸ 腰带宽度——不开口穿着时将W/4增加1cm松量。

❹ 斜切部分和W开衩褶——将H宽度减去腰带宽度（即24.5cm－17cm＝7.5cm）分配给斜切部分，W开衩褶和缩缝部分。开衩褶的位置后面为W/8＝8cm，前面为W/6＝10.7cm，后W.L上取后下方1.5cm位置。

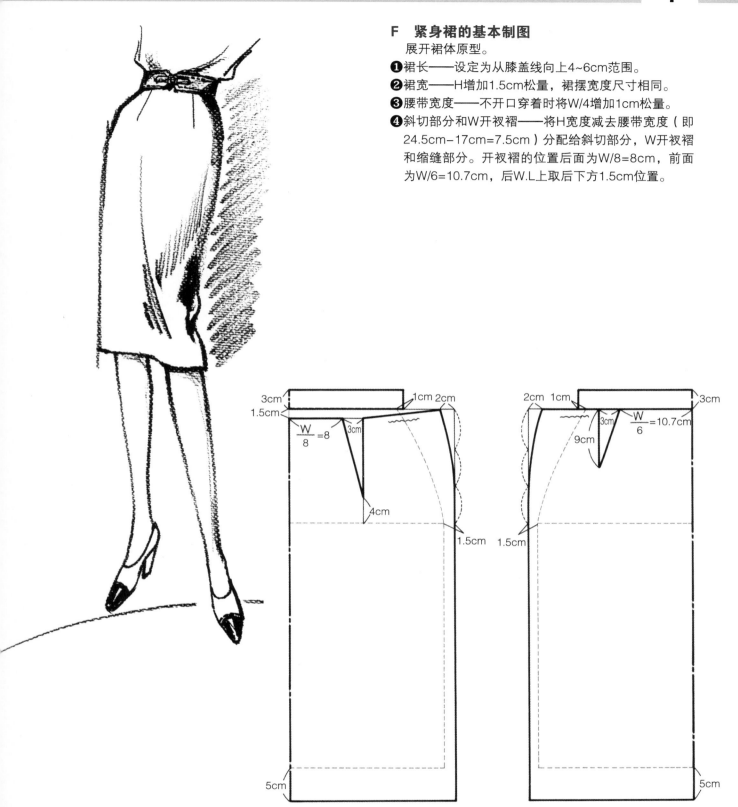

2

密度

A 密度的多种测量方法

1. 数出10cm的针数和行数

以最具代表性的平针编织为例，针和行有序排列，可以一针一针数出10cm对应的针数和行数。除了平针编织以外，其他简易花样或者镂空花样也可以按照这种方法计算。

2. 测量1个花样的尺寸，换算出10cm的密度

无法一针一针计数的花样编织可以先测量1个花样尺寸的横向纵向针数，用记号图确定1个花样的针数、行数后，以此为基准换算出10cm的密度。

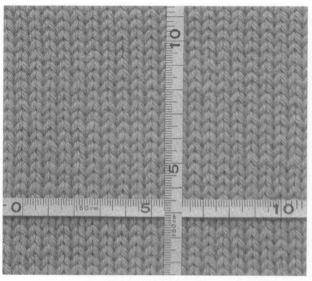

极粗毛线8号针（4.5mm）平针编织，
10cm密度为18针，24行

横向1个花样为14针5.5cm
1cm的针数=14针÷5.5cm=2.54→2.5针
10cm的编织针数为25针
纵向1个花样为16行5cm
1cm的行数=16行÷5cm=3.2行
10cm的编织行数为32行

3. 测量每个横向花样尺寸并数出纵向10cm的行数

多种花样组合编织时，每个花样的密度不同，横向方面可以分别测量每个花样的针数与宽度，纵向方面行数统一，在容易计数的地方直接数出10cm的行数即可。

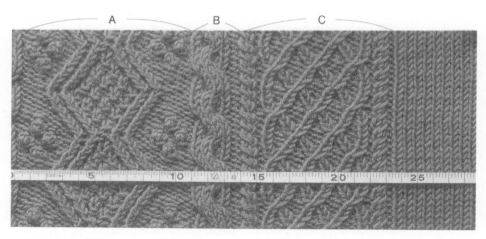

横向　A花样——21针为11cm　B花样——8针为3cm　C花样——23针为9.5cm　纵向　10cm为27行

B 罗纹针法密度的计算方法

罗纹针法密度的计算方法有两种：一种是不用试编样片，通过平针编织进行换算；一种是通过试编样品直接得出编织针数。

1. 通过平针编织进行换算的罗纹编织密度

衣服下摆、袖口、衣领、前襟等使用普遍单罗纹针或者双罗纹针编织的部位，可以直接通过平针编织进行针数换算。不过前提是所用针号要比平针针号小3～4个号。行数整体比平针密度增加20%，针数按照编织部位进行调整。

（行数全部增加20%）

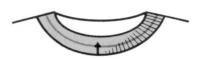

圆领
使用中间尺寸的话，针数增加20%

圆领
使用接领侧尺寸的话，针数增加10%

圆领
领宽5cm以上的话，针数和平针编织相同

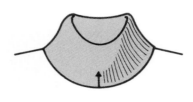

高翻领
使用接领侧尺寸的话，针数增加20%

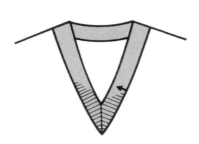

V形领
前领（直线）针数增加20%，
后领（弧线）针数增加10%

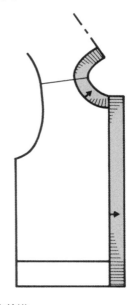

横编前襟
针数增加20%
衣领使用接领侧尺寸的话，针数增加10%

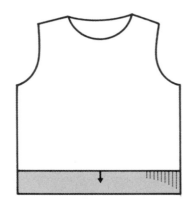

下摆
尺寸和身宽一致的话，针数增加10%

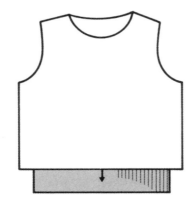

下摆
修身的话，原则上和身片针数相同，身片是交叉花样的话，针数和平针编织相同

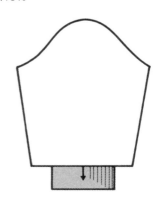

袖口
针数增加20%

2. 通过试编样片进行计算的罗纹编织密度

纵向细长编织的罗纹针织片（例如前襟），还有紧身裙或者收紧款下摆一定要在拉伸的状态下计算密度。

另外如果不是规整的罗纹编织，而是属于交叉花样、镂空花样或者扭针等混搭样式的话，必须通过试编来计算密度。

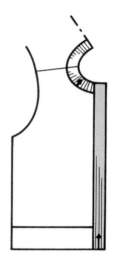
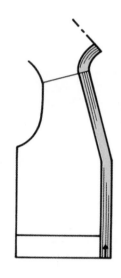
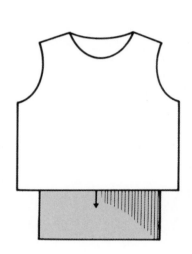

狭长前襟要注意纵向拉伸后测算密度

特别是修身款编织一定要将罗纹拉伸到理想状态后再进行测算

罗纹编织花样正常铺开进行测算

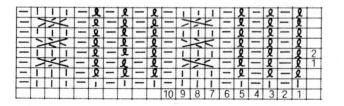

推算的基础

A 测量制图的外轮廓尺寸（277页套头毛衣）

由于制图是由原型展开，可以直接计算实际需要编织的厘米数。以277页的套头毛衣制图为例，测量外轮廓的水平与垂直尺寸，记录厘米数。制图标记为有时为整体尺寸的1/4或1/2身，编织尺寸是从中心线往外扩展，因此要注意尺寸的标记。

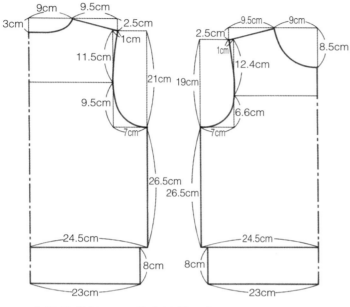

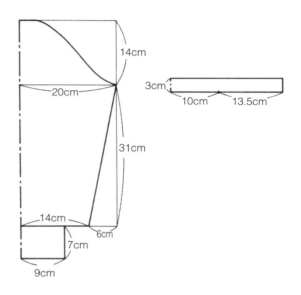

B 直线的推算——乘法计算（针数和行数的计算）

依据密度，计算各个部位尺寸的针数和行数。以下计算按照极粗型线8号针的平针密度（即10cm为19针27行）进行推算。密度以10cm的针数为准，计算方法为1cm的密度×尺寸。

身宽——1.9针×49cm=93.1→93针

加上2针缝份合计95针

肩宽——1.9针×37cm=70.3→71针（和身片奇数针保持一致） 加上2针缝份合计73针

领开口——1.9针×18cm=34.2→35针（奇数针数）

腋下长度——2.7行×26.5cm=71.55→72行（偶数行）

前袖窿深度——2.7行×19cm=51.3→52行

袖下长度——2.7行×31cm=83.7→84行

（注）棒针编织的行数以2行为单位，因此最后都要调整为偶数行。

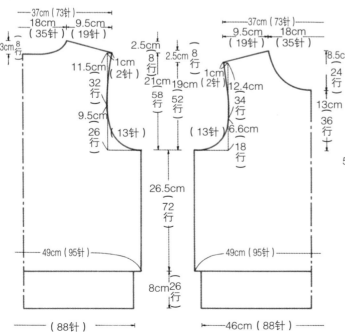

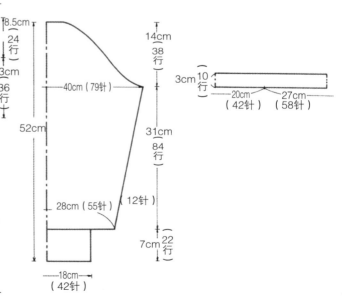

C 弧线的推算——使用密度本

袖围、领围、袖山等弧线根据编织密度本进行推算（也可以根据实物画出同等尺寸制图，用密度尺进行推算，但是这样比较麻烦，使用编织密度本更加简易）。

编织密度本是以针目的纵、横比例制作的格子表集合成的册子。需要进行弧线推算的时候，可以使用密度本进行操作（参考右图）。

后袖围弧线（右侧）

❶横向13针，纵向26行画基本线。按照制图弧线的绘制方法画辅助线，将弧线二等分。在弧线上面再画纵向32行，横向2针的基本线，连接弧线。

❷沿着密度本的针脚，从弧线和针目的交界处进行段落区分。

ⓐ在弧线的起始和结束位置，必定有平针部分。

ⓑ棒针编织的加减针技巧是以2行为单位操作，因此表格也以2行（偶数行）为单位进行区分。

ⓒ为防止织片向弧线内侧变小，在弧线的外侧进行区分操作。

❸推算出的针目用数字进行表示。

（4针）——4针平收针

2-2-2——编织2行减2针，重复2次

2-1-3——编织2行减1针，重复3次

袖窿弧线上的部分为22-1-1——编织22行加1针，重复1次

密度本

根据针目比例（10cm的行÷针数）分成4种密度本，用颜色进行区分

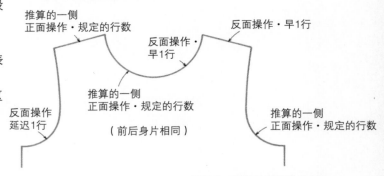

推算出下针行可以操作的弧线

后袖窿弧线（左侧）

由于右侧是从正面进行的操作，所以直接按照推算出的表格行数进行编织就可以了。但是相反的左侧弧线刚在反面行上进行加减针操作，因此比右侧延迟1行编织加减针。注意比较左右侧图表的不同之处。另外，单针进行的加减针要在同一行的左右侧进行操作。

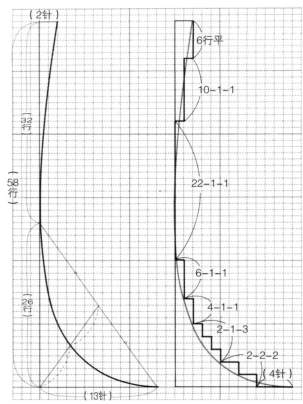

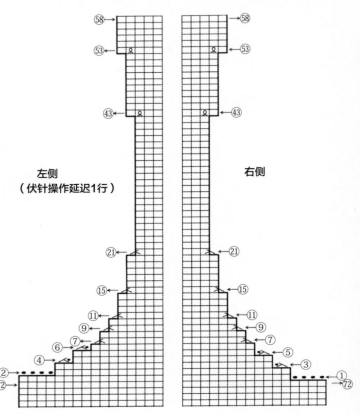

D 不同密度混搭编织的弧线

具体说来是指在同一弧线中，存在平针编织和花样编织等各种针法密度不同的情况。密度不同10cm针行比例也会发生变化，因此无法在同一表格中进行推算，只能按照各自的编织密度比例选择不同颜色的表格进行制图推算，然后进行组合使用。

（例1）领围弧线

平针密度——10cm为19针27行

编织比例＝27÷19＝1.42——表格为白色

交叉花样密度——12cm为35针，10cm为27行

10cm密度（35÷12）29针27行

编织比例＝27÷29＝0.93——表格为蓝色

花样编织部分使用蓝色表格，画横向17.5针，纵向8行的基本线。在这个范围之内，画和制图形状相似的弧线进行推算。平针编织部分使用白色表格，画横向6针，纵向16行的基本线，然后画和制图形状相似的弧线进行推算。

（例2）袖山弧线

弧线中存在平针编织和A、B 2种花样的组合。

平针密度——10cm为19针，27行

编织比例＝27÷19＝1.42——表格为白色

A花样密度——10cm为25针27行

编织比例＝27÷25＝1.08——表格为蓝色

B花样密度——8针为3cm，10cm为27行

10cm密度（8÷3）26.5针，27行

编织比例＝27÷26.5＝1.01——表格为蓝色

花样A和B的表格都是蓝色，可以合并使用。因此在白色表格中画和袖山下部22针28行相似的弧线进行推算，袖山侧在蓝色的表格内画23针10行范围的基本线进行推算。

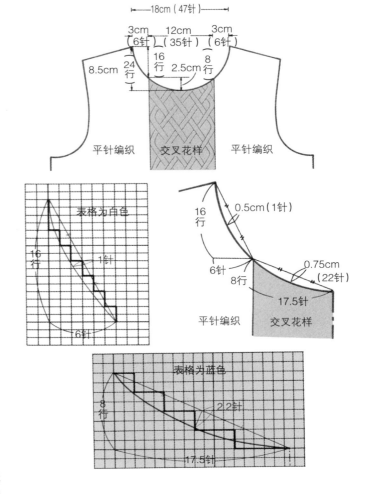
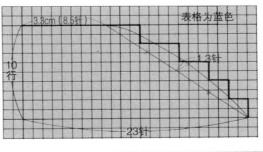
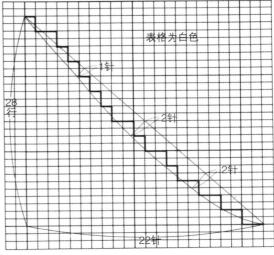
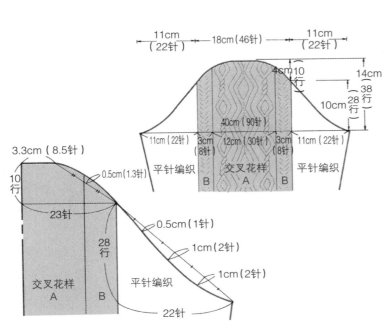

E 斜线的推算——除法计算

斜线形状有横向斜线（肩线）和纵向斜线（袖下），两种都用除法进行计算。

横向斜线（肩线）

横向延伸的斜线，针数比行数要多，所以是针数÷行数。不过肩下是2行为单位的引返编织，因此行数先用2除。另外开始和结束位置要留出平针行，因此间隔分配再加一。这样除数（间隔数）就是行数/2+1，即
19针÷（8行/2+1）=

3-1 ┐ 3针-1回 ┐ 2行-4针-4回
4-4 ┘→ 4针-4回 ┘→ （3针）

得出的结果是3针和4针两种。这种情况下将小号的3针分配给肩点处。

（注）如果将大号的4针分配给肩点，整个编织就会比制图斜线变小。

纵向斜线（袖下）

纵向延伸的斜线，行数比针数要多，所以是行数÷针数。但是棒针编织的各种操作都在正面行进行，为了得出偶数行的答案，再次将行数用2进行除法，得出的数字乘以2倍。另外开始和结束位置要留出平针行，因此除数就是间隔数。按照加针数+1进行计算。

84行÷2=42行   42行÷（12针+1）= 3-10
4-3

→ 6行-10回 ┐ 6行平针
8行-3回 ┘→ 6行-1针-9回
8行-1针-3回

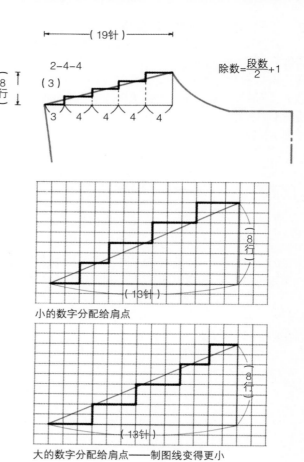

除数=$\dfrac{\text{段数}}{2}$+1

小的数字分配给肩点

大的数字分配给肩点——制图线变得更小

除数=加针数+1

31cm
（84行）

6行平
6-1-9
8-1-3

（12针）

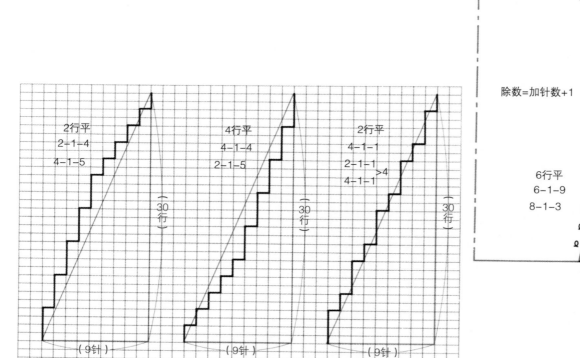

2行平
2-1-4
4-1-5

4行平
4-1-4
2-1-5

2行平
4-1-1
2-1-1
4-1-1 >4

（30行）（30行）（30行）

（9针）（9针）（9针）

2个数字的分配改变的话，斜线也会变化

得出的结果是8行和6行两种。这种情况下将8行分配给袖下。

（注）如果要完全达到和制图相同的形状，应该将计算结果进行平均分配。但是平均计算过于复杂，因此用最简易的方法将大行数分配在袖下下方。

两种斜线组合出现时

斜线存在两种形式的情况下，将两种斜线分开进行计算，开始和结束位置需要平针行。因此开始侧的斜线除数和加针数相同，终编一侧的斜线除数为加针数+1。

F 平均计算

一次将较多的针数进行等间隔减针（加针）的情况。通常用于减掉身片的减针数放入下摆罗纹编织中，或者在袖口的罗纹编织中减掉袖片的针数。

下摆罗纹编织的平均计算

从起针向相反方向挑针时，挑起端头的半针，然后在罗纹编织第1行中进行减针。也就是说从减针开始，以平针结束的计算，除数和减针数相同。

95针−88针＝7针

$$88针 \div 7 = \begin{matrix} 12{-}3 \\ 13{-}4 \end{matrix} \rightarrow \begin{matrix} 12针{-}3回 \\ 13针{-}4回 \end{matrix}$$

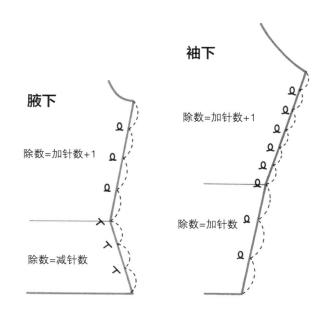

腋下　　袖下

除数＝加针数+1

除数＝加针数+1

除数＝加针数

除数＝减针数

结果是按照13针−4回和12针−3回进行平均分配，用4和3中的较小的数3进行除法，重复编织得出的次数。

13针−1回
12针−1回
13针−1回 ｝重复3次

重复3次，13针的编织剩余1次。最后进行分配。

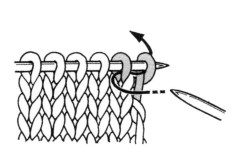

端上的半针也要挑起；在第1行罗纹针上减针

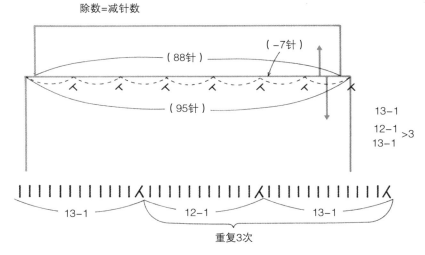

除数＝减针数

（−7针）

（88针）

（95针）

13−1
12−1 ｝>3
13−1

13−1　　12−1　　13−1

重复3次

袖口罗纹编织的平均计算

55针的袖片宽减到42针的罗纹编织的计算。

55针−42针=13针

$$42针÷13=\begin{matrix}3{-}10 & \quad 3针{-}10回\\ 4{-}3 & \quad 4针{-}3回\end{matrix}$$

4针−3回和3针−10回进行平均分配。用3和10中的较小的数3进行除法，重复编织得出的次数。10回余出1回，最后进行分配。

$$\left.\begin{matrix}3针{-}1回\\ 3针{-}3回\\ 4针{-}1回\end{matrix}\right\} 重复3次$$

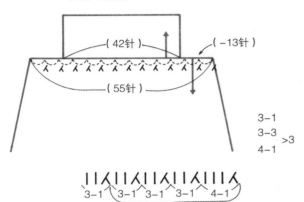

除数=减针数

(42针) (−13针)

(55针)

$$\begin{matrix}3{-}1\\ 3{-}3\\ 4{-}1\end{matrix}>3$$

3−1　3−1　3−1　3−1　4−1

重复3次

下摆罗纹编织与身片部分

从下摆罗纹编织开始，连续编织到身片的情况。在身片第1行进行加针，此时变成从平针开始编织，到平针结束。除数为加针数+1。

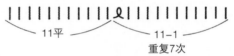

除数=加针数+1

(95针) (+7针)

(88针)

11−1

11平　　11−1

重复7次

也可以用在行数和针数不同的情况的计算

平均计算也被用于身片和前襟接合，从身片向前襟罗纹编织挑针等情况，或者行之间的计算，行和针之间的计算。

例如从平针密度10cm27行向罗纹编织10cm22针进行挑针的情况下：

$$27{-}22=5\qquad 22÷5=4{-}3\quad 4针{-}1回$$
$$\left.\begin{matrix}5{-}2 & 4针{-}1回\\ & 5针{-}1回\end{matrix}\right\}2次$$

（注）此法计算时，有时差的针数用小的数字进行除法，有时用大的数字进行除法。先以挑针为例来说：

❶ $22÷5=4{-}3 \rightarrow \left.\begin{matrix}4针{-}1回\\ 4针{-}1回\\ 5针{-}1回\end{matrix}\right\}2次$
　　　　　5−2

❷ $27÷5=5{-}3 \rightarrow \left.\begin{matrix}5针{-}1回\\ 5针{-}1回\\ 6针{-}1回\end{matrix}\right\}2次$
　　　　　6−2

如上所示结果完全不同。而且数字的读法也会发生以下变化。

❶——使用小的数字时，5−2为挑5针，跳过1针，重复2次

❷——使用大的数字时，6−2为跳过第6针不挑，重复2次。

解释不同但是结果相同。如果两种方法都使用，容易造成混乱，因此一般都会按照❶用小的数字进行除法。

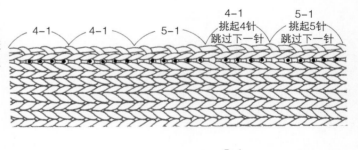

4−1　　4−1　　5−1　　4−1
挑起4针
跳过下一针
5−1
挑起5针
跳过下一针

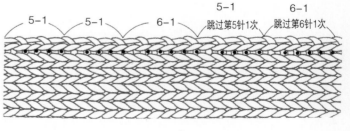

5−1　　5−1　　6−1　　5−1
跳过第5针1次
6−1
跳过第6针1次